2025

二级建造师执业资格考试

应试教材

建设工程施工管理

建造师考试研究院 编

哈尔滨工业大学出版社
HARBIN INSTITUTE OF TECHNOLOGY PRESS

内 容 简 介

本书根据二级建造师执业资格考试大纲编写，共包括八章内容，分别为施工组织与目标控制、施工招标投标与合同管理、施工进度管理、施工质量管理、施工成本管理、施工安全管理、绿色施工及环境管理、施工文件归档管理及项目管理新发展。本书的主要特点：有本章导学、知识点讲解，图文并茂；有名师点拨、重点提示、实战演练；有课程兑换、题库兑换等板块，讲练并重。

本书主要针对工程类相关专业工作，有一定的专业基础和实践经验，对二级建造师执业资格考试缺少知识梳理和系统学习的考生编写，可作为二级建造师执业资格考试考生的复习备考用书。

图书在版编目（CIP）数据

建设工程施工管理 / 建造师考试研究院编. -- 哈尔滨：哈尔滨工业大学出版社，2024.8. --（二级建造师执业资格考试应试教材）. -- ISBN 978-7-5767-1595-8（2024.9重印）

Ⅰ. TU71

中国国家版本馆 CIP 数据核字第 2024BZ5219 号

建设工程施工管理
JIANSHE GONGCHENG SHIGONG GUANLI

策划编辑	王桂芝
责任编辑	陈雪巍　林均豫
出版发行	哈尔滨工业大学出版社
社　　址	哈尔滨市南岗区复华四道街10号　邮编150006
传　　真	0451—86414749
网　　址	http://hitpress.hit.edu.cn
印　　刷	三河市中晟雅豪印务有限公司
开　　本	787 mm×1 092 mm　1/16　印张 16　字数 400 千字
版　　次	2024年8月第1版　2024年9月第2次印刷
书　　号	ISBN 978-7-5767-1595-8
定　　价	49.00元

（如因印装质量问题影响阅读，我社负责调换）

编者寄语

亲爱的考生：

　　二级建造师执业资格考试在即，狭路相逢勇者胜，越是艰险越前行。请考生调整好状态，既要有"黄沙百战穿金甲，不破楼兰终不还"的坚定执着，也要有"千磨万击还坚劲，任尔东西南北风"的坚韧顽强，更要有"自信人生二百年，会当水击三千里"的豪迈达观。

　　进入备考的最后阶段，考生唯有摒弃侥幸之念，必经百炼成钢，厚积分秒之功，始得一鸣惊人。我们已将本书备考资料提炼得更加清晰，将知识体系梳理得更加缜密，将备考技巧打磨得更加精湛，相信本书定会带着大家披荆斩棘，乘风破浪。

　　下面提供几条建议，为考生在备考路上提供有力支撑。

　　首先，认真梳理，查缺补漏。不仅要查补知识方面的缺漏，还要对方法技巧以及时间分配等进行认真总结，熟悉各知识点的重要内容及其相互之间的内在联系，以夯实基础，掌握重点。

　　其次，构建知识点网络。要学会归纳概括知识点内容，有条理、有意识地在头脑中构建网络化的知识体系，进行知识点间的高效组合，实现知识体系的上下连贯，知识点的前后贯通，将知识网络化进行到底，以科学有效地推进认知深化，强化迅速提取考点内容的能力。

　　最后，回归错题以自省。错题集是智慧宝库，错题里藏着思考的过程，蕴藏着无限的潜力和机遇。"经一失，长一智"，考试中失分，知识点未记牢是一方面原因，更多的是思考过程偏离了正确答案的轨迹。针对错题"解题思路"的自我反思与纠正，恰是考前冲刺阶段提分的重中之重。

　　静水流深，行稳致远，只有步履不停，才可筑梦于行。以饱满的情绪、平稳的心态迎接考试，是取胜的关键。祝您考试成功，开启人生新篇章！

建造师考试研究院

目　　录

第一章　施工组织与目标控制 ··· 1
第一节　工程项目投资管理与实施 ··· 2
第二节　施工项目管理组织与项目经理 ··· 23
第三节　施工组织设计与项目目标动态控制 ······································· 33

第二章　施工招标投标与合同管理 ··· 45
第一节　施工招标投标 ··· 46
第二节　合同管理 ··· 61
第三节　施工承包风险管理及担保保险 ··· 96

第三章　施工进度管理 ·· 106
第一节　施工进度影响因素与进度计划系统 ······································ 107
第二节　流水施工进度计划 ·· 109
第三节　工程网络计划技术 ·· 117
第四节　施工进度控制 ··· 136

第四章　施工质量管理 ·· 141
第一节　施工质量影响因素及管理体系 ··· 142
第二节　施工质量抽样检验和统计分析方法 ······································ 147
第三节　施工质量控制 ··· 153
第四节　施工质量事故预防与调查处理 ··· 163

第五章　施工成本管理 ·· 169
第一节　施工成本影响因素及管理流程 ··· 170
第二节　施工定额的作用及编制方法 ··· 172
第三节　施工成本计划 ··· 178

第四节　施工成本控制 ………………………………………………… 182

　　第五节　施工成本分析与管理绩效考核 ………………………………… 186

第六章　施工安全管理 …………………………………………………… 193

　　第一节　职业健康安全管理体系 ………………………………………… 194

　　第二节　施工生产危险源与安全管理制度 ……………………………… 200

　　第三节　专项施工方案及施工安全技术管理 …………………………… 206

　　第四节　施工安全事故应急预案和调查处理 …………………………… 210

第七章　绿色施工及环境管理 …………………………………………… 221

　　第一节　绿色施工管理 …………………………………………………… 222

　　第二节　施工现场环境管理 ……………………………………………… 227

第八章　施工文件归档管理及项目管理新发展 ………………………… 232

　　第一节　施工文件归档管理 ……………………………………………… 233

　　第二节　项目管理新发展 ………………………………………………… 236

参考文献 …………………………………………………………………… 249

第一章
施工组织与目标控制

■ **本章导学**

施工项目策划及组织、施工目标控制是施工管理的核心内容，本章一共包括三节。从项目投资策划开始，自项目依法立项之后，在项目实施阶段，重点讲解了施工方组建团队及任命项目经理的相关内容，并且对施工前施工组织设计和施工过程中动态控制原理进行了详细介绍，本章起着为后文打基础做铺垫的作用，要求重点掌握。

第一节 工程项目投资管理与实施

知识点 1 投资项目资本金制度

工程项目投资管理制度如图 1-1-1 所示。

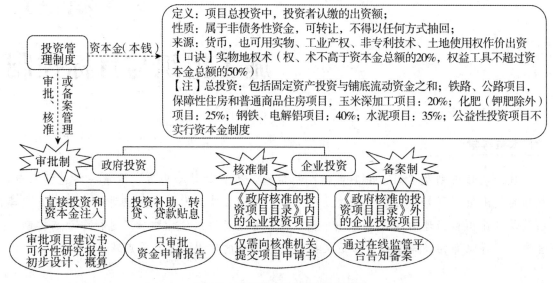

图 1-1-1 工程项目投资管理制度

一、投资项目资本金概念

投资项目资本金，是指在投资项目总投资中，由投资者认缴的出资额。

（1）这里的总投资是指投资项目的固定资产投资与铺底流动资金之和，具体核定时以经批准的动态概算为依据。

（2）投资项目资本金属于非债务性资金，项目法人不承担这部分资金的任何利息和债务。

（3）投资者可按其出资比例依法享有所有者权益，也可转让其出资，但不得以任何方式抽回。

➢ 注意：公益性投资项目不实行资本金制度。

实战演练

[2024真题·单选] 对于实行项目资本金制度的投资项目，用来确定资本金的项目总投资是指该投资项目的（　　）之和。

A. 固定资产投资与全部流动资金
B. 固定资产投资与铺底流动资金
C. 建设投资与建设期贷款利息
D. 工程费用与预备费

[解析] 所谓项目资本金，是指在项目总投资中由投资者认缴的出资额。这里的总投资，是指投资项目的固定资产投资与铺底流动资金之和。

[答案] B

[经典例题·单选] 关于资本金的说法，正确的是（　　）。
A. 项目资本金是债务性资金
B. 项目法人要承担资本金的利息
C. 投资者可以转让资本金
D. 投资者可以抽回项目资本金

[解析] 项目资本金属于非债务性资金，项目法人不承担这部分资金的任何利息和债务。投资者可按其出资比例依法享有所有者权益，也可转让其出资，但不得以任何方式抽回。

[答案] C

二、投资项目资本金来源

投资项目资本金可以用货币出资，也可以用实物、工业产权、非专利技术、土地使用权作价出资，依评估作价，不得高估或低估。

以工业产权、非专利技术作价出资的比例不得超过投资项目资本金总额的20%，国家对采用高新技术成果有特别规定的除外。

根据《国务院关于固定资产投资项目试行资本金制度的通知》，投资者以货币方式认缴的资本金，其资金来源如下。

（1）各级人民政府的财政预算内资金、国家批准的各种专项建设基金、"拨改贷"和经营性基本建设基金回收的本息、土地批租收入、国有企业产权转让收入、地方人民政府按国家有关规定收取的各种规费及其他预算外资金。

（2）国家授权的投资机构及企业法人的所有者权益（包括资本金、资本公积金、盈余公积金和未分配利润、股票上市收益等）、企业折旧资金以及投资者按照国家规定从资金市场上筹措的资金。

（3）社会个人合法所有的资金。

（4）国家规定的其他可以用作投资项目资本金的资金。

实战演练

[经典例题·单选] 固定资产投资项目实行资本金制度，以工业产权、非专利技术作价出资的比例不得超过投资项目资本金总额的（　　）。
A. 20%　　　　　　　　　　　　B. 25%
C. 30%　　　　　　　　　　　　D. 35%

[解析] 固定资产投资项目实行资本金制度，以工业产权、非专利技术作价出资的比例不得超过投资项目资本金总额的20%。

[答案] A

[经典例题·多选] 根据固定资产投资项目资本金制度相关规定，除用货币出资外，投资者还可以用（　　）作价出资。
A. 实物　　　　　　　　　　　　B. 工业产权
C. 专利技术　　　　　　　　　　D. 非专利技术
E. 无形资产

[解析] 项目资本金可以用货币出资，也可以用实物、工业产权、非专利技术、土地使用权作价出资，依评估作价，不得高估或低估。

[答案] ABD

三、投资项目资本金比例

根据《国务院关于调整固定资产投资项目资本金比例的通知》以及相关资料，各投资项目最低资本金比例见表1-1-1。

表1-1-1 各投资项目最低资本金比例

序号	投资项目		最低资本金比例
1	城市和交通基础设施项目	城市轨道交通项目	20%
		港口、沿海及内河航运项目	20%
		铁路、公路项目	20%
		机场项目	25%
2	房地产开发项目	保障性住房和普通商品住房项目	20%
		其他房地产开发项目	25%
3	产能过剩行业项目	钢铁、电解铝项目	40%
		水泥项目	35%
		煤炭、电石、铁合金、烧碱、焦炭、黄磷项目	30%
4	其他工业项目	玉米深加工项目	20%
		化肥（钾肥除外）项目	25%
		电力等其他项目	20%

实战演练

[经典例题·单选] 下列项目资本金占项目总投资比例最大的是（　　）。

A. 城市轨道交通项目　　　　　　　　B. 保障房项目
C. 普通商品房项目　　　　　　　　　D. 机场项目

[解析] 根据表1-1-1，机场项目最低资本金比例为25%，符合题意。

[答案] D

知识点 2 投资项目审批、核准或备案管理

根据《国务院关于投资体制改革的决定》（国发〔2004〕20号），改革政府对企业投资的管理制度，按照"谁投资、谁决策、谁收益、谁承担风险"的原则，落实企业投资自主权。政府投资项目实行审批制；企业投资建设的项目，一律不再实行审批制，区别不同情况实行核准制或备案制。

一、政府投资项目管理

政府投资资金按项目安排,根据资金来源、项目性质和调控需要,可分别采取直接投资、资本金注入、投资补助、转贷和贷款贴息等方式。

(1) 对于政府投资项目,采用直接投资和资本金注入方式的,从投资决策角度只审批项目建议书和可行性研究报告,除特殊情况外不再审批开工报告,同时应严格政府投资项目的初步设计、概算审批工作。

(2) 对于采用投资补助、转贷和贷款贴息方式的,只审批资金申请报告。

二、企业投资项目管理

(1) 对于企业不使用政府投资建设的项目,一律不再实行审批制,区别不同情况实行核准制和备案制。其中,政府仅对重大项目和限制类项目从维护社会公共利益角度进行核准,其他项目无论规模大小,均改为备案制,项目的市场前景、经济效益、资金来源和产品技术方案等均由企业自主决策、自担风险,并依法办理环境保护、土地使用、资源利用、安全生产、城市规划等许可手续和减免税确认手续。对于企业使用政府补助、转贷、贴息投资建设的项目,政府只审批资金申请报告。

(2) 企业投资建设实行核准制的项目,仅需向政府提交项目申请书,不再经过批准项目建议书、可行性研究报告和开工报告等程序。

实战演练

[2024真题·单选] 对于采用投资补助、贷款贴息方式的政府投资项目,政府投资主管部门应审批的文件是( )。

A. 可行性研究报告 B. 资金申请报告

C. 开工报告 D. 项目建议书

[解析] 对于采用投资补助、转贷和贷款贴息方式的政府投资项目,政府投资主管部门只审批资金申请报告。

[答案] B

知识点 3 工程建设实施程序

工程建设实施程序包括项目决策、项目实施和工程保修等主要阶段。

(1) 项目决策阶段,应编制项目建议书,项目建议书经批准后,应编制可行性研究报告。可行性研究报告应对技术可行性与经济合理性进行分析、论证和综合评价。可行性研究报告应包括设计说明、设计图纸及工程造价(投资)估算等。

(2) 项目实施阶段,包括勘察设计、建设准备、工程施工、竣工验收等。

勘察设计是项目实施阶段的首要环节。勘察设计单位必须按照工程建设强制性标准进行勘察、设计,并对其勘察、设计的质量负责。勘察单位提供的地质、测量、水文等勘察成果必须真实、准确。设计单位应当根据勘察成果文件进行建设工程设计。设计文件应当符合国家规定的设计深度要求,注明工程合理使用年限。

在建设准备阶段,项目监理机构要求建设单位提供地质勘查文件、工程设计文件、控制测量文件、工程周边及规划红线内地上、地下建（构）筑物、管线资料等。

工程的施工阶段是影响工程质量的决定性环节。工程项目只有通过施工阶段才能完成，施工阶段直接影响工程的最终质量。

竣工验收和交付使用阶段是影响工程质量的重要环节。在工程竣工验收阶段，建设单位组织设计、施工、监理等有关单位对施工阶段的质量进行最终检验，以考核质量目标是否符合设计阶段的质量要求。

（3）工程保修阶段。建设工程实行质量保修制度。建设工程在保修范围和保修期限内发生质量问题的，施工单位应当履行保修义务，并对造成的损失承担赔偿责任。

➤ 注意：工程项目生命期包含投资决策和建设实施两个阶段，建设工程全寿命期还包含工程建成后的运营维护阶段。

实战演练

[经典例题·多选] 任何项目均需要经过投资决策和建设实施两大阶段，以下关于项目决策和实施的说法，正确的有（　　）。

A. 工程项目生命期包含投资决策和建设实施两个阶段
B. 建设工程全寿命期包含投资决策和建设实施两个阶段
C. 建设实施阶段包含工程保修阶段
D. 建设准备环节是建设实施阶段的首要环节
E. 竣工验收是建设实施程序中的最后一个环节

[解析] 选项B错误，建设工程全寿命期包含投资决策、建设实施和运营维护阶段。选项C错误，建设实施阶段包含勘察设计、建设准备、工程施工、竣工验收等。选项D错误，勘察设计是建设实施阶段的首要环节。

[答案] AE

知识点 4 工程项目施工承包模式

工程项目施工承包模式如图 1-1-2 所示。

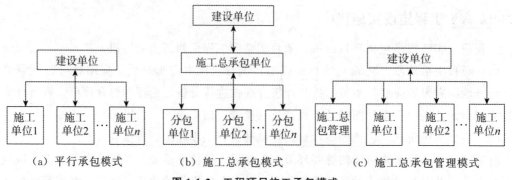

图 1-1-2　工程项目施工承包模式

工程项目施工承包模式的特点见表 1-1-2。

表 1-1-2　工程项目施工承包模式的特点

模式	平行承包模式	施工总承包模式	施工总承包管理模式
谁选分包 谁签合同 谁认可分包	(1) 有利于大范围择优选择施工单位； (2) 建设单位选分包并签合同； (3) 建设单位认可分包	(1) 施工总承包单位选分包并与分包签合同； (2) 建设单位认可分包	(1) 一般情况下，建设单位选分包并签合同，管理方认可分包； (2) 授权后，施工总包管理单位选分包并签合同
合同管理	业主合同管理工作量大	业主合同管理工作量小	业主合同管理工作量大
投资控制	控制多项合同价格，工程造价控制难度大	以施工图设计为基础投标报价，开工前有较为明确的合同价，有利于工程总造价的早期控制	工程造价控制风险大
进度控制	有利于缩短建设工期	不利于缩短建设工期	—
质量控制	(1) 符合"他人控制"原则； (2) 有利于控制工程质量	(1) 施工总包单位负总责； (2) 质量控制依赖于施工总承包方	(1) 符合"他人控制"原则； (2) 有利于控制工程质量
组织协调	业主组织管理和协调工作量大	业主组织管理和协调工作量小	业主组织协调工作量小

施工总承包管理模式与施工总承包模式的比较：

(1) 工程开展程序不同。

施工总承包模式的工作程序是：先进行建设项目的设计，待施工图设计结束后再进行施工总承包投标，然后再进行施工。而如果采用施工总承包管理模式，施工总承包管理单位的招标可以不依赖完整的施工图，当完成一部分施工图之后就可以对其进行招标，施工总承包管理模式可以在很大程度上缩短建设周期。

(2) 合同关系。

施工总承包管理模式的合同关系有两种可能，即业主与分包单位直接签订合同或者由施工总承包管理单位与分包单位签订合同。而采用施工总承包模式时，由施工总承包单位与分包单位直接签订合同。

(3) 分包单位的选择和认可。

一般情况下，当采用施工总承包管理模式时，分包合同由业主与分包单位直接签订，但每一个分包人的选择和每一个分包合同的签订都要经过施工总承包管理单位的认可，因为施工总承包管理单位要承担施工总体管理和目标控制的任务和责任。而当采用施工总承包模式时，分包单位由施工总承包单位选择，由业主认可。

(4) 对分包单位的付款。

对各个分包单位的工程款项可以通过施工总承包管理单位支付，也可以由业主直接支付。如果由业主直接支付，需要经过施工总承包管理单位的认可。而当采用施工总承包模式时，对各个分包单位的工程款项，一般由施工总承包单位负责支付。

(5) 对分包单位的管理和服务。

施工总承包管理单位和施工总承包单位一样，既要负责对现场施工的总体管理和协调，也要负责向分包单位提供相应的配合施工服务。对于施工总承包管理单位或施工总承包单位提供的某些设施和条件，如搭设脚手架、临时用房等，如果分包单位需要使用，则应由双方协商所支付的费用。

(6) 施工总承包管理的合同价格。

施工总承包管理合同中一般只确定施工总承包管理费用（通常是按工程建设安装工程造价的一定百分比计取），而不需要确定建筑安装工程造价，这也是施工总承包管理模式的招标可以不依赖于施工图纸出齐的原因之一。分包合同一般采用单价合同或总价合同。

> **实战演练**
>
> [2024真题·单选] 与平行承包模式相比，施工总承包模式具有的特点是（　　）。
>
> A. 建设单位组织协调工作量小
>
> B. 建设单位可在更大范围内选择施工单位
>
> C. 有利于缩短建设工期
>
> D. 工程造价控制难度大
>
> [解析] 与平行承包模式相比，施工总承包模式具有施工质量责任主体少，建设单位施工招标与合同管理、组织协调工作量小等特点。
>
> [答案] A
>
> [2023真题·单选] 关于施工总承包管理方和施工总承包方承担施工管理任务和责任的说法，正确的是（　　）。
>
> A. 施工总承包管理方和施工总承包方均不承担施工管理任务和责任
>
> B. 施工总承包管理方承担施工管理任务和责任，施工总承包方不承担
>
> C. 施工总承包管理方不承担施工管理任务和责任，施工总承包方承担
>
> D. 施工总承包管理方和施工总承包方均应承担施工管理任务和责任
>
> [解析] 施工总承包管理单位与施工总承包单位承担的施工管理任务和责任相同。
>
> [答案] D
>
> [经典例题·单选] 关于施工总承包管理方责任的说法，正确的是（　　）。
>
> A. 与分包单位签订分包合同
>
> B. 承担项目施工任务并对其工程质量负责
>
> C. 组织和指挥施工总承包单位的施工
>
> D. 负责对所有分包单位的管理及组织协调
>
> [解析] 选项A错误，一般情况下业主与分包单位签合同，授权后施工总承包管理方与分包单位签订分包合同。选项B错误，施工总承包管理单位负责施工任务的总体管理和组织协调，可以通过竞标承揽部分工程施工任务。选项C错误，施工总承包管理模式和施工总承包单位模式属于两种承包模式，不会同时出现。

[答案] D

[经典例题·多选] 与施工总承包模式相比,平行承包模式的特点有( )。
A. 建设单位可在更大范围内选择施工单位
B. 建设单位组织协调工作量大
C. 建设单位合同管理工作量大
D. 有利于建设单位较早确定工程造价
E. 有利于建设单位向承包单位转移风险

[解析] 选项 D 属于施工总承包模式的特点。选项 E 属于平行承包模式,建设单位需要与多家施工单位签订施工合同,合同签得越多,风险越大。

[答案] ABC

联合体与合作体承包模式如图 1-1-3 所示。

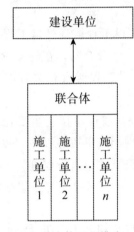
(a) 联合体承包模式

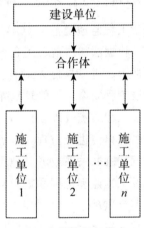
(b) 合作体承包模式

图 1-1-3　联合体与合作体承包模式

联合体承包模式的特点:
(1) 集各家之所长,增强竞争能力,增强抗风险能力。
(2) 多个法人组成一个承包单位。
(3) 签署联合体协议,对外连带,对内按份。
(4) 联合体成员单位共同与建设单位签署合同。
(5) 建设单位合同结构简单,协调工作量小,有利于工程造价和工期控制。

合作体承包模式的特点:
(1) 各施工单位之间先以合作体名义与建设单位签订施工承包意向合同。
(2) 各施工单位再分别与建设单位签订施工合同。
(3) 建设单位组织协调工作量小,但风险较大。

实战演练

[2024真题·单选]对建设单位而言,与平行承包模式相比,施工项目采用联合体承包模式的特点是( )。

A. 组织协调工作量小 B. 合同结构复杂
C. 不利于工程造价控制 D. 不利于工程工期控制

[解析]联合体承包模式有以下特点：①建设单位合同结构简单,组织协调工作量小,而且有利于工程造价和工期控制；②可以集中联合体各成员单位在资金、技术和管理等方面优势,克服一家单位力不能及的困难,不仅有利于增强竞争能力,同时有利于增强抗风险能力。

[答案]A

知识点 5 必须实行监理的工程范围

根据《建设工程监理规范》(GB/T 50319—2013),建设工程监理是指工程监理单位受建设单位委托,根据法律法规、工程建设标准、勘察设计文件及合同,在施工阶段对建设工程进行质量、造价、进度控制,对合同、信息进行管理,对工程建设相关方的关系进行协调,并履行建设工程安全生产管理法定职责的服务活动。

根据《建设工程质量管理条例》,实行监理的建设工程,建设单位应当委托具有相应资质等级的工程监理单位进行监理,也可以委托具有工程监理相应资质等级并与被监理工程的施工承包单位没有隶属关系或者其他利害关系的该工程的设计单位进行监理。

根据《建设工程监理范围和规模标准规定》(中华人民共和国建设部令第86号),下列建设工程必须实行监理：

(1)国家重点建设工程,是指依据《国家重点建设项目管理办法》所确定的对国民经济和社会发展有重大影响的骨干项目。

(2)大中型公用事业工程。大中型公用事业工程是指项目总投资额在3 000万元以上的下列工程项目：

①供水、供电、供气、供热等市政工程项目。
②科技、教育、文化等项目。
③体育、旅游、商业等项目。
④卫生、社会福利等项目。
⑤其他公用事业项目。

(3)成片开发建设的住宅小区工程。建筑面积在5万平方米以上的住宅建设工程必须实行监理；5万平方米以下的住宅建设工程,可以实行监理,具体范围和规模标准,由省、自治区、直辖市人民政府建设行政主管部门规定。为了保证住宅质量,对高层住宅及地基、结构复杂的多层住宅应当实行监理。

(4)利用外国政府或者国际组织贷款、援助资金的工程。范围包括：
①使用世界银行、亚洲开发银行等国际组织贷款资金的项目。
②使用国外政府及其机构贷款资金的项目。

③使用国际组织或者国外政府援助资金的项目。

（5）国家规定必须实行监理的其他工程。

①项目总投资额在 3 000 万元以上关系社会公共利益、公众安全的下列基础设施项目：

a. 煤炭、石油、化工、天然气、电力、新能源等项目；

b. 铁路、公路、管道、水运、民航以及其他交通运输业等项目；

c. 邮政、电信枢纽、通信、信息网络等项目；

d. 防洪、灌溉、排涝、发电、引（供）水、滩涂治理、水资源保护、水土保持等水利建设项目；

e. 道路、桥梁、地铁和轻轨交通、污水排放及处理、垃圾处理、地下管道、公共停车场等城市基础设施项目；

f. 生态环境保护项目；

g. 其他基础设施项目。

②学校、影剧院、体育场馆项目。

> **实战演练**
>
> [经典例题·多选] 根据《建设工程监理范围和规模标准规定》，下列工程项目中，必须实行监理的有（   ）。
>
> A. 项目总投资额在 3 000 万元以上的公用事业工程
>
> B. 高层住宅及地基、结构复杂的多层住宅
>
> C. 体育场馆项目
>
> D. 总投资额在 2 000 万元以上的水利建设项目
>
> E. 政府直接投资的项目
>
> [解析] 选项 B 错误，高层住宅及地基、结构复杂的多层住宅应该实行监理。选项 D 错误，总投资额在 3 000 万元以上的水利建设项目必须实行监理。选项 E 错误，利用外国政府或者国际组织贷款、援助资金的工程必须实行监理。
>
> [答案] AC

知识点 6 工程项目监理机构人员的职责

一、总监理工程师职责——组织工作

根据《建设工程监理规范》（GB/T 50319—2013），总监理工程师应履行下列职责：

（1）确定项目监理机构人员及其岗位职责。

（2）组织编制监理规划，审批监理实施细则。

（3）根据工程进展及监理工作情况调配监理人员，检查监理人员工作。

（4）组织召开监理例会。

（5）组织审核分包单位资格。

（6）组织审查施工组织设计、（专项）施工方案。

（7）审查开复工报审表，签发工程开工令、暂停令和复工令。

（8）组织检查施工单位现场质量、安全生产管理体系的建立及运行情况。

(9) 组织审核施工单位的付款申请，签发工程款支付证书，组织审核竣工结算。

(10) 组织审查和处理工程变更。

(11) 调解建设单位与施工单位的合同争议，处理工程索赔。

(12) 组织验收分部工程，组织审查单位工程质量检验资料。

(13) 审查施工单位的竣工申请，组织工程竣工预验收，组织编写工程质量评估报告，参与工程竣工验收。

(14) 参与或配合工程质量安全事故的调查和处理。

(15) 组织编写监理月报、监理工作总结，组织整理监理文件资料。

总监理工程师不得将下列工作委托给总监理工程师代表：

(1) 组织编制监理规划，审批监理实施细则。

(2) 根据工程进展及监理工作情况调配监理人员。

(3) 组织审查施工组织设计、（专项）施工方案。

(4) 签发工程开工令、暂停令和复工令。

(5) 签发工程款支付证书，组织审核竣工结算。

(6) 调解建设单位与施工单位的合同争议，处理工程索赔。

(7) 审查施工单位的竣工申请，组织工程竣工预验收，组织编写工程质量评估报告，参与工程竣工验收。

(8) 参与或配合工程质量安全事故的调查和处理。

➤ 记忆口诀："编、审、调、签各2个，全部竣工和事故"，如图1-1-4所示。

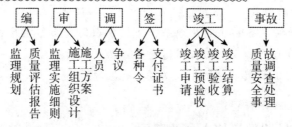

图1-1-4 总监理工程师职责记忆图

二、专业监理工程师职责——参与工作

(1) 参与编制监理规划，负责编制监理实施细则。

(2) 审查施工单位提交的涉及本专业的报审文件，并向总监理工程师报告。

(3) 参与审核分包单位资格。

(4) 指导、检查监理员工作，定期向总监理工程师报告本专业监理工作实施情况。

(5) 检查进场的工程材料、构配件、设备的质量。

(6) 验收检验批、隐蔽工程、分项工程，参与验收分部工程。

(7) 处置发现的质量问题和安全事故隐患。

(8) 进行工程计量。

(9) 参与工程变更的审查和处理。

(10) 组织编写监理日志,参与编写监理月报。
(11) 收集、汇总、参与整理监理文件资料。
(12) 参与工程竣工预验收和竣工验收。

三、监理员职责——执行工作

(1) 检查施工单位投入工程的人力、主要设备的使用及运行状况。
(2) 进行见证取样。
(3) 复核工程计量有关数据。
(4) 检查工序施工结果。
(5) 发现施工作业中的问题,及时指出并向专业监理工程师报告。

> **重点提示:** 监理员向专监报告;专监向总监报告;总监向建设单位报告。
> **总结:** 总监和专监的工作职责区分见表1-1-3。

表1-1-3 总监和专监的工作职责区分

总监职责——组织工作	专监职责——参与工作
(1) 组织编制监理规划,审批监理实施细则; (2) 组织审核分包单位资格; (3) 组织审查和处理工程变更; (4) 组织验收分部工程,组织审查单位工程质量检验资料; (5) 审查施工单位的竣工申请,组织工程竣工预验收,组织编写工程质量评估报告,参与工程竣工验收; (6) 参与或配合工程质量安全事故的调查和处理; (7) 组织编写监理月报、监理工作总结,组织整理监理文件资料; (8) 组织审查施工组织设计、(专项)施工方案; (9) 组织审核施工单位的付款申请,签发工程款支付证书,组织审核竣工结算; (10) 根据工程进展及监理工作情况调配监理人员,检查监理人员工作; (11) 组织检查施工单位现场质量、安全生产管理体系的建立及运行情况; (12) 确定项目监理机构人员及其岗位职责; (13) 组织召开监理例会; (14) 审查开复工报审表,签发工程开工令、暂停令和复工令; (15) 调解建设单位与施工单位的合同争议,处理工程索赔	(1) 参与编制监理规划,负责编制监理实施细则; (2) 参与审核分包单位资格; (3) 参与工程变更的审查和处理; (4) 验收检验批、隐蔽工程、分项工程,参与验收分部工程; (5) 参与工程竣工预验收和竣工验收; 【拓展】总监组织竣工预验收;建设单位组织竣工验收 (6) 处置发现的质量问题和安全事故隐患; (7) 组织编写监理日志,参与编写监理月报; (8) 收集、汇总、参与整理监理文件资料; (9) 检查进场的工程材料、构配件、设备的质量; (10) 进行工程计量; 【注】监理员复核工程计量有关数据 (11) 指导、检查监理员工作,定期向总监理工程师报告本专业监理工作实施情况; (12) 审查施工单位提交的涉及本专业的报审文件,并向总监理工程师报告

四、监理规划及监理实施细则

(一) 监理规划

监理规划应结合工程实际情况,明确项目监理机构的工作目标,确定具体的监理工作制度、内容、程序、方法和措施。

监理规划可在签订建设工程监理合同及收到工程设计文件后由<u>总监理工程师组织编制</u>,并应在召开第一次工地会议前报送建设单位。

监理规划编审应遵循下列程序:

(1) 总监理工程师组织专业监理工程师编制。

(2) 总监理工程师签字后由<u>工程监理单位技术负责人审批</u>。

(二) 监理实施细则

监理实施细则应符合监理规划的要求,并应具有可操作性。对专业性较强、危险性较大的分部分项工程,项目监理机构应编制监理实施细则。

监理实施细则应在相应工程施工开始前由<u>专业监理工程师</u>编制,并应报<u>总监理工程师审批</u>。

监理实施细则的编制应依据下列资料:

(1) 监理规划。

(2) 工程建设标准、工程设计文件。

(3) 施工组织设计、(专项)施工方案。

实战演练

[2024真题·单选] 下列监理机构人员的职责中,总监理工程师可以书面授权委托给总监理工程师代表的是(   )。

A. 签发工程开工令
B. 组织编写监理月报
C. 审批监理实施细则
D. 组织编写工程质量评估报告

[解析] 总监理工程师不得将下列工作委托给总监理工程师代表:①组织编制监理规划,审批监理实施细则;②根据工程进展及监理工作情况调配监理人员;③组织审查施工组织设计、(专项)施工方案;④签发工程开工令、暂停令和复工令;⑤签发工程款支付证书,组织审核竣工结算;⑥调解建设单位与施工单位的合同争议,处理工程索赔;⑦审查施工单位的竣工申请,组织工程竣工预验收,组织编写工程质量评估报告,参与工程竣工验收;⑧参与或配合工程质量安全事故的调查和处理。

[答案] B

[经典例题·多选] 根据《建设工程监理规范》(GB/T 50319—2013),下列属于总监理工程师职责的有(   )。

A. 组织编制监理实施细则
B. 组织审核分包单位资格
C. 参与工程质量安全事故的调查和处理
D. 组织编写监理日志
E. 组织工程竣工预验收

[解析] 选项A错误，总监理工程师审批监理实施细则。选项D错误，总监理工程师组织编写监理月报。

[答案] BCE

[经典例题·多选] 根据《建设工程监理规范》(GB/T 50319—2013)，下列属于专业监理工程师职责的有（　　）。

A. 处置发现的质量问题和安全事故隐患
B. 组织编写监理月报
C. 负责编制监理实施细则
D. 复核工程计量有关数据
E. 参与验收分项工程

[解析] 选项B错误，专业监理工程师组织编写监理日志。选项D错误，复核工程计量有关数据属于监理员的职责。选项E错误，专业监理工程师验收检验批、隐蔽工程、分项工程，参与验收分部工程。

[答案] AC

[经典例题·多选] 根据《建设工程监理规范》(GB/T 50319—2013)，下列可由总监理工程师代表行使的职责和权力有（　　）。

A. 签发工程开工令
B. 确定项目监理机构人员及其岗位职责
C. 组织审查施工组织设计
D. 组织审核分包单位资格
E. 组织竣工预验收

[解析] 经监理单位法定代表人同意，在总监理工程师书面授权后，由总监理工程师代表行使总监理工程师的部分职责和权力。但下列工作不得委托给总监理工程师代表：①组织编制监理规划，审批监理实施细则；②根据工程进展及监理工作情况调配监理人员；③组织审查施工组织设计、（专项）施工方案；④签发工程开工令、暂停令和复工令；⑤签发工程款支付证书，组织审核竣工结算；⑥调解建设单位与施工单位的合同争议，处理工程索赔；⑦审查施工单位的竣工申请，组织工程竣工预验收，组织编写工程质量评估报告，参与工程竣工验收；⑧参与或配合工程质量安全事故的调查和处理。

[答案] BD

知识点 7　工程监理工作

一、一般规定

项目监理机构应根据建设工程监理合同约定，遵循动态控制原理，坚持预防为主的原则，制定和实施相应的监理措施，采用旁站、巡视和平行检验等方式对建设工程实施监理。

监理人员应熟悉工程设计文件，并应参加建设单位主持的图纸会审和设计交底会议，会议纪要应由总监理工程师签认。

工程开工前，监理人员应参加由建设单位主持召开的第一次工地会议，会议纪要应由项目监理机构负责整理，与会各方代表应会签。

项目监理机构应审查施工单位报审的施工组织设计，符合要求时，应由总监理工程师签认后报建设单位。项目监理机构应要求施工单位按已批准的施工组织设计组织施工。施工组织设计需要调整时，项目监理机构应按程序重新审查。

二、工程质量控制

工程开工前，项目监理机构应审查施工单位现场的质量管理组织机构、管理制度及专职管理人员和特种作业人员的资格。

专业监理工程师应审查施工单位报送的新材料、新工艺、新技术、新设备的质量认证材料和相关验收标准的适用性，必要时，应要求施工单位组织专题论证，审查合格后报总监理工程师签认。

专业监理工程师应检查、复核施工单位报送的施工控制测量成果及保护措施，签署意见。专业监理工程师应对施工单位在施工过程中报送的施工测量放线成果进行查验。施工控制测量成果及保护措施的检查、复核，应包括下列内容：

（1）施工单位测量人员的资格证书及测量设备检定证书。

（2）施工平面控制网、高程控制网和临时水准点的测量成果及控制桩的保护措施。

项目监理机构应审查施工单位报送的用于工程的材料、构配件、设备的质量证明文件，并应按有关规定、建设工程监理合同约定，对用于工程的材料进行见证取样、平行检验。

项目监理机构应根据工程特点、专业要求，以及建设工程监理合同约定，对施工质量进行平行检验。

项目监理机构应对施工单位报验的隐蔽工程、检验批、分项工程和分部工程进行验收，对验收合格的应给予签认；对验收不合格的应拒绝签认，同时应要求施工单位在指定的时间内整改并重新报验。对已同意覆盖的工程隐蔽部位质量有疑问的，或发现施工单位私自覆盖工程隐蔽部位的，项目监理机构应要求施工单位对该隐蔽部位进行钻孔探测、剥离或其他方法进行重新检验。

工程竣工预验收合格后，项目监理机构应编写工程质量评估报告，并应经总监理工程师和工程监理单位技术负责人审核签字后报建设单位。

项目监理机构应参加由建设单位组织的竣工验收，对验收中提出的整改问题，应督促施工单位及时整改。工程质量符合要求的，总监理工程师应在工程竣工验收报告中签署意见。

三、工程造价控制

项目监理机构应按下列程序进行工程计量和付款签证：

（1）专业监理工程师对施工单位在工程款支付报审表中提交的工程量和支付金额进行复核，确定实际完成的工程量，提出到期应支付给施工单位的金额，并提出相应的支持性材料。

（2）总监理工程师对专业监理工程师的审查意见进行审核，签认后报建设单位审批。

（3）总监理工程师根据建设单位的审批意见，向施工单位签发工程款支付证书。

第一章 施工组织与目标控制

项目监理机构应按下列程序进行竣工结算款审核：
(1) 专业监理工程师审查施工单位提交的竣工结算款支付申请，提出审查意见。
(2) 总监理工程师对专业监理工程师的审查意见进行审核，签认后报建设单位审批，同时抄送施工单位，并就工程竣工结算事宜与建设单位、施工单位协商；达成一致意见的，根据建设单位审批意见向施工单位签发竣工结算款支付证书；不能达成一致意见的，应按施工合同约定处理。

四、工程进度控制

项目监理机构应审查施工单位报审的施工总进度计划和阶段性施工进度计划，提出审查意见，并应由总监理工程师审核后报建设单位。

施工进度计划审查应包括下列基本内容：
(1) 施工进度计划应符合施工合同中工期的约定。
(2) 施工进度计划中主要工程项目无遗漏，应满足分批投入试运、分批动用的需要，阶段性施工进度计划应满足总进度控制目标的要求。
(3) 施工顺序的安排应符合施工工艺要求。
(4) 施工人员、工程材料、施工机械等资源供应计划应满足施工进度计划的需要。
(5) 施工进度计划应符合建设单位提供的资金、施工图纸、施工场地、物资等施工条件。

五、工程暂停及复工

项目监理机构发现下列情况之一时，总监理工程师应及时签发工程暂停令：
(1) 建设单位要求暂停施工且工程需要暂停施工的。
(2) 施工单位未经批准擅自施工或拒绝项目监理机构管理的。
(3) 施工单位未按审查通过的工程设计文件施工的。
(4) 施工单位违反工程建设强制性标准的。
(5) 施工存在重大质量、安全事故隐患或发生质量、安全事故的。

总监理工程师签发工程暂停令应事先征得建设单位同意，在紧急情况下未能事先报告时，应在事后及时向建设单位做出书面报告。

当暂停施工原因消失、具备复工条件时，施工单位提出复工申请的，项目监理机构应审查施工单位报送的工程复工报审表及有关材料，符合要求后，总监理工程师应及时签署审查意见，并应报建设单位批准后签发工程复工令。施工单位未提出复工申请的，总监理工程师应根据工程实际情况指令施工单位恢复施工。

六、工程变更

项目监理机构可按下列程序处理施工单位提出的工程变更：
(1) 总监理工程师组织专业监理工程师审查施工单位提出的工程变更申请，提出审查意见。对涉及工程设计文件修改的工程变更，应由建设单位转交原设计单位修改工程设计文件。必要时，项目监理机构应建议建设单位组织设计、施工等单位召开论证工程设计文件的修改方案的专题会议。

(2) 总监理工程师组织专业监理工程师对工程变更费用及工期影响做出评估。

(3) 总监理工程师组织建设单位、施工单位等共同协商确定工程变更费用及工期变化，会签工程变更单。

(4) 项目监理机构根据批准的工程变更文件监督施工单位实施工程变更。

项目监理机构可在工程变更实施前与建设单位、施工单位等协商确定工程变更的计价原则、计价方法或价款。

建设单位与施工单位未能就工程变更费用达成协议时，项目监理机构可提出一个暂定价格并经建设单位同意，作为临时支付工程款的依据。工程变更款项最终结算时，应以建设单位与施工单位达成的协议为依据。

项目监理机构可对建设单位要求的工程变更提出评估意见，并应督促施工单位按会签后的工程变更单组织施工。

七、费用索赔

项目监理机构处理费用索赔的主要依据应包括下列内容：

(1) 法律法规。

(2) 勘察设计文件、施工合同文件。

(3) 工程建设标准。

(4) 索赔事件的证据。

项目监理机构可按下列程序处理施工单位提出的费用索赔：

(1) 受理施工单位在施工合同约定的期限内提交的费用索赔意向通知书。

(2) 收集与索赔有关的资料。

(3) 受理施工单位在施工合同约定的期限内提交的费用索赔报审表。

(4) 审查费用索赔报审表。需要施工单位进一步提交详细资料时，应在施工合同约定的期限内发出通知。

(5) 与建设单位和施工单位协商一致后，在施工合同约定的期限内签发费用索赔报审表，并报建设单位。

项目监理机构批准施工单位费用索赔应同时满足下列条件：

(1) 施工单位在施工合同约定的期限内提出费用索赔。

(2) 索赔事件是因非施工单位原因造成的，且符合施工合同约定。

(3) 索赔事件造成施工单位直接经济损失。

八、施工合同解除

因建设单位原因导致施工合同解除时，项目监理机构应按施工合同约定与建设单位和施工单位按下列款项协商确定施工单位应得款项，并应签发工程款支付证书：

(1) 施工单位按施工合同约定已完成的工作应得款项。

(2) 施工单位按批准的采购计划订购工程材料、构配件、设备的款项。

(3) 施工单位撤离施工设备至原基地或其他目的地的合理费用。

(4) 施工单位人员的合理遣返费用。

（5）施工单位合理的利润补偿。

（6）施工合同约定的建设单位应支付的违约金。

因施工单位原因导致施工合同解除时，项目监理机构应按施工合同约定，从下列款项中确定施工单位应得款项或偿还建设单位的款项，并应与建设单位和施工单位协商后，书面提交施工单位应得款项或偿还建设单位款项的证明：

（1）施工单位已按施工合同约定实际完成的工作应得款项和已给付的款项。

（2）施工单位已提供的材料、构配件、设备和临时工程等的价值。

（3）对已完工程进行检查和验收、移交工程资料、修复已完工程质量缺陷等所需的费用。

（4）施工合同约定的施工单位应支付的违约金。

实战演练

[经典例题·单选] 工程开工前，监理人员应参加由（　　）主持召开的第一次工地会议，会议纪要应由项目监理机构负责整理，与会各方代表应会签。

A. 施工单位　　　　　　　　B. 建设单位

C. 监理单位　　　　　　　　D. 设计单位

[解析] 工程开工前，监理人员应参加由建设单位主持召开的第一次工地会议，会议纪要应由项目监理机构负责整理，与会各方代表应会签。

[答案] B

[经典例题·多选] 下列情形中，属于总监理工程师应及时签发工程暂停令的有（　　）。

A. 建设单位要求暂停施工

B. 施工单位违反工程建设强制性标准的

C. 施工单位拒绝项目监理机构管理的

D. 施工存在质量、安全事故隐患的

E. 施工单位未按审查通过的工程设计文件施工的

[解析] 项目监理机构发现下列情况之一时，总监理工程师应及时签发工程暂停令：①建设单位要求暂停施工且工程需要暂停施工的；②施工单位未经批准擅自施工或拒绝项目监理机构管理的；③施工单位未按审查通过的工程设计文件施工的；④施工单位违反工程建设强制性标准的；⑤施工存在重大质量、安全事故隐患或发生质量、安全事故的。

[答案] BCE

知识点 8　工程质量监督

工程质量监督相关内容如图 1-1-5 所示。

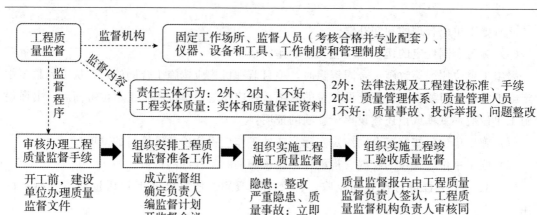

图 1-1-5　工程质量监督相关内容

一、《建设工程质量管理条例》相关规定

根据《建设工程质量管理条例》，国家实行建设工程质量监督管理制度。

国务院建设行政主管部门对全国的建设工程质量实施统一监督管理。国务院铁路、交通、水利等有关部门按照国务院规定的职责分工，负责对全国的有关专业建设工程质量的监督管理。县级以上地方人民政府建设行政主管部门对本行政区域内的建设工程质量实施监督管理。县级以上地方人民政府交通、水利等有关部门在各自的职责范围内，负责对本行政区域内的专业建设工程质量的监督管理。

国务院建设行政主管部门和国务院铁路、交通、水利等有关部门应当加强对有关建设工程质量的法律、法规和强制性标准执行情况的监督检查。

建设工程质量监督管理，可以由建设行政主管部门或者其他有关部门委托的建设工程质量监督机构具体实施。

从事房屋建筑工程和市政基础设施工程质量监督的机构，必须按照国家有关规定经国务院建设行政主管部门或者省、自治区、直辖市人民政府建设行政主管部门考核；从事专业建设工程质量监督的机构，必须按照国家有关规定经国务院有关部门或者省、自治区、直辖市人民政府有关部门考核。经考核合格后，方可实施质量监督。

县级以上人民政府建设行政主管部门和其他有关部门履行监督检查职责时，有权采取下列措施：

（1）要求被检查的单位提供有关工程质量的文件和资料。

（2）进入被检查单位的施工现场进行检查。

（3）发现有影响工程质量的问题时，责令改正。

建设单位应当自建设工程竣工验收合格之日起 15 日内，将建设工程竣工验收报告和规划、公安消防、环保等部门出具的认可文件或者准许使用文件报建设行政主管部门或者其他有关部门备案。

建设行政主管部门或者其他有关部门发现建设单位在竣工验收过程中有违反国家有关建设工程质量管理规定行为的，责令停止使用，重新组织竣工验收。

供水、供电、供气、公安消防等部门或者单位不得明示或者暗示建设单位、施工单位购买其指定的生产供应单位的建筑材料、建筑构配件和设备。

建设工程发生质量事故，有关单位应当在 24 小时内向当地建设行政主管部门和其他有关部门报告。对重大质量事故，事故发生地的建设行政主管部门和其他有关部门应当按照事故类别和等级向当地人民政府和上级建设行政主管部门和其他有关部门报告。特别重大质量事故的调查程序按照国务院有关规定办理。

二、《房屋建筑和市政基础设施工程质量监督管理规定》相关规定

根据《房屋建筑和市政基础设施工程质量监督管理规定》，国务院住房和城乡建设主管部门负责全国房屋建筑和市政基础设施工程（以下简称工程）质量监督管理工作。县级以上地方人民政府建设主管部门负责本行政区域内工程质量监督管理工作。

工程质量监督管理的具体工作可以由县级以上地方人民政府建设主管部门委托所属的工程质量监督机构（以下简称监督机构）实施。

工程质量监督管理，是指主管部门依据有关法律法规和工程建设强制性标准，对工程实体质量和工程建设、勘察、设计、施工、监理单位（以下简称工程质量责任主体）和质量检测等单位的工程质量行为实施监督。

工程实体质量监督，是指主管部门对涉及工程主体结构安全、主要使用功能的工程实体质量情况实施监督。

工程质量行为监督，是指主管部门对工程质量责任主体和质量检测等单位履行法定质量责任和义务的情况实施监督。

工程质量监督管理应当包括下列内容：

（1）执行法律法规和工程建设强制性标准的情况。

（2）抽查涉及工程主体结构安全和主要使用功能的工程实体质量。

（3）抽查工程质量责任主体和质量检测等单位的工程质量行为。

（4）抽查主要建筑材料、建筑构配件的质量。

（5）对工程竣工验收进行监督。

（6）组织或者参与工程质量事故的调查处理。

（7）定期对本地区工程质量状况进行统计分析。

（8）依法对违法违规行为实施处罚。

对工程项目实施质量监督，应当依照下列程序进行：

（1）受理建设单位办理质量监督手续。

（2）制订工作计划并组织实施。

（3）对工程实体质量、工程质量责任主体和质量检测等单位的工程质量行为进行抽查、抽测。

（4）监督工程竣工验收，重点对验收的组织形式、程序等是否符合有关规定进行监督。

（5）形成工程质量监督报告。

（6）建立工程质量监督档案。

主管部门实施监督检查时,有权采取下列措施:
(1) 要求被检查单位提供有关工程质量的文件和资料。
(2) 进入被检查单位的施工现场进行检查。
(3) 发现有影响工程质量的问题时,责令改正。

县级以上地方人民政府建设主管部门应当将工程质量监督中发现的涉及主体结构安全和主要使用功能的工程质量问题及整改情况,及时向社会公布。

省、自治区、直辖市人民政府建设主管部门应当按照国家有关规定,对本行政区域内监督机构每三年进行一次考核。监督机构经考核合格后,方可依法对工程实施质量监督,并对工程质量监督承担监督责任。

监督机构应当具备下列条件:
(1) 具有符合规定的监督人员。人员数量由县级以上地方人民政府建设主管部门根据实际需要确定。监督人员应当占监督机构总人数的75%以上。
(2) 有固定的工作场所和满足工程质量监督检查工作需要的仪器、设备和工具等。
(3) 有健全的质量监督工作制度,具备与质量监督工作相适应的信息化管理条件。

监督人员应当具备下列条件:
(1) 具有工程类专业大学专科以上学历或者工程类执业注册资格。
(2) 具有三年以上工程质量管理或者设计、施工、监理等工作经历。
(3) 熟悉掌握相关法律法规和工程建设强制性标准。
(4) 具有一定的组织协调能力和良好职业道德。

监督人员符合上述条件经考核合格后,方可从事工程质量监督工作。

监督机构可以聘请中级职称以上的工程类专业技术人员协助实施工程质量监督。

省、自治区、直辖市人民政府建设主管部门应当每两年对监督人员进行一次岗位考核,每年进行一次法律法规、业务知识培训,并适时组织开展继续教育培训。

> **实战演练**

[经典例题·单选] 建设单位应当自建设工程竣工验收合格之日起( )日内,将建设工程竣工验收报告和规划、公安消防、环保等部门出具的认可文件报建设行政主管部门或者其他有关部门备案。

A. 7
B. 10
C. 15
D. 20

[解析] 建设单位应当自建设工程竣工验收合格之日起15日内,将建设工程竣工验收报告和规划、公安消防、环保等部门出具的认可文件或者准许使用文件报建设行政主管部门或者其他有关部门备案。

[答案] C

第二节 施工项目管理组织与项目经理

知识点 1 施工项目管理目标和任务

一、施工项目管理目标

施工项目管理主要服务于项目的整体利益和施工方本身的利益,其项目管理的目标包括施工的进度目标、施工的质量目标、施工的成本目标、施工的安全目标和绿色施工管理目标。

二、施工项目管理任务

施工项目管理任务包括工程合同管理、施工组织协调、施工目标控制(进度、质量、成本)、施工安全管理、施工风险管理、施工信息管理和绿色施工管理。("三控五管一协调")

(1)施工目标控制包括对承包工程施工进度、施工质量和施工成本的控制。施工目标控制是施工项目管理的核心任务。

(2)施工安全管理是施工项目管理的重要任务。对于危险性较大的分部分项工程,须编制专项施工方案并经施工单位技术负责人、总监理工程师签字后实施。

(3)施工项目经理是绿色施工管理的第一责任人。

(4)在施工组织设计中要单独编制绿色施工方案。

> **实战演练**
>
> [经典例题·多选]下列关于施工项目管理目标和任务的说法,正确的有( )。
> A. 施工方项目管理包括工程总承包的项目管理
> B. 绿色施工是实现节能、节地、节水、节材、环境保护的施工活动
> C. 施工项目经理是其所负责项目绿色施工管理的第一责任人
> D. 对于危险性较大的分部分项工程,须编制专项施工方案并经项目技术负责人、总监理工程师签字后实施
> E. 施工目标控制是施工项目管理的核心任务
> [解析]选项 A 错误,施工方项目管理包括施工总承包项目管理和分包项目管理,工程总承包涉及任务量更广泛,不能单纯称之为施工方项目管理。选项 D 错误,对于危险性较大的分部分项工程,须编制专项施工方案并经施工单位技术负责人、总监理工程师签字后实施。
> [答案]BCE

知识点 2 施工项目管理组织结构形式

一、直线式组织结构——职位垂直排列

直线式组织结构如图 1-2-1 所示。

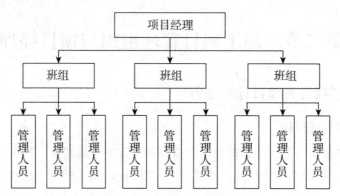

图 1-2-1　直线式组织结构

直线式组织结构是一种简单的组织结构形式。其特点是组织中的一切管理工作均由项目经理直接指挥和管理，不设专门的职能机构。适用于小型组织或现场作业。

优点：权责明确、易于统一指挥、决策迅速、反应灵敏和管理机构简单。

缺点：权限高度集中，易于造成家长式管理作风，形成独断专行、长官意志，组织发展受到管理者个人能力的限制，组织成员只注意上下沟通，而忽视横向联系。

实战演练

[2024真题·单选] 施工项目管理采用直线式组织结构的优点是（　　）。

A. 可减轻领导者负担

B. 集权与分权相结合

C. 易于统一指挥

D. 强调管理业务专门化

[解析] 直线式组织结构的主要优点是结构简单、权力集中、易于统一指挥、隶属关系明确、职责分明、决策迅速。

[答案] C

二、职能式组织结构

职能式组织结构如图 1-2-2 所示。

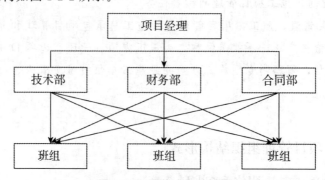

图 1-2-2　职能式组织结构

职能式是企业内部各管理层次都设职能机构，各职能机构在自己的业务范围内有权向下级发布命令和指挥。各级领导除了服从上级指挥外，还要服从上级各职能部门的指挥，实行的是多头领导的上下级关系。

优点：

（1）能适应比较复杂的管理工作。

（2）管理组织按职能或业务性质分工管理，选聘专业人才，能充分发挥职能机构的专业管理作用，减轻领导者的工作负担，有利于提高管理水平。

（3）同类任务划归同一部门，职有专司，责任确定，有利于建立有效的工作秩序，防止顾此失彼和互相推诿。

缺点：

（1）不便于管理组织间各部门的整体协作，容易形成部门间各自为政的现象，使行政领导难以协调。它妨碍了必要的集中领导和统一指挥，形成了多头领导。

（2）不利于建立和健全各级管理责任制，会出现纪律松弛、管理混乱、职责不清的现象。

实战演练

[经典例题·单选] 关于职能式组织结构特点的说法，正确的是（　　）。

A．项目经理属于"全能式"人才

B．职能部门的指令，必须经过同层级领导的批准才能下达

C．容易形成多头领导

D．下级执行者职责清楚

[解析] 选项 A 错误，"全能式"项目经理是直线式组织结构的特点。选项 B 错误，职能部门的指令，必须经过同层级领导的批准才能下达属于直线职能式组织结构的特点，职能式组织结构各个职能部门直接向班组下达指令，无须得到项目经理同意。选项 D 错误，每个班组有多个指令源，职责不清。

[答案] C

三、直线职能式组织结构

直线职能式组织结构如图 1-2-3 所示。

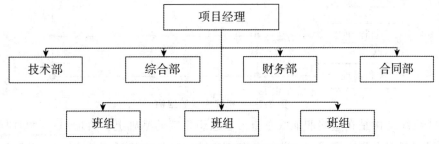

图 1-2-3　直线职能式组织结构

直线职能式组织结构中各职能部门在自己职能范围内独立于其他职能部门进行工作，各职能人员接受相应的职能部门经理或主管的领导。直线职能式组织结构是以直线制为基础、直线指挥系统和职能系统相结合的组织结构形式。它摒弃了职能式组织机构多头领导、指挥不统一的缺点，保留了职能式组织结构管理专业化的优点，又吸取了直线式组织结构统一指

挥的优点，各部门职责清晰，因而是一种有助于提高管理效率的组织结构形式。

优点：

(1) 有利于企业技术水平的提升。

(2) 资源利用的灵活性与低成本。

(3) 有利于从整体协调企业活动。

(4) 有利于专业人员晋升。

缺点：

(1) 部门之间沟通协调难度大。

(2) 部门之间容易产生冲突。

(3) 项目组成员责任淡化，不能保证项目责任完全落实。

实战演练

[经典例题·单选] 直线职能式组织结构的特点是（　　）。

A. 信息传递路径较短　　　　　　　　　B. 容易形成多头领导

C. 各职能部门间横向联系强　　　　　　D. 各职能部门职责清晰

[解析] 选项 A 错误，直线职能式组织结构中信息传递路径较长。选项 B 错误，容易形成多头领导的是职能式组织结构。选项 C 错误，直线职能式组织结构中各职能部门之间的横向联系不强。

[答案] D

四、矩阵式组织结构——双重领导

矩阵式组织结构如图 1-2-4 所示。

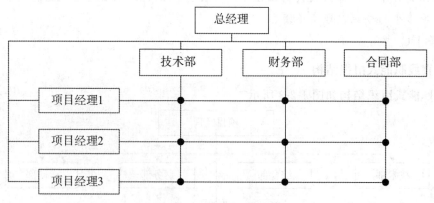

图 1-2-4　矩阵式组织结构

矩阵式组织结构是在直线职能式垂直形态组织系统的基础上，再增加一种横向的领导系统，它由职能部门系列和完成某一临时任务而组建的项目小组系列组成，从而同时实现了直线式与职能式组织结构特征。

在矩阵式组织结构中，每一项纵向和横向交汇处的人员（工作），指令来自纵向和横向两个工作部门，因此其指令源为两个。当纵向和横向工作部门的指令发生矛盾时，由更高层的指挥者（或部门）进行协调和决策。

优点：

（1）项目人员来源于各职能部门，通过项目集中到一起，克服了原职能部门相互交结、各自为政的现象，加强了横向联系，各专业相互配合、相互帮助，有利于项目目标实现。

（2）避免了人力、物力等资源的重复配置，且具有较大的机动性，资源根据任务的特点组建、增减和解体，具有较高的资源利用率。

（3）业务部门成员在业务上接受项目领导的指令安排，在执行上又接受职能部门的监督、指导，既保证了项目目标实现又能较好执行公司规章制度。

缺点：

（1）业务人员位置相对不固定，其职业发展容易受到限制，容易产生临时观念。

（2）业务人员受双重领导，命令源非唯一性，当职能部门与业务部门有冲突时会处于两难困境，无所适从。

（3）协调工作量大，对职能经理、项目经理以及高层指挥者等都要求较高的专业素质和协调能力。为了克服这些缺点，可根据项目特点，采用以纵向指令为主或横向指令为主的矩阵组织结构，这样可提高项目成员的责任心，并减轻高层指挥者（部门）的协调工作量。

按照项目经理的权限不同，矩阵式组织结构分为三种形式：强矩阵式组织、中矩阵式组织和弱矩阵式组织。

（1）强矩阵式组织。

特点：项目经理权限最大。项目组成员只对项目经理负责，绩效由项目经理考核。

适用条件：技术复杂且时间紧迫的工程项目——"难"。

（2）中矩阵式组织（平衡矩阵式组织）。

特点：项目经理权限适中（被授予一定权力）。

适用条件：中等技术复杂程度且建设周期较长的工程项目——"适中"。

（3）弱矩阵式组织。

特点：项目经理权限很小（或者不设项目经理），仅作为项目协调者或监督者，不作为管理者。

适用条件：技术简单的工程项目——"易"。

> **实战演练**
>
> ［经典例题·单选］下列项目管理组织结构形式中，未明确项目经理角色的是（　　）组织结构。
>
> A. 职能式　　　　　B. 弱矩阵式　　　　　C. 平衡矩阵式　　　　D. 强矩阵式
>
> ［解析］只有弱矩阵式组织结构可以不设项目经理。
>
> ［答案］B
>
> ［经典例题·单选］关于工程项目管理组织结构特点的说法，正确的是（　　）。
>
> A. 矩阵式组织中，项目成员受双重领导
>
> B. 职能式组织中，指令唯一且职责清晰
>
> C. 直线式组织中，可实现专业化管理
>
> D. 矩阵式组织中，项目成员仅对职能经理负责

[解析]选项B错误，职能式组织中，指令有多个且职责不清。选项C错误，直线式组织中，无法实现专业化管理。选项D错误，矩阵式组织中，项目成员受到职能部门经理和项目经理双重领导。

[答案]A

[经典例题·多选]某施工单位采用图1-2-5所示的组织结构模式，则关于该组织结构模式的说法，正确的有（　　）。

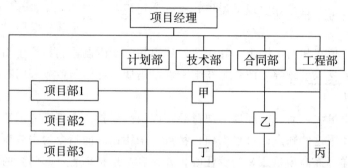

图1-2-5　组织结构

A. 技术部可以对甲、乙、丙、丁直接下达指令
B. 工程部可以对甲、乙、丙、丁直接下达指令
C. 甲工作涉及的指令源有2个，即项目部1和技术部
D. 该组织结构属于矩阵式
E. 当属于强矩阵时，乙绩效完全由项目部2中项目经理进行考核

[解析]选项A错误，技术部可以对甲、丁直接下达指令。选项B错误，工程部仅可以对丙直接下达指令。

[答案]CDE

> **总结**：施工项目管理组织结构形式总结见表1-2-1。

表1-2-1　施工项目管理组织结构形式总结

项目	直线式	职能式	直线职能式	矩阵式
项目经理统一指挥	√	×	√	分权
专业化（职能部门）	×	√	√	√
几个领导	1	多	1	2
职责清楚	√	×	√	管理人员职责清晰 双重领导可能扯皮

知识点 3　责任矩阵

一、责任矩阵的含义、目的和适用范围

责任矩阵是一种将工作任务与相关责任人关联起来的表格，用于明确项目成员在各个阶段的任务和职责。

目的：通过明确责任人，提高项目执行效率，保证项目质量，促进团队协作。

适用范围：适用于各类规模和类型的项目，尤其适用于团队协作紧密、任务繁重的项目。

二、责任矩阵的任务和作用

项目管理中最重要的一环，是将每项任务责任到人。一般矩阵纵列列出项目中的各项细节任务，横排写出项目相关人员名称，在其交叉格内标明每个人员的角色。

制定责任矩阵，将工作分配给每一个成员后，通过责任矩阵可以清楚地看出每一个成员在项目执行过程中所承担的责任。责任矩阵表头部分填写项目需要的各种人员角色，而与活动交叉的部分则填写每个角色对每个活动的责任关系，从而建立"人"和"事"的关联。不同的责任可以用不同的符号表示。例如，P（Principal）表示负责人；S（Support）表示支持者或参与者；R（Review）表示审核者。用责任矩阵可以非常方便地进行责任检查：横向检查可以确保每个活动有人负责，纵向检查可以确保每个人至少负责一件"事"。在完成后续讨论的估算工作后，还可以横向统计每个活动的总工作量，纵向统计每个角色投入的总工作量。

责任矩阵的任务编制：

（1）列出需要完成的项目任务。

（2）列出参与项目管理以及负责执行项目任务的个人或职能部门名称。

（3）以工作任务为行，以执行工作任务的个人或部门为列，画出相互关系矩阵图。

（4）在矩阵图的行与列交叉窗口里，用字母、符号或数字显示任务与执行者的责任关系，任务执行者在项目管理中通常有三种角色和职责——直接责任、参与以及审批，用字母表示为 A——审批，R——直接责任，I——参与。

（5）检查各部门或人员的任务分配是否均衡、适当，是否有过度分配或者分配不当的现象，如有必要则做进一步的调整和优化。

责任矩阵的作用：

（1）将项目的具体任务分配、落实到相关的人员或职能部门，使项目的人员分工一目了然。

（2）清楚地显示出项目执行组织各部门或个人之间的角色、职责和相互关系，避免责任不清而出现推诿、扯皮现象。

（3）可以充分考虑任务执行人员的工作经验、教育背景、职业资格、兴趣爱好、年龄性别等不同的方面进行分工，确保最合适的人去做最适当的事，从而提高工作和项目管理的效率。

（4）有利于项目经理从宏观上看清任务的分配是否平衡、适当，以便进行必要的调整和优化，确保最适当的人员去做最适当的事情。

建设工程施工管理

> **实战演练**
>
> **[2024真题·单选]** 关于项目管理责任矩阵的说法，正确的是（ ）。
>
> A．责任检查时，横向检查可以确保每个人员至少负责一项工作
>
> B．责任检查时，纵向检查可以确保每项工作有人员负责
>
> C．基于管理活动的工作量估算，可以横向统计每个活动的总工作量
>
> D．基于管理活动的工作量估算，可以纵向统计每个活动的总工作量
>
> [解析] 责任矩阵可以非常方便地进行责任检查：横向检查可以确保每项工作有人负责；纵向检查可以确保每个人至少负责一件"事"。基于管理活动的工作量估算，还可从横向统计每个活动的总工作量，从纵向统计每个角色投入的总工作量。
>
> [答案] C
>
> **[经典例题·单选]** 下列有关责任矩阵的说法，正确的是（ ）。
>
> A．编制责任矩阵的首要环节是列出参与项目管理的个人或职能部门名称
>
> B．责任矩阵编完后不能调整
>
> C．责任矩阵能清楚地显示各部门或个人的角色、职责和相互关系
>
> D．责任矩阵横向统计每个角色投入的总工作量
>
> [解析] 选项A错误，编制责任矩阵的首要环节是列出需要完成的项目任务，选项A是第二步。选项B错误，责任矩阵有利于项目经理从总体上分析管理任务的分配是否平衡、适当，以便进行必要的调整和优化。选项D错误，责任矩阵横向统计每个活动的总工作量，纵向统计每个角色投入的总工作量。
>
> [答案] C
>
> **[2024真题·多选]** 在施工项目部编制的责任矩阵图中，任务执行者在项目管理中的角色有（ ）。
>
> A．负责人   B．授权人
>
> C．监理人   D．参与者
>
> E．审核者
>
> [解析] 任务执行者在项目管理中通常有三种角色：①负责人P；②支持者或参与者S；③审核者R。
>
> [答案] ADE

知识点 4 施工项目经理的职责

一、施工项目经理的任职条件

根据《建设工程施工项目经理岗位职业标准》（T/CCIAT 0010—2019），施工项目经理应具备以下条件：

(1) 具有工程建设类相应职业资格，并应取得安全生产考核合格证书。

(2) 具有良好的身体素质，恪守职业道德，诚实守信，不得有不良行为记录。

(3) 具有建设工程施工现场管理经验和项目管理业绩，并应具备下列专业知识和能力：

① 施工项目管理范围内的工程技术、管理、经济、法律法规及信息化知识。
② 施工项目实施策划和分析解决问题的能力。
③ 施工项目目标管理及过程控制的能力。
④ 组织、指挥、协调与沟通能力。
➢ **总结**：有证、有素质、有能力。

> **实战演练**
>
> [**经典例题·多选**] 根据《中华人民共和国标准施工招标文件》（2023年通用合同条款）规定，关于项目经理的说法，正确的有（　　）。
> A. 施工项目经理是企业法定代表人
> B. 承包人更换项目经理应事先征得监理同意
> C. 承包人更换项目经理应在14天前通知发包人和监理人
> D. 承包人项目经理短期离开施工场地，应事先征得建设单位同意
> E. 项目经理需具有工程建设类相应职业资格，并应取得安全生产考核合格证书
> [**解析**] 选项A错误，施工项目经理是受企业法定代表人授权对施工项目进行全面管理的责任人。选项B错误，承包人更换项目经理应事先征得建设单位同意。选项D错误，承包人项目经理短期离开施工场地，应事先征得监理同意。
> [**答案**] CE

二、施工项目经理的职责

《建设工程施工项目经理岗位职业标准》（T/CCIAT 0010—2019）规定，项目经理应履行但不限于下列职责：

（1）依据企业规定组建项目经理部，组织制定项目管理岗位职责，明确项目团队成员职责分工。

（2）执行企业各项规章制度，组织制定和执行施工现场项目管理制度。

（3）组织项目团队成员进行施工合同交底和项目管理目标责任分解。

（4）在授权范围内组织编制和落实施工组织设计、项目管理实施规划、施工进度计划、绿色施工及环境保护措施、质量安全技术措施、施工方案和专项施工方案。

（5）在授权范围内进行项目管理指标分解，优化项目资源配置，协调施工现场人力资源安排，并对工程材料、构配件、施工机具设备等资源的质量和安全使用进行全程监控。

（6）组织项目团队成员进行经济活动分析，进行施工成本目标分解和成本计划编制，制定和实施施工成本控制措施。

（7）建立健全协调工作机制，主持工地例会，协调解决工程施工问题。

（8）依据施工合同配合企业或受企业委托选择分包单位，组织审核分包工程款支付申请。

（9）组织与建设单位、分包单位、供应单位之间的结算工作，在授权范围内签署结算文件。

（10）建立和完善工程档案文件管理制度，规范工程资料管理及存档程序，及时组织汇

总工程结算和竣工资料，参与工程竣工验收。

（11）组织进行缺陷责任期工程保修工作，组织项目管理工作总结。

《中华人民共和国标准施工招标文件》（2023年版）通用合同条款规定，承包人项目经理可以授权其下属人员履行其某项职责，但事先应将这些人员的姓名和授权范围通知监理人。

➤ **总结**：组织定职责、定制度、合同交底、编制施工组织设计（计划、措施）、资源安排、经济分析、解决问题、受托选分包、结算工作、资料管理、保修工作、工作总结。

实战演练

[2024真题·单选] 根据《建设工程施工项目经理岗位职业标准》（T/CCIAT 0010—2019）规定，施工项目经理应履行的职责是（   ）。

A. 组织审查施工组织设计

B. 主持第一次工地会议

C. 组织审查专项施工方案

D. 主持工地例会

[解析] 项目经理应履行但不限于下列职责：①依据企业规定组建项目经理部，组织制定项目管理岗位职责，明确项目团队成员职责分工；②执行企业各项规章制度，组织制定和执行施工现场项目管理制度；③组织项目团队成员进行施工合同交底和项目管理目标责任分解；④在授权范围内组织编制和落实施工组织设计、项目管理实施规划、施工进度计划、绿色施工及环境保护措施、质量安全技术措施、施工方案和专项施工方案；⑤在授权范围内进行项目管理指标分解，优化项目资源配置，协调施工现场人力资源安排，并对工程材料、构配件、施工机具设备等资源的质量和安全使用进行全程监控；⑥组织项目团队成员进行经济活动分析，进行施工成本目标分解和成本计划编制，制定和实施施工成本控制措施；⑦建立健全协调工作机制，主持工地例会，协调解决工程施工问题；⑧依据施工合同配合企业或受企业委托选择分包单位，组织审核分包工程款支付申请；⑨组织与建设单位、分包单位、供应单位之间的结算工作，在授权范围内签署结算文件；⑩建立和完善工程档案文件管理制度，规范工程资料管理及存档程序，及时组织汇总工程结算和竣工资料，参与工程竣工验收；⑪组织进行缺陷责任期工程保修工作，组织项目管理工作总结。

[答案] D

[经典例题·多选] 根据《建设工程施工项目经理岗位职业标准》（T/CCIAT 0010—2019）规定，下列属于施工方项目经理职责的有（   ）。

A. 参与编制和落实项目管理实施规划

B. 主持工地例会

C. 参与工程竣工验收

D. 确保项目建设资金的落实到位

E. 受企业委托选择分包单位

[解析] 选项A错误，项目经理组织编制和落实项目管理实施规划。选项D错误，确保项目建设资金的落实到位属于建设单位的工作。

[答案] BCE

知识点 5 施工项目经理的权限

《建设工程施工项目经理岗位职业标准》（T/CCIAT 0010—2019）规定，项目经理应具有但不限于下列权限：

(1) 参与项目投标及施工合同签订。

(2) 参与组建项目经理部，提名项目副经理、项目技术负责人，选用项目团队成员。

(3) 主持项目经理部工作，组织制定项目经理部管理制度。

(4) 决定企业授权范围内的资源投入和使用。

(5) 参与分包合同和供货合同签订。

(6) 在授权范围内直接与项目相关方进行沟通。

(7) 根据企业考核评价办法组织项目团队成员绩效考核评价，按企业薪酬制度拟定项目团队成员绩效工资分配方案，提出不称职管理人员解聘建议。

➤ **重点提示**：3参与、2授权、1制定、1考核。

实战演练

[经典例题·多选] 根据《建设工程施工项目经理岗位职业标准》（T/CCIAT 0010—2019）规定，下列属于施工方项目经理权限的有（　　）。

A. 主持项目的投标工作

B. 参与分包合同和供货合同签订

C. 组织制定项目经理部管理制度

D. 参与组建项目经理部

E. 参与项目经理部工作

[解析] 选项A错误，项目经理参与项目的投标工作。选项E错误，项目经理主持项目经理部工作。

[答案] BCD

第三节　施工组织设计与项目目标动态控制

知识点 1 施工项目实施策划

根据《建设项目工程总承包管理规范》（GB/T 50352—2018），项目策划包括以下内容。

一、一般规定

(1) 项目部应在项目初始阶段开展项目策划工作，并编制项目管理计划和项目实施计划。

(2) 项目策划应结合项目特点，根据合同和工程总承包企业管理的要求，明确项目目标和工作范围，分析项目风险以及采取的应对措施，确定项目各项管理原则、措施和进程。

(3) 项目策划的范围宜涵盖项目活动的全过程所涉及的全要素。

二、策划内容

项目策划应满足合同要求，同时应符合工程所在地对社会环境、依托条件、项目相关方需求以及项目对技术、质量、安全、费用、进度、职业健康、环境保护、相关政策和法律法规等方面的要求。

项目策划应包括下列主要内容：

（1）明确项目策划原则。

（2）明确项目技术、质量、安全、费用、进度、职业健康和环境保护等目标，并制定相关管理程序。

（3）确定项目的管理模式、组织机构和职责分工。

（4）制订资源配置计划。

（5）制订项目协调程序。

（6）制订风险管理计划。

（7）制订分包计划。

知识点 2 施工组织设计的编制、审批和动态管理

一、施工组织设计的编制和审批

施工组织设计的编制和审批见表1-3-1。

表1-3-1 施工组织设计的编制和审批

分类	施工组织总设计	单位工程施工组织设计	施工方案	规模较大的分部（分项）工程施工方案	重点、难点分部（分项）工程施工方案和针对危险性较大的分部分项工程专项施工方案
编制	项目负责人（项目经理）主持编制				
审批签字	总承包单位技术负责人审批	施工单位技术负责人或技术负责人授权的技术人员审批	项目技术负责人审批	施工单位技术负责人或技术负责人授权的技术人员审批	施工单位技术部门组织相关专家评审，施工单位技术负责人批准

注意：由专业承包单位施工的分部（分项）工程或专项工程的施工方案，应由专业承包单位技术负责人或技术负责人授权的技术人员审批；有总承包单位时，应由总承包单位项目技术负责人核准备案。

实战演练

[经典例题·单选] 根据《建筑施工组织设计规范》（GB/T 50502—2009），施工组织总设计应由（　　）主持编制。

A. 总承包单位技术负责人　　　　　　B. 施工项目负责人

C. 总承包单位法定代表人　　　　　　D. 施工项目技术负责人

[解析] 施工组织总设计应由施工项目负责人主持编制。
[答案] B

[经典例题·单选] 根据《建筑施工组织设计规范》(GB/T 50502—2009),单位工程施工组织设计应由（　　）审批。

A. 建设单位项目负责人　　B. 施工项目负责人
C. 施工单位技术负责人　　D. 施工项目技术负责人

[解析] 单位工程施工组织设计应由施工单位技术负责人或技术负责人授权的技术人员审批。
[答案] C

二、施工组织设计的动态管理

(1) 项目施工过程中，发生下列情形之一时，施工组织设计应及时进行修改或补充：
①工程设计有重大修改。
②有关法律、法规、规范和标准的实施、修订和废止。
③主要施工方法有重大调整。
④主要施工资源配置有重大调整。
⑤施工环境有重大改变。
(2) 经修改或补充的施工组织设计应重新审批后实施。
(3) 项目施工前应进行施工组织设计的逐级交底；项目施工过程中，应对施工组织设计的执行情况进行检查、分析并适时进行调整。

实战演练

[经典例题·多选] 下列具体情况中，施工组织设计应及时进行修改或补充的有（　　）。

A. 由于施工规范发生变更导致需要调整预应力钢筋施工工艺
B. 由于国际钢材市场价格大涨导致进口钢材无法及时供料，严重影响工程施工
C. 由于自然灾害导致工期严重滞后
D. 施工单位发现设计图纸存在严重错误，无法继续施工
E. 设计单位应业主要求对工程设计图纸进行了细微修改

[解析] 工程施工过程中发生下列情形之一时，应及时对施工组织设计进行修改或补充：①工程设计有重大修改；②有关法律、法规及标准的实施、修订和废止；③主要施工方法有重大调整；④主要施工资源配置有重大调整；⑤施工环境有重大改变。
[答案] ABCD

知识点 3　施工组织设计

一、施工组织设计的编制原则和依据

（一）施工组织设计的编制原则

施工组织设计的编制必须遵循工程建设程序，并应符合下列原则：

(1) 符合施工合同或招标文件中有关工程进度、质量、安全、环境保护、造价等方面的要求。

(2) 积极开发、使用新技术和新工艺，推广应用新材料和新设备。

(3) 坚持科学的施工程序和合理的施工顺序，采用流水施工和网络计划等方法，科学配置资源，合理布置现场，采取季节性施工措施，实现均衡施工，达到合理的经济技术指标。

(4) 采取技术和管理措施，推广建筑节能和绿色施工。

(5) 与质量、环境和职业健康安全三个管理体系有效结合。

(二) 施工组织设计的编制依据

施工组织设计应以下列内容作为编制依据：

(1) 与工程建设有关的法律、法规和文件。

(2) 国家现行有关标准和技术经济指标。

(3) 工程所在地区行政主管部门的批准文件，建设单位对施工的要求。

(4) 工程施工合同或招标投标文件。

(5) 工程设计文件。

(6) 工程施工范围内的现场条件，工程地质及水文地质、气象等自然条件。

(7) 与工程有关的资源供应情况。

(8) 施工企业的生产能力、机具设备状况、技术水平等。

> **实战演练**
>
> [2024真题·多选] 建设工程施工组织设计的编制依据有（　　）。
>
> A. 工程设计文件　　　　　　　B. 施工合同文件
> C. 监理实施细则　　　　　　　D. 工程地质条件
> E. 施工平面布置图
>
> [解析] 施工组织设计的编制依据有：①与工程建设有关的法律、法规和文件；②国家现行有关标准和技术经济指标；③工程所在地区行政主管部门的批准文件，建设单位对施工的要求；④工程施工合同或招标投标文件；⑤工程设计文件；⑥工程施工范围内的现场条件，工程地质及水文地质、气象等自然条件；⑦与工程有关的资源供应情况；⑧施工企业的生产能力、机具设备状况、技术水平等。
>
> [答案] ABD

二、施工组织设计

根据《建筑施工组织设计规范》（GB/T 50502—2022），施工组织设计按编制对象，可分为施工组织总设计、单位工程施工组织设计和施工方案。

(一) 施工组织总设计

1. 工程概况

工程概况应包括项目主要情况和项目主要施工条件等。

(1) 项目主要情况应包括下列内容：

①项目名称、性质、地理位置和建设规模。

②项目的建设、勘察、设计和监理等相关单位的情况。
③项目设计概况。
④项目承包范围及主要分包工程范围。
⑤施工合同或者招标文件对项目施工的重点要求。
⑥其他应说明的情况。
(2) 项目主要施工条件应包括下列内容：
①项目建设地点气象状况。
②项目施工区域地形和工程水文地质状况。
③项目施工区域地上、地下管线及相邻的地上、地下建（构）筑物情况。
④与项目施工有关的道路、河流等状况。
⑤当地建筑材料、设备供应和交通运输等服务能力状况。
⑥当地供电、供水、供热和通信能力状况。
⑦其他与施工有关的主要因素。

2. 总体施工部署

施工组织总设计应对项目总体施工做出下列宏观部署：
(1) 确定项目施工总目标，包括进度、质量、安全、环境和成本目标。
(2) 根据项目施工总目标的要求，确定项目分阶段（期）交付的计划。
(3) 确定项目分阶段（期）施工的合理顺序及空间组织。

3. 施工总进度计划

(1) 施工总进度计划应按照项目总体施工部署的安排进行编制。施工总进度计划应依据施工合同、施工进度目标、有关技术经济资料，并按照总体施工部署确定的施工顺序和空间组织等进行编制。

(2) 施工总进度计划可采用网络图或者横道图表示，并附必要说明。施工总进度计划的内容应包括：编制说明，施工总进度计划表（图），分期（分批）实施工程的开工日期、竣工日期、工期一览表等。施工总进度计划宜优先采用网络计划，网络计划应按国家现行标准《网络计划技术》(GB/T 13400.1~13400.3—1992) 及行业标准《工程网络计划技术规程》(JGJ/T 121—2015) 的要求编制。

4. 总体施工准备与主要资源配置计划

(1) 总体施工准备应包括技术准备、现场准备和资金准备等。应根据施工开展顺序和主要工程项目施工方法，编制总体施工准备工作计划。
①技术准备包括施工过程所需技术资料的准备、施工方案编制计划、试验检验及设备调试工作计划等。
②现场准备包括现场生产、生活等暂时设施，如暂时生产、生活用房，暂时道路、材料堆放场，暂时用水、用电和供热、供气等的计划。
③资金准备应根据施工总进度计划编制资金使用计划。
(2) 主要资源配置计划应包括劳动力配置计划和物资配置计划等。
①劳动力配置计划应按照各工程项目工程量，并根据总进度计划，参照概（预）算定额

或者有关资料确定。劳动力配置计划应包括下列内容：确定各施工阶段（期）的总用工量；根据施工总进度计划确定各施工阶段（期）的劳动力配置计划。

②物资配置计划应根据总体施工部署和施工总进度计划确定主要物资的计划总量及进、退场时间。物资配置计划是组织建造工程施工所需各种物资进、退场的依据，科学合理的物资配置计划既可保证工程建设的顺利进行，又可降低工程成本。物资配置计划应包括下列内容：根据施工总进度计划确定主要工程材料和设备的配备计划；根据总体施工部署和施工总进度计划确定主要施工周转材料和施工机具的配置计划。

5. 主要施工方法

（1）施工组织总设计要制定一些单位（子单位）工程和主要分部（分项）工程所采用的施工方法，这些工程通常是建造工程中工程量大、施工难度大、工期长，对整个项目的完成起关键作用的建（构）筑物以及影响全局的主要分部（分项）工程。

（2）制定主要工程项目施工方法的目的是进行技术和资源的准备工作，同时也为了施工进程的顺利开展和现场的合理布置，对施工方法的确定要兼顾技术工艺的先进性、可操作性以及经济上的合理性。

6. 施工总平面布置

（1）施工总平面布置应符合下列原则：

①平面布置科学合理，施工场地占用面积小。

②合理组织运输，减少二次搬运。

③施工区域的划分和场地的暂时占用应符合总体施工部署和施工流程的要求，减少相互干扰。

④充分利用既有建（构）筑物和既有设施为项目施工服务，降低临时设施的建造费用。

⑤临时设施应方便生产和生活，办公区、生活区和生产区宜分离设置。

⑥符合节能、环保、安全和消防等要求。

⑦遵守当地主管部门和建设单位关于施工现场安全文明施工的相关规定。

（2）施工总平面布置图应符合下列要求：

①根据项目总体施工部署，绘制现场不同施工阶段（期）的总平面布置图。

②施工总平面布置图的绘制应符合国家相关标准要求并附必要说明。

（3）施工总平面布置图应包括下列内容：

①项目施工用地范围内的地形状况。

②全部拟建的建（构）筑物和其他基础设施的位置。

③项目施工用地范围内的加工设施、运输设施、存贮设施、供电设施、供水供热设施、排水排污设施、暂时施工道路和办公、生活用房等。

④施工现场必备的安全、消防、保卫和环境保护等设施。

⑤相邻的地上、地下既有建（构）筑物及相关环境。

实战演练

[经典例题·单选] 根据施工总进度计划,进行施工总平面布置时,办公区、生活区和生产区宜( )。

A. 分离设置,满足节能、环保、安全和消防等要求

B. 集中布置,布置在建筑红线和建筑中间,减少二次搬运

C. 充分利用既有建筑物和既有设施,增加生活区临时配套设施

D. 建在红线下

[解析] 施工总平面布置原则:①平面布置科学合理,施工场地占用面积少;②合理组织运输,减少二次搬运;③施工区域划分和场地临时占用应符合总体施工部署和施工流程要求,减少相互干扰;④充分利用既有建(构)筑物和既有设施为工程施工服务,降低临时设施建造费用;⑤临时设施应方便生产、生活,办公区、生活区和生产区宜分离设置;⑥符合节能、环保、安全和消防等要求;⑦遵守工程所在地政府建设主管部门和建设单位关于施工现场安全文明施工的相关规定。

[答案] A

[经典例题·多选] 施工组织总设计的主要内容包括( )。

A. 总体施工部署 B. 施工总进度计划

C. 施工方法及工艺要求 D. 总体施工准备

E. 施工总平面布置

[解析] 施工组织总设计的主要内容包括:①工程概况;②总体施工部署;③施工总进度计划;④总体施工准备与主要资源配置计划;⑤主要施工方法;⑥施工总平面布置。

[答案] ABDE

(二) 单位工程施工组织设计

1. 工程概况

工程概况应包括工程主要情况、各专业设计简介和工程施工条件等。

(1) 工程主要情况应包括下列内容:

①工程名称、性质和地理位置。

②工程的建设、勘察、设计、监理和总承包等相关单位的情况。

③工程承包范围和分包工程范围。

④施工合同、招标文件或者总承包单位对工程施工的重点要求。

⑤其他应说明的情况。

(2) 各专业设计简介应包括下列内容:

①建造设计简介应依据建设单位提供的建造设计文件进行描述,包括建造规模、建造功能、建造特点、建造耐火、防水及节能要求等,并应简单描述工程的主要装修做法。

②结构设计简介应依据建设单位提供的结构设计文件进行描述,包括结构形式、地基基础形式、结构安全等级、抗震设防类别、主要结构构件类型及要求等。

③机电及设备安装专业设计简介应依据建设单位提供的各相关专业设计文件进行描述,

包括给水、排水及采暖系统、通风与空调系统、电气系统、智能化系统、电梯等各个专业系统的做法要求。

（3）工程施工条件参照施工组织总设计的项目主要施工条件所列主要内容进行说明。

2. 施工部署

工程施工目标应根据施工合同、招标文件以及本单位对工程管理目标的要求确定，包括进度、质量、安全、环境和成本等目标。各项目标应满足施工组织总设计中确定的总体目标。

（1）施工部署中的进度安排和空间组织应符合下列规定：

①工程主要施工内容及其进度安排应明确说明，施工顺序应符合工序逻辑关系。

②施工流水段应结合工程具体情况分阶段进行划分；单位工程施工阶段的划分一般包括地基基础、主体结构、装修装饰和机电设备安装三个阶段。

③对于工程施工的重点和难点应进行分析，包括组织管理和施工技术两个方面。

（2）工程管理的组织机构形式应根据施工项目的规模、复杂程度、专业特点、人员素质和地域范围确定。大中型项目宜设置矩阵式项目管理组织，远离企业管理层的大中型项目宜设置事业部式项目管理组织，小型项目宜设置直线职能式项目管理组织，并确定项目经理部的工作岗位设置及其职责划分。

（3）对于工程施工中开发和使用的新技术、新工艺应做出部署，对新材料和新设备的使用应提出技术及管理要求。

（4）对主要分包工程施工单位的选择要求及管理方式应进行简要说明。

3. 施工进度计划

（1）单位工程施工进度计划应按照施工部署的安排进行编制。施工进度计划是施工部署在时间上的体现，反映了施工顺序和各个阶段工程发展情况，应均衡协调、科学安排。

（2）施工进度计划可采用网络图或者横道图表示，并附必要说明。普通工程画横道图即可，对工程规模较大、工序比较复杂的工程宜采用网络图表示，通过对各类参数的计算，找出关键路线，选择最优方案。

4. 施工准备与资源配置计划

（1）施工准备应包括技术准备、现场准备和资金准备等。

①技术准备应包括施工所需技术资料的准备、施工方案编制计划、试验检验及设备调试工作计划、样板制作计划等。

②现场准备应根据现场施工条件和实际需要，准备现场生产、生活等临时设施。

③资金准备应根据施工进度计划编制资金使用计划。

（2）资源配置计划应包括劳动力配置计划和物资配置计划等。

①劳动力配置计划应包括下列内容：确定各施工阶段用工量；根据施工进度计划确定各施工阶段劳动力配置计划。

②物资配置计划应包括下列内容：主要工程材料和设备的配置计划应根据施工进度计划确定，包括各施工阶段所需主要工程材料、设备的种类和数量；工程施工主要周转材料和施工机具的配置计划应根据施工部署和施工进度计划确定，包括各施工阶段所需主要周转材

料、施工机具的种类和数量。

5. 主要施工方案

（1）单位工程应按照分部、分项工程的划分原则，对主要分部、分项工程制定施工方案。

（2）对脚手架工程、起重吊装工程、临时用水用电工程、季节性施工等专项工程所采用的施工方案应进行必要的验算和说明。

6. 施工现场平面布置

施工现场平面布置图应结合施工组织总设计，按不同施工阶段分别绘制。

施工现场平面布置图应包括下列内容：

（1）工程施工场地状况。

（2）拟建建（构）筑物的位置、轮廓尺寸、层数等。

（3）工程施工现场的加工设施、存贮设施、办公和生活用房等的位置和面积。

（4）布置在工程施工现场的垂直运输设施、供电设施、供水供热设施、排水排污设施和临时施工道路等。

（5）施工现场必备的安全、消防、保卫和环境保护等设施。

（6）相邻的地上、地下既有建（构）筑物及相关环境。

实战演练

[经典例题·单选] 在单位工程施工组织设计文件中，施工流水段划分一般属于（　　）的内容。

A. 工程概况　　　　　　　　　　B. 施工进度计划
C. 施工部署　　　　　　　　　　D. 主要施工方案

[解析] 施工部署中的进度安排和空间组织应符合下列要求：①应明确说明工程主要施工内容及进度安排，施工顺序应符合工序逻辑关系；②施工流水段应结合工程具体情况分阶段进行合理划分，并说明划分依据及流水方向，确保均衡流水施工。

[答案] C

[经典例题·多选] 在单位工程施工组织设计中，资源配置计划包括（　　）。

A. 劳动力配置计划

B. 主要周转材料配置计划

C. 监理人员配置

D. 工程材料和设备配置计划

E. 计量、测量和检验仪器配置计划

[解析] 单位工程施工准备与资源配置计划：①施工准备，包括技术准备、现场准备和资金准备等；②资源配置计划，包括劳动力配置计划和物资配置计划（材料、设备、周转材料、施工机具的配置计划）。

[答案] ABDE

[经典例题·多选] 应对主要分部、分项工程制定施工方案,并对( )专项工程所采用的施工方案进行必要的验算和说明。

A. 模板工程 　　　　　　　B. 起重吊装工程
C. 临时用水用电工程　　　 D. 基坑支护
E. 季节性施工

[解析] 应对主要分部、分项工程制定施工方案,并对脚手架工程、起重吊装工程、临时用水用电工程、季节性施工等专项工程所采用的施工方案进行必要的验算和说明。

[答案] BCE

(三) 施工方案

1. 工程概况

工程概况应包括工程主要情况、设计简介和工程施工条件等。

(1) 工程主要情况应包括分部(分项)工程或者专项工程名称,工程参建单位的相关情况,工程的施工范围,施工合同、招标文件或者总承包单位对工程施工的重点要求等。

(2) 设计简介应主要介绍施工范围内的工程设计内容和相关要求。

(3) 工程施工条件应重点说明与分部(分项)工程或者专项工程相关的内容。

2. 施工安排

(1) 工程施工目标包括进度质量、安全、环境和成本等目标,各项目标应满足施工合同、招标文件和总承包单位对工程施工的要求。

(2) 工程施工顺序及施工流水段应在施工安排中确定。

(3) 针对工程的重点和难点,进行施工安排并简述主要管理和技术措施。

(4) 工程管理的组织机构及岗位职责应在施工安排中确定并应符合总承包单位的要求。

3. 施工进度计划

(1) 分部(分项)工程或者专项工程施工进度计划应按照施工安排,并结合总承包单位的施工进度计划进行编制。

(2) 施工进度计划可采用网络图或者横道图表示,并附必要说明。

4. 施工准备与资源配置计划

(1) 施工准备应包括下列内容:

①技术准备:包括施工所需技术资料的准备、图纸深化和技术交底的要求、试验检验和测试工作计划、样板制作计划以及与相关单位的技术交接计划等。

②现场准备:包括生产、生活等临时设施的准备以及与相关单位进行现场交接的计划等。

③资金准备:编制资金使用计划等。

(2) 资源配置计划应包括下列内容:

①劳动力配置计划:确定工程用工量并编制专业工种劳动力计划表。

②物资配置计划:包括工程材料和设备配置计划、周转材料和施工机具配置计划,以及计量、测量和检验仪器配置计划等。

5. 施工方法及工艺要求

（1）明确分部（分项）工程或者专项工程施工方法并进行必要的技术核算，对主要分项工程（工序）明确施工工艺要求。

（2）对易发生质量通病、易出现安全问题、施工难度大、技术含量高的分项工程（工序）等应做出重点说明。

（3）对开发和使用的新技术、新工艺以及采用的新材料、新设备应通过必要的试验或者论证并制订计划。

（4）对季节性施工应提出具体要求。

实战演练

[经典例题·单选] 下列施工方案的施工准备工作中，属于技术准备的是（　　）。

A. 生产、生活等临时设施的准备　　　　B. 试验检验和测试工作计划

C. 与相关单位进行现场交接的计划　　　D. 编制资金使用计划

[解析] 施工准备应包括下列内容：①技术准备：包括施工所需技术资料的准备、图纸深化和技术交底的要求、试验检验和测试工作计划、样板制作计划以及与相关单位的技术交接计划等。②现场准备：包括生产、生活等临时设施的准备以及与相关单位进行现场交接的计划等。③资金准备：编制资金使用计划等。

[答案] B

知识点 4　施工项目目标动态控制

动态控制是指对建设工程项目在实施的过程中在时间和空间上的主客观变化而进行项目管理的基本方法论。由于项目在实施过程中主客观条件的变化是绝对的，不变则是相对的，因此，在项目的实施过程中必须随着情况的变化进行项目目标的动态控制。

一、项目目标动态控制的工作步骤

（1）将对项目的目标（如投资/成本/进度和质量目标）进行分解，以确定用于目标控制的计划值。

（2）在项目实施过程中（如设计过程中、招投标过程中和施工过程中）对项目进行动态跟踪和控制。

①收集项目目标的实际值，如实际投资成本、实际施工进度和实际施工质量等状况。

②定期（如每两周或每月）进行项目的实际值和计划值的比较分析。

③对项目目标的计划值和实际值的比较，如有偏差，则采取纠偏措施进行纠偏。

如果有必要（即原定的项目目标不合理，或原定的项目目标无法实现），进行项目目标的调整，目标调整后控制过程再回到上述的第一步。由于在项目目标动态控制时要进行大量的数据处理，当项目的规模比较大时，数据处理的量就相当可观。采用计算机辅助的手段可高效、及时而准确地生成许多项目目标动态控制所需要的报表，如计划成本与实际成本的比较报表、计划进度与实际进度的比较报表，将有助于项目目标动态控制的数据处理。

二、项目目标动态控制的作用

(1) 控制施工进度。

(2) 控制施工成本。

(3) 控制施工质量。

三、项目目标动态控制的纠偏措施

(1) 组织措施:包括管理人员配备、工作流程组织、职能部门协作等。

(2) 合同措施:包括合同管理模式、合同交底、工程变更与索赔等与合同信息有关的措施。

(3) 经济措施:包括资金使用方式、成本节约奖励方案、工程价款支付、技术经济分析等。

(4) 技术措施:包括施工方案、施工方法(工艺)、施工机具调配、新技术应用等。

实战演练

[经典例题·单选] 下列施工成本管理措施中,属于经济措施的是(   )。

A. 完善工作流程

B. 改进施工方法

C. 落实施工进度款

D. 处理变更与索赔

[解析] 选项 A 属于组织措施;选项 B 属于技术措施;选项 D 属于合同措施。

[答案] C

第二章
施工招标投标与合同管理

■ **本章导学**

本章包括"施工招标投标""合同管理""施工承包风险管理及担保保险"三节内容，考查分值较高。招标与投标、索赔的内容，不仅在各科考试中为考查重点，而且在工作中也经常用到，因此应采用理论与实际相结合的方法进行学习。合同管理常作为项目经理必备的一项基本能力，应重点掌握。施工承包风险管理及担保保险的内容可作为次重点。

第一节 施工招标投标

知识点 1 施工招标方式与程序

一、建设工程施工招标应该具备的条件

(1) 招标人依法成立。
(2) 初步设计及概算应当履行审批手续的，已经批准。
(3) 招标范围、招标方式和招标组织形式等应当履行核准手续的，已经核准。
(4) 有相应资金或资金来源已经落实。
(5) 有招标所需的设计图纸及技术资料。

二、招标的方式

(1) 公开招标：无限竞争性招标（工作量比较大，耗时长，费用高）。
(2) 邀请招标：邀请参加投标（需经过批准）。

采用邀请招标的，应向3个以上具备承担招标项目的能力、资信良好的特定法人或者其他组织发出投标邀请书。

施工招标方式见表2-1-1。

表 2-1-1 施工招标方式

项目	公开招标（无限竞争性招标）	邀请招标（有限竞争性招标）
获得信息方式不同	通过新闻媒体发布招标公告	以投标邀请书形式邀请（5~10家为宜，不少于3家）
资格审查方式不同	资格预审	资格后审（评标时）
优点	选择范围广、竞争激烈，获得有竞争性的报价、较大程度上避免招标过程中的贿标行为	节约招标费用、缩短招标时间、比较了解投标人以往业绩和履约能力，可减少承包商违约的风险
缺点	准备招标、资格预审和评标的工作量大，招标时间长、费用高	邀请对象的选择面窄、范围较小，可能排除有竞争力的潜在投标人，投标竞争激烈程度相对较差，进而会提高中标合同价

三、施工招标程序

施工招标程序如图2-1-1所示。

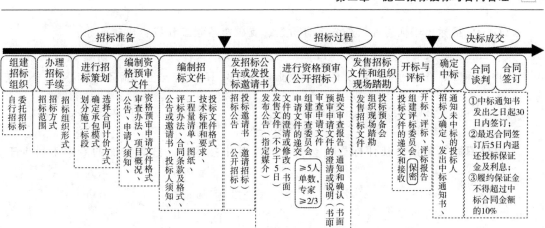

图 2-1-1 施工招标程序

四、招标信息的发布与修正

（一）招标信息发布

根据《招标公告和公示信息发布管理办法》（国家发改委令第 10 号），依法必须招标项目的招标公告和公示信息应当在"中国招标投标公共服务平台"或者项目所在地省级电子招标投标公共服务平台发布。

（1）拟发布的招标公告和公示信息文本应当由招标人或其招标代理机构盖章，并由主要负责人或其授权的项目负责人签名。

（2）依法必须招标项目的招标公告和公示信息除在发布媒介发布外，招标人或其招标代理机构也可以同步在其他媒介公开，并确保内容一致，同时必须注明信息来源。

（二）招标信息的修正

（1）时限：投标文件截止时间至少 15 日前发出。

（2）形式：书面形式。

（3）范围：通知所有招标文件收受人。

五、标前会议

（1）会议内容及问题回答要用书面通知的形式发给每一个投标意向者，对问题的答复不需要说明问题的来源。

（2）在标前会议中需补充文件，当补充文件与招标文件内容不一致时，应以补充文件为准。

六、评标

（1）评标的准备：准备资料、场地、聘请评标专家等。

（2）初步评审（符合性的审查）：以正本为准、以单价为准、以大写为准。

（3）详细评审（实质性的审查）：是评标的核心，包括技术评审和商务评审。

（4）编写评标报告：中标候选人应当限定在 1～3 人。

➢ **重点提示**：（1）总结"建设工程施工招标应该具备的条件"：招标人依法成立；手续批准；资金或资金来源落实；招标图纸完成。

(2) 工程招标代理机构可以跨省、自治区、直辖市承担工程招标代理业务。

(3) 招标文件或者资格预审文件出售不得少于5日（而不是5个工作日）。

(4) 招标信息修正的时限：投标文件截止时间至少15日前发出（而不是15个工作日前发出）。

【实战演练】

[2024真题·单选] 某评标委员会共9人，其中技术、经济等方面的专家不得少于（　　）人。

A. 3　　　　　　　　　　　　　　B. 4
C. 5　　　　　　　　　　　　　　D. 6

[解析] 评标委员会由招标人代表及有关技术、经济等方面的专家组成，成员人数为5人以上单数，其中技术、经济等方面的专家不得少于成员总数的2/3。本题中，评标委员会共9人，故技术、经济等方面的专家不得少于9×2/3＝6（人）。

[答案] D

[经典例题·单选] 招标人采用邀请招标方式，应当向（　　）个以上具备承担招标项目的能力、资信良好的特定法人或者其他组织发出投标邀请书。

A. 1　　　　　　　　　　　　　　B. 3
C. 2　　　　　　　　　　　　　　D. 4

[解析] 招标人采用邀请招标方式，应当向3个以上具备承担招标项目的能力、资信良好的特定法人或者其他组织发出投标邀请书。

[答案] B

[经典例题·单选] 根据《中华人民共和国招标投标法》，招标人对已发出的招标文件进行必要的澄清或者修改的，应当在招标文件要求提交投标文件截止时间至少（　　）日前书面通知。

A. 7　　　　　　　　　　　　　　B. 14
C. 21　　　　　　　　　　　　　 D. 15

[解析] 招标人对已发出的招标文件进行必要的澄清或者修改的，应当在招标文件要求提交投标文件截止时间至少15日前，以书面形式通知所有招标文件收受人。

[答案] D

[2024真题·多选] 建设单位采用邀请招标方式选择施工单位的优点有（　　）。

A. 投标人数量较少，可以减少评标工作量，降低费用
B. 投标人范围较广，有利于获得在技术上有竞争力的报价
C. 不需要设置资格预审环节，可以缩短招标时间
D. 可以在一定程度上减少合同履行中的承包商违约风险
E. 可以在较大程度上避免招标过程中的串标行为

[解析] 与公开招标方式相比，采用邀请招标方式的优点是不需要发布招标公告和设置资格预审程序，可节约招标费用、缩短招标时间。而且，由于招标人比较了解投标人以往业绩和履约能力，可减少合同履行过程中承包商违约的风险。

[答案] ACD

[经典例题·多选] 根据《工程建设项目施工招标投标办法》（七部委30号令），工程施工项目招标信息发布时，正确的有（　　）。

A. 指定媒介可以酌情收取费用
B. 招标文件售出后不予退还
C. 招标人应至少在两家指定的媒介发布招标公告
D. 招标人可以对招标文件所附的设计文件向投标人收取一定费用
E. 自招标文件出售之日起至停止出售之日止，最短不得少于5个工作日

[解析] 选项A错误，不得收取费用。选项C错误，至少在一家指定的媒介发布招标公告。选项E错误，自招标文件出售之日起至停止出售之日止，最短不得少于5日。

[答案] BD

[经典例题·多选] 根据我国有关法规规定，建设工程施工招标应具备的条件包括（　　）。

A. 招标人已经委托了招标代理单位
B. 施工图设计已经全部完成
C. 有相应资金或资金来源已经落实
D. 应当履行审批手续的初步设计及概算已获批准
E. 应当履行核准手续的招标范围和招标方式等已获核准

[解析] 建设工程施工招标应该具备的条件包括：①招标人已经依法成立；②初步设计及概算应当履行审批手续的，已经批准；③招标范围、招标方式和招标组织形式等应当履行核准手续的，已经核准；④有相应资金或资金来源已经落实；⑤有招标所需的设计图纸及技术资料。

[答案] CDE

[经典例题·多选] 根据《中华人民共和国招标投标法实施条例》（国务院令第613号），可以采用邀请招标的情况有（　　）。

A. 技术复杂
B. 只有少量潜在投标人可供选择
C. 受自然环境限制
D. 采用公开招标方式的费用占项目合同金额的比例过大
E. 公开招标程序过于烦琐

[解析] 可以邀请招标的情况：①因技术复杂、有特殊要求或者受自然环境限制，只有少量潜在投标人可供选择；②采用公开招标方式的费用占项目合同金额的比例过大。

[答案] BD

知识点 2 合同计价方式

一、单价合同

单价合同的相关内容见表2-1-2。

表2-1-2 单价合同的相关内容

项目	内容
适用范围	工程量不确定的项目
结算	完成合同约定的实际完成工程量×合同单价
风险	双方均无工程量方面的风险
优点	(1) 发包单位可以缩短招标准备时间； (2) 投标人可以缩短投标时间
缺点	业主需要安排专门力量来核实已经完成的工程量，对投资控制不利
特点	"单价优先"，以单价为准调整总价
分类	(1) 固定单价合同（工期短、工程量变化不大的项目，约定范围内不可调价）； (2) 变动单价合同（工程量有较大变化、通货膨胀达到一定水平、国家相关政策发生变化时可调价）

实战演练

[经典例题·单选] 关于单价合同的说法，正确的是（　　）。

A. 投标书中出现明显数字计算错误时，评标委员会有权力先作修改再评标

B. 单价合同允许随工程量变化而调整工程单价，业主承担工程量方面的风险

C. 单价合同分为固定单价合同、变动单价合同、成本补偿合同

D. 实际工程款的支付按照估算工程量乘以合同单价进行计算

[解析] 选项A正确，单价合同的特点是单价优先，对于投标书中明显的数字计算错误，业主有权力先作修改再评标，当总价和单价的计算结果不一致时，以单价为准调整总价。选项B错误，单价合同允许随工程量变化而调整工程单价，业主不承担工程量方面的风险。选项C错误，单价合同分为固定单价合同、变动单价合同。选项D错误，实际工程款的支付按照完成合同约定实际工程量乘以合同单价进行计算。

[答案] A

[经典例题·单选] 某施工承包合同采用单价合同，在签约时双方根据估算的工程量约定了一个总价，在实际结算时，合同总价与合同各项单价乘以实际完成工程量之和不一致，则价款结算应以（　　）为准。

A. 签订的合同总价

B. 合同中的各项单价乘以实际完成的工程量之和

C. 双方重新协商确定的单价和工程量

D. 实际完成的工程量乘以重新协商的各项单价之和

[解析] 采用单价合同有时会根据估算的工程量计算一个初步的合同总价,作为投标报价和签订合同之用。但是,当上述初步的合同总价与各项单价乘以实际完成的工程量之和发生矛盾时,则以后者为准,即单价优先。实际工程款的支付也将以实际完成工程量乘以合同单价进行计算。

[答案] B

[经典例题·多选] 当采用变动单价合同时,合同中可以约定合同单价调整的情况有( )。

A. 工程量发生较大的变化　　　B. 承包商自身成本发生较大的变化
C. 通货膨胀达到一定水平　　　D. 国家相关政策发生变化
E. 业主资金不到位

[解析] 当采用变动单价合同时,合同双方可以约定一个估计的工程量,当实际工程量发生较大变化时可以对单价进行调整,同时还应该约定如何对单价进行调整;当然也可以约定,当通货膨胀达到一定水平或者国家政策发生变化时,可以对哪些工程内容的单价进行调整以及如何调整等。

[答案] ACD

二、总价合同

(一) 总价合同的特点

(1) 发包单位可以较早预测工程成本。
(2) 业主的风险较小。
(3) 评标时易于迅速确定最低报价的投标人。
(4) 能极大地调动承包人的积极性。
(5) 发包单位能更容易、更有把握地对项目进行控制。
(6) 必须完整而明确地规定承包人的工作。
(7) 将设计和施工的变化控制在最小限度内。

(二) 总价合同的分类

1. 固定总价合同

(1) 适用条件:

①工程量小、工期短(1年左右)、变化小的项目。
②工程设计详细,图纸完整。
③工程结构和技术简单,风险小。
④投标期相对宽裕。
⑤双方权利义务清楚,合同条件完备。

➤ 注意:固定总价合同为"约定可调"。

(2) 承包方承担的风险:

固定总价合同的风险由承包方承担。

①价的风险(价格风险):报价计算错误、漏报项目、物价和人工费上涨。

②量的风险（工作量风险）：工程量计算错误、工程范围不确定、工程变更或者由于设计深度不够所造成的误差。

2. 可调总价合同

可调总价合同的调价情形有以下几方面：

(1) 法律、行政法规和国家有关政策变化影响合同价款。

(2) 工程造价管理部门公布的价格调整。

(3) 一周内非承包人原因停水、停电、停气造成的停工累计超过8h。

(4) 双方约定的其他因素。

➢ **重点提示**：区分单价合同和总价合同的特点、适用范围、分类。

实战演练

[2024真题·单选] 对于工期不超过1年、工程规模较小、技术简单成熟、招标时已有施工图设计文件的中小型工程，一般宜采用的合同计价方式是（ ）。

A. 可调总价合同　　　　　　　　B. 固定单价合同

C. 固定总价合同　　　　　　　　D. 可调单价合同

[解析] 固定总价合同一般适用于下列情形：①招标时已有施工图设计文件，施工任务和发包范围明确，合同履行中不会出现较大设计变更；②工程规模较小、技术不太复杂的中小型工程或承包工作内容较为简单的工程部位，施工单位可在投标报价时合理地预见施工过程中可能遇到的各种风险；③工程量小、工期较短（一般为1年之内），合同双方可不必考虑市场价格浮动对承包价格的影响。

[答案] C

[经典例题·单选] 下列施工承包合同类型中，承包人需承担较大的物价上涨和工程量变化风险的是（ ）。

A. 变动单价合同

B. 可调总价合同

C. 固定总价合同

D. 固定单价合同

[解析] 采用固定总价合同，承包商的风险主要有两个方面：一是价格风险，二是工作量风险。

[答案] C

[经典例题·单选] 关于总价合同的说法，正确的是（ ）。

A. 总价合同适用于工期要求紧的项目，业主可在初步设计完成后进行招标，从而缩短招标准备时间

B. 工程施工承包招标时，施工期限1年左右的项目一般采用可调总价合同

C. 固定总价合同可以约定，在发生重大工程变更时可以对合同价格进行调整

D. 可调总价合同中，通货膨胀等不可预见因素的风险由承包商承担

[解析] 选项A错误,投标期相对宽裕,承包商可以有充足的时间详细考察现场,复核工程量,分析招标文件,拟订施工计划。选项B错误,在工程施工承包招标时,施工期限1年左右的项目一般实行固定总价合同。选项C正确,在固定总价合同中可以约定,在发生重大工程变更、累计工程变更超过一定幅度或者其他特殊条件下可以对合同价格进行调整。选项D错误,发生通货膨胀等原因致使使用的工料成本增加时,价格可以调整,费用由业主承担。

[答案] C

[经典例题·多选] 关于总价合同的说法,正确的有（　　）。

A. 采用固定总价合同,双方结算比较简单,但承包商承担了较大的风险
B. 发包人能更容易、更有把握地对项目进行控制
C. 固定总价合同适用于工程结构和技术复杂的工程
D. 在固定总价合同中,承包方承担工程量风险主要是人工费上涨
E. 由于承包方的失误导致投标报价计算错误,合同总价不予调整

[解析] 选项A正确,采用固定总价合同,双方结算比较简单,但是承包商承担较大风险。选项B正确,采用总价合同,发包单位能更容易、更有把握地对项目进行控制。选项C错误,固定总价合同适用于工程结构和技术简单、风险小的工程。选项D错误,选项E正确,在固定总价合同中,合同总价是固定不变的,其风险由承包方承担:①价格风险,如报价计算错误、漏报项目、物价和人工费上涨等;②工作量风险,如工程量计算错误、工程范围不确定、工程变更或者由于设计深度不够造成的误差等。

[答案] ABE

三、成本加酬金合同

成本加酬金合同的相关内容见表2-1-3。

表2-1-3　成本加酬金合同的相关内容

项目	内容
适用范围	（1）工程特别复杂,工程技术、结构方案不能预先确定; （2）时间特别紧迫,如抢险、救灾工程,来不及详细地商谈
风险	主要由业主承担,对业主的投资控制很不利
优点	（1）分段施工缩短工期; （2）减少承包商的对立情绪; （3）聘用承包商的施工技术专家,改进或弥补设计中的不足; （4）业主可以根据自身力量,较深入地介入和控制工程施工和管理; （5）可以通过确定最大保证价格约束工程成本不超过某一限值,从而转移一部分风险
缺点	合同的不确定性大,由于设计未完成,难以对工程计划进行合理安排

续表

项目	内容
分类	(1) 成本加固定酬金合同——酬金固定； (2) 成本加固定百分比酬金合同——合同简单； (3) 成本加浮动酬金合同——合同双方风险小； (4) 目标成本加奖罚合同——有利于降低成本、缩短工期

➤ **重点提示**：(1) 掌握成本加酬金合同的适用范围、优缺点。

(2) 掌握四种不同的成本加酬金合同的分类。

实战演练

[经典例题·单选] 下列工程项目中，宜采用成本加酬金合同的是（ ）。

A. 工程结构和技术简单的工程项目

B. 工程设计详细，图纸完整、清楚，工作任务和范围明确的工程项目

C. 时间特别紧迫的抢救、救灾工程项目

D. 工程量暂不确定的工程项目

[解析] 选项 A、B 适用于总价合同；选项 D 适用于单价合同。

[答案] C

[经典例题·单选] 关于成本加酬金合同的说法，正确的是（ ）。

A. 采用该计价方式对业主的投资控制不利

B. 成本加酬金合同不适用于抢险、救灾工程

C. 成本加酬金合同不宜用于项目管理合同

D. 对于承包商来说，成本加酬金合同比固定总价合同的风险高

[解析] 成本加酬金合同中，风险主要由业主承担，对业主的投资控制很不利。成本加酬金合同适用于抢险、救灾工程，施工总承包管理合同，选项 B、C 错误。对于承包商来说，成本加酬金合同比固定总价合同的风险低，选项 D 错误。

[答案] A

知识点 3 基于工程量清单的投标报价

一、术语

(1) 工程量清单：建设工程的分部分项工程项目、措施项目、其他项目、规费项目和税金项目的名称和相应数量等的明细清单。

(2) 招标工程量清单：招标人依据国家标准、招标文件、设计文件以及施工现场实际情况编制的，随招标文件发布供投标报价的工程量清单。

(3) 已标价工程量清单：构成合同文件组成部分的投标文件中已标明价格，经算术性错误修正（如有）且承包人已确认的工程量清单，包括对其的说明和表格。

(4) 综合单价：完成一个规定计量单位的分部分项工程和措施清单项目所需的人工费、材料和工程设备费、施工机具使用费和企业管理费、利润以及一定范围内的风险费用。

(5) 工程量偏差：承包人按照合同签订时图纸（含经发包人批准由承包人提供的图纸）

实施，完成合同工程应予计量的实际工程量与招标工程量清单列出的工程量之间的偏差。

（6）暂列金额：招标人在工程量清单中暂定并包括在合同价款中的一笔款项。用于施工合同签订时尚未确定或者不可预见的所需材料、设备、服务的采购，施工中可能发生的工程变更、合同约定调整因素出现时的工程价款调整以及发生的索赔、现场签证确认等的费用。

（7）暂估价：招标人在工程量清单中提供的用于支付必然发生但暂时不能确定价格的材料、工程设备的单价以及专业工程的金额。

（8）计日工：在施工过程中，承包人完成发包人提出的施工图纸以外的零星项目或工作，按合同中约定的综合单价计价的一种方式。

（9）总承包服务费：总承包人为配合协调发包人进行的专业工程分包，发包人自行采购的设备、材料等进行保管以及施工现场管理、竣工资料汇总整理等服务所需的费用。

（10）安全文明施工费：承包人按照国家法律、法规等规定，在合同履行中为保证安全施工、文明施工，保护现场内外环境等所采用的措施发生的费用。

（11）招标控制价：招标人根据国家或省级、行业建设主管部门颁发的有关计价依据和办法，以及拟定的招标文件和招标工程量清单，编制的招标工程的最高限价。

（12）投标价：投标人投标时报出的工程合同价。

（13）签约合同价：发、承包双方在施工合同中约定的，包括了暂列金额、暂估价、计日工的合同总金额。

（14）竣工结算价（合同价格）：发、承包双方依据国家有关法律、法规和标准规定，按照合同约定确定的，包括在履行合同过程中，按合同约定进行的工程变更、索赔和价款调整，是承包人按合同约定完成了全部承包工作后，发包人应付给承包人的合同总金额。

> **实战演练**
>
> [2024真题·单选] 在编制招标工程量清单时，对施工中可能出现的索赔、现场签证等费用，应在（　　）中予以考虑。
> A. 暂估价　　　　　　　　　　B. 暂列金额
> C. 计日工　　　　　　　　　　D. 总承包服务费
> [解析] 暂列金额是招标人在工程量清单中暂定并包括在合同价款中的一笔款项。它是用于施工合同签订时尚未确定或者不可预见的所需材料、设备、服务采购，施工中可能发生的工程变更、合同约定调整因素出现时的合同价款调整以及发生的索赔、现场签证确认等的费用。
> [答案] B

二、计价方式

建设工程施工发承包造价由分部分项工程费、措施项目费、其他项目费、规费和税金组成。

（1）分部分项工程和措施项目清单应采用综合单价计价。

（2）招标工程量清单标明的工程量是投标人投标报价的共同基础，竣工结算的工程量按发、承包双方在合同中约定应予计量且实际完成的工程量确定。

(3) 措施项目清单中的安全文明施工费应按照国家或省级、行业建设主管部门的规定计价，不得作为竞争性费用。

(4) 规费和税金应按国家或省级、行业建设主管部门的规定计算，不得作为竞争性费用。

三、计价风险

(1) 采用工程量清单计价的工程，应在招标文件或合同中明确计价中的风险内容及其范围（幅度），不得采用无限风险、所有风险或类似语句规定计价中的风险内容及其范围（幅度）。

(2) 下列影响合同价款的因素出现，应由发包人承担：

①国家法律、法规、规章和政策变化。

②省级或行业建设主管部门发布的人工费调整。

(3) 由于市场物价波动影响合同价款，应由发、承包双方合理分摊并在合同中约定。合同中没有约定，发、承包双方发生争议时，按下列规定实施：

①材料、工程设备的涨幅超过招标时的基准价格5%以上由发包人承担。

②施工机械使用费涨幅超过招标时的基准价格10%以上由发包人承担。

(4) 由于承包人使用机械设备、施工技术以及组织管理水平等自身原因造成施工费用增加的，应由承包人全部承担。不可抗力发生时，影响合同价款的，按相关规定执行。

四、招标工程量清单

（一）一般规定

(1) 招标工程量清单应由具有编制能力的招标人或受其委托、具有相应资质的工程造价咨询人或招标代理人编制。

(2) 招标工程量清单必须作为招标文件的组成部分，其准确性和完整性由招标人负责。

(3) 招标工程量清单是工程量清单计价的基础，应作为编制招标控制价、投标报价、计算工程量、工程索赔等的依据之一。

(4) 工程量清单应由分部分项工程量清单、措施项目清单、其他项目清单、规费项目清单、税金项目清单组成。

(5) 编制工程量清单应依据：

①本规范和相关工程的国家计量规范。

②国家或省级、行业建设主管部门颁发的计价依据和办法。

③建设工程设计文件。

④与建设工程有关的标准、规范、技术资料。

⑤拟定的招标文件。

⑥施工现场情况、工程特点及常规施工方案。

⑦其他相关资料。

（二）分部分项工程

分部分项工程量清单应载明项目编码、项目名称、项目特征、计量单位和工程量。

分部分项工程量清单应根据相关工程现行国家计量规范规定的项目编码、项目名称、项目特征、计量单位和工程量计算规则进行编制。

（三）措施项目

措施项目清单应根据相关工程现行国家计量规范的规定编制。

措施项目清单应根据拟建工程的实际情况列项。

（四）其他项目

(1) 其他项目清单应按照下列内容列项：①暂列金额；②暂估价：包括材料暂估单价、工程设备暂估单价、专业工程暂估价；③计日工；④总承包服务费。

(2) 暂列金额应根据工程特点，按有关计价规定估算。

(3) 暂估价中的材料、工程设备暂估价应根据工程造价信息或参照市场价格估算；专业工程暂估价应分不同专业，按有关计价规定估算。

(4) 计日工应列出项目和数量。

（五）规费和税金

(1) 规费项目清单应按照下列内容列项：①社会保障费：包括养老保险费、失业保险费、医疗保险费、生育保险费、工伤保险费（五险）；住房公积金（一金）。②工程排污费。

(2) 税金项目清单应包括下列内容：①营业税；②城市维护建设税；③教育费附加。

五、招标控制价

（一）一般规定

(1) 国有资金投资的工程建设项目应实行工程量清单招标，招标人应编制招标控制价。

(2) 招标控制价超过批准的概算时，招标人应将其报原概算审批部门审核。

(3) 投标人的投标报价高于招标控制价的，其投标应予以拒绝。

(4) 招标控制价应由具有编制能力的招标人或受其委托具有相应资质的工程造价咨询人编制和复核。

(5) 招标控制价应在招标时公布，不应上调或下浮，招标人应将招标控制价及有关资料报送工程所在地工程造价管理机构备查。

（二）编制与复核

(1) 招标控制价应根据下列依据编制与复核：

①《建设工程工程量清单计价规范》（GB 50500—2013）。

②国家或省级、行业建设主管部门颁发的计价定额和计价办法。

③建设工程设计文件及相关资料。

④拟定的招标文件及招标工程量清单。

⑤与建设项目相关的标准、规范、技术资料。

⑥施工现场情况、工程特点及常规施工方案。

⑦工程造价管理机构发布的工程造价信息；工程造价信息没有发布的，参照市场价。

⑧其他的相关资料。

(2) 分部分项工程费应根据拟定的招标文件中的分部分项工程量清单项目的特征描述及

有关要求计价,并应符合下列规定:

①综合单价中应包括拟定的招标文件中要求投标人承担的风险费用。拟定的招标文件没有明确的,应提请招标人明确。

②拟定的招标文件提供了暂估单价的材料和工程设备,按暂估的单价计入综合单价。

(3) 措施项目费用应根据拟定的招标文件中的措施项目清单的规定计价。

(4) 其他项目费用应按下列规定计价:

①暂列金额应按招标工程量清单中列出的金额填写。

②暂估价中的材料、工程设备单价应按招标工程量清单中列出的单价计入综合单价。

③暂估价中的专业工程金额应按招标工程量清单中列出的金额填写。

④计日工应按招标工程量清单中列出的项目根据工程特点和有关计价依据确定综合单价计算。

⑤总承包服务费应根据招标工程量清单列出的内容和要求估算。

六、投标价

(一) 一般规定

(1) 投标价应由投标人或受其委托具有相应资质的工程造价咨询人编制。

(2) 除《建设工程工程量清单计价规范》(GB 50500—2013)强制性规定外,投标人应依据招标文件及其招标工程量清单自主确定报价成本。

(3) 投标报价不得低于工程成本。

(4) 投标人应按招标工程量清单填报价格。项目编码、项目名称、项目特征、计量单位、工程量必须与招标工程量清单一致。

(5) 投标人可根据工程实际情况结合施工组织设计,对招标人所列的措施项目进行增补。

(二) 编制与复核

(1) 投标报价应根据下列依据编制和复核:

①《建设工程工程量清单计价规范》(GB 50500—2013)。

②国家或省级、行业建设主管部门颁发的计价办法。

③企业定额,国家或省级、行业建设主管部门颁发的计价定额。

④招标文件、工程量清单及其补充通知、答疑纪要。

⑤建设工程设计文件及相关资料。

⑥施工现场情况、工程特点及拟定的投标施工组织设计或施工方案。

⑦与建设项目相关的标准、规范等技术资料。

⑧市场价格信息或工程造价管理机构发布的工程造价信息。

⑨其他的相关资料。

(2) 分部分项工程费应依据招标文件及其招标工程量清单中分部分项工程量清单项目的特征描述确定综合单价计算,并应符合下列规定:

①综合单价中应考虑招标文件中要求投标人承担的风险费用。

②招标工程量清单中提供了暂估单价的材料和工程设备，按暂估的单价计入综合单价。

（3）措施项目费用应根据招标文件中的措施项目清单及投标时拟定的施工组织设计或施工方案自主确定。

（4）其他项目费用应按下列规定报价：

①暂列金额应按招标工程量清单中列出的金额填写。

②材料、工程设备暂估价应按招标工程量清单中列出的单价计入综合单价。

③专业工程暂估价应按招标工程量清单中列出的金额填写。

④计日工应按招标工程量清单中列出的项目和数量，自主确定综合单价并计算计日工总额。

⑤总承包服务费应根据招标工程量清单中列出的内容和提出的要求自主确定。

（5）招标工程量清单与计价表中列明的所有需要填写的单价和合价的项目，投标人均应填写且只允许有一个报价。未填写单价和合价的项目，视为此项费用已包含在已标价工程量清单中其他项目的单价和合价之中。竣工结算时，此项目不得重新组价予以调整。

（6）投标总价应当与分部分项工程费、措施项目费用、其他项目费用和规费、税金的合计金额一致。

知识点 4　施工投标报价策略

一、投标报价原则

在投标报价过程中，可以采取的措施有很多，但是同时要针对不同工程的特点，采取相应的应对方法和措施，发扬本单位的优势，争取能够中标，但同时也要保证工程的质量和进度。

（一）报高价的原则

一般来说，下列情况下报价可高些：

（1）施工条件差的工程。

（2）施工要求高的技术密集型工程。

（3）小型工程，以及自己不愿做而被邀请投标的工程。

（4）特殊工程，如港口码头工程、地下开挖工程等。

（5）业主对工期要求急的工程。

（6）投标竞争对手少的工程。

（二）报低价的原则

下述情况下报价应低一些：

（1）本公司目前急于打入某地市场，或虽已在某地区经营多年，但没有工程做。

（2）施工条件好的工程。

二、不平衡报价

不平衡报价是指一个工程的投标报价，在总价基本确定后，如何确定内部各个子项目的报价，以期在不提高总价、不影响中标的情况下，并在决算时得到最理想的经济效益。

以下项目可以考虑采用不平衡报价:

(1) 分期付款项目。能够早日结账收款的项目,如基础工程,可以报得较高,以利于资金周转,后期工程项目可适当降低。

(2) 工程量增减项目。经过工程量核算,预计今后工程量会增加的项目,或对施工图进行分析,图纸不明确,估计修改后工程量要增加的项目,单价适当提高。而工程量完不成的项目单价降低,这样,在最终决算时可得到较好的经济效益。

(3) 暂定项目。对这类项目要具体分析,因为这类项目在开工后要由业主研究决定是否实施,由哪一家承包商实施,如果工程不分标,由一家承包商施工,则单价可高些,不一定要做的则低些。如果工程分标,该暂定项目有可能由其他承包商施工的,则不宜报高价。

(4) 单价包干项目。在单价包干中,对某些项目业主采用单价包干报价时,宜报高价,一则这类项目多半有风险,二则这类项目完成后可全部按报价结账;其余项目单价可适当降低。

不平衡报价一定要控制在合理幅度内(一般是总价的5%~10%),如果不注意这一点,有时业主会挑选出报价过高的项目,要求投标者进行单价分析,对项目压价或失去中标机会。

三、多方案报价

对于招标文件,如果发现工程范围不很明确、条款不清楚或很不公正、技术规范要求过于苛刻时,按多方案报价法处理,即按原招标文件要求先报一个价,然后再按某条款(或某规范规定),对报价做某些变动,报一个较低的价,这样,可以降低总价,吸引业主。

四、增加建议方案

(1) 有的招标文件中规定,可以提建议方案,即可以修改原设计方案。投标者这时应提出更合理的方案以吸引业主,促成自己的方案中标,这种新的建议方案应可以降低总造价或提前竣工,或使工程使用更合理,但是对原招标方案也要报价,以供业主比较。

(2) 增加建议方案时,不要写得太具体,保留方案的技术关键,建议方案一定要比较成熟,最好有实践经验。

五、突然袭击

报价是一项保密工作。但是,对手往往通过各种渠道、手段来刺探情报。因此,在报价时可以采用迷惑对方的手法,即先按一般情况报价或表现出自己对该工程兴趣不大,到快投标截止时突然变动价格。

知识点 5 施工投标文件

一、研究招标文件

投标人须知包括:工程概况、招标内容、招标文件的组成、投标文件的组成、报价原则、招标投标时间安排等关键信息。

二、进行各项调查研究

(1) 宏观经济环境调查。

(2) 工程所在地的环境考察。

(3) 业主方和竞争对手的调查。

三、复核工程量

(1) 单价合同，以实测工程量结算工程款为准，相差较大时，投标人应要求招标人澄清。

(2) 总价合同，投标前业主对争议工程量不予更正的，投标者附上施工结算应按实际完成量计算。

四、选择施工方案

施工方案应由投标单位的技术负责人主持制定。

五、正式投标

(1) 注意投标的截止日期。

(2) 注意投标文件的完备性：对招标文件提出的实质性要求和条件做出响应。

(3) 注意标书的标准要求：签章、密封。

➤ **重点提示**：招标人须知里不包括投标人的责、权、利，也不包括施工技术说明。

实战演练

[经典例题·单选] 在建设工程施工投标过程中，施工方案应由投标单位的（　　）主持制定。

A. 项目经理　　　　　　　　B. 法人代表

C. 分管投标的负责人　　　　D. 技术负责人

[解析] 施工方案是投标报价的基础，应由投标单位的技术负责人主持制定。

[答案] D

[经典例题·多选] 投标人须知是招标人向投标人传递的基础信息文件，投标人应注意其中的（　　）。

A. 投标人的责、权、利　　　B. 招标工程的范围和详细内容

C. 施工技术说明　　　　　　D. 投标文件的组成

E. 重要的时间安排

[解析] 投标人须知包括工程概况、招标内容、招标文件的组成、投标文件的组成、报价原则、招标投标时间安排等关键信息。

[答案] BDE

第二节　合同管理

知识点 1　施工合同管理

《建设工程施工合同（示范文本）》（GF—2017—0201）由合同协议书、通用合同条款和专用合同条款三部分组成。

一、合同文件的优先顺序

组成合同的各项文件应互相解释,互为说明。除专用合同条款另有约定外,解释合同文件的优先顺序如下:

(1) 合同协议书。
(2) 中标通知书(如果有)。
(3) 投标函及其附录(如果有)。
(4) 专用合同条款及其附件。
(5) 通用合同条款。
(6) 技术标准和要求。
(7) 图纸。
(8) 已标价工程量清单或预算书。
(9) 其他合同文件。

上述各项合同文件包括合同当事人就该项合同文件所做出的补充和修改,属于同一类内容的文件,应以最新签署的为准。在合同订立及履行过程中形成的与合同有关的文件均构成合同文件组成部分,并根据其性质确定优先解释顺序。

➤ **重点提示**:记住合同文件的第一个字,连成一句话,即可快速排序。

实战演练

[经典例题·多选] 根据《建设工程施工合同(示范文本)》(GF—2017—0201),建设工程施工合同文本由( )组成。

A. 通用合同条款　　　　　　　　B. 合同协议书
C. 标准和技术规范　　　　　　　D. 专用合同条款
E. 中标通知书

[解析] 建设工程施工合同文本由三部分组成:①合同协议书;②通用合同条款;③专用合同条款。

[答案] ABD

二、发包人

发包人是指与承包人签订合同协议书的当事人及取得该当事人资格的合法继承人。

(1) 发包人应协助承包人办理法律规定的有关施工证件和批件。因发包人原因未能及时办理完毕前述许可、批准或备案,由发包人承担由此增加的费用和(或)延误的工期,并支付承包人合理的利润。

(2) 提供施工现场。除专用合同条款另有约定外,发包人应最迟于开工日期7天前向承包人移交施工现场。

(3) 提供施工条件。

除专用合同条款另有约定外,发包人应负责提供施工所需要的条件,包括:

①将施工用水、电力、通信线路等施工所必需的条件接至施工现场内。

②保证向承包人提供正常施工所需要的进入施工现场的交通条件。

③协调处理施工现场周围地下管线和邻近建筑物、构筑物、古树名木的保护工作,并承担相关费用。

④按照专用合同条款约定应提供的其他设施和条件。

(4) 提供基础资料。

发包人应当在移交施工现场前向承包人提供施工现场及工程施工所必需的毗邻区域内供水、排水、供电、供气、供热、通信、广播电视等地下管线资料,气象和水文观测资料,地质勘查资料,相邻建筑物、构筑物和地下工程等有关基础资料,并对所提供资料的真实性、准确性和完整性负责。

按照法律规定确需在开工后方能提供的基础资料,发包人应尽其努力及时地在相应工程施工前的合理期限内提供,合理期限应以不影响承包人的正常施工为限。

(5) 逾期提供的责任。

因发包人原因未能按合同约定及时向承包人提供施工现场、施工条件、基础资料的,由发包人承担由此增加的费用和(或)延误的工期。

(6) 支付合同价款。

发包人应按合同约定向承包人及时支付合同价款。

(7) 组织竣工验收。

发包人应按合同约定及时组织竣工验收。

(8) 现场统一管理协议。

发包人应与承包人、由发包人直接发包的专业工程的承包人签订施工现场统一管理协议,明确各方的权利义务。施工现场统一管理协议作为专用合同条款的附件。

三、承包人

承包人是指与发包人签订合同协议书的,具有相应工程施工承包资质的当事人及取得该当事人资格的合法继承人。

承包人在履行合同过程中应遵守法律和工程建设标准规范,并履行以下义务:

(1) 办理法律规定应由承包人办理的许可和批准,并将办理结果书面报送发包人留存。

(2) 按法律规定和合同约定完成工程,并在保修期内承担保修义务。

(3) 按法律规定和合同约定采取施工安全和环境保护措施,办理工伤保险,确保工程及人员、材料、设备和设施的安全。

(4) 按合同约定的工作内容和施工进度要求,编制施工组织设计和施工措施计划,并对所有施工作业和施工方法的完备性和安全可靠性负责。

(5) 在进行合同约定的各项工作时,不得侵害发包人与他人使用公用道路、水源、市政管网等公共设施的权利,避免对邻近的公共设施产生干扰。承包人占用或使用他人的施工场地,影响他人作业或生活的,应承担相应责任。

(6) 按照约定负责施工场地及其周边环境与生态的保护工作。

(7) 按约定采取施工安全措施,确保工程及其人员、材料、设备和设施的安全,防止因工程施工造成的人身伤害和财产损失。

（8）将发包人按合同约定支付的各项价款专用于合同工程，且应及时支付其雇用人员工资，并及时向分包人支付合同价款。

（9）按照法律规定和合同约定编制竣工资料，完成竣工资料立卷及归档，并按专用合同条款约定的竣工资料的套数、内容、时间等要求移交发包人。

（10）应履行的其他义务。

四、分包人

分包人是指按照法律规定和合同约定，分包部分工程或工作，并与承包人签订分包合同的具有相应资质的法人。

（1）承包人不得将其承包的全部工程转包给第三人，或将其承包的全部工程肢解后以分包的名义转包给第三人。承包人不得将工程主体结构、关键性工作及专用合同条款中禁止分包的专业工程分包给第三人，主体结构、关键性工作的范围由合同当事人按照法律规定在专用合同条款中予以明确。

承包人不得以劳务分包的名义转包或违法分包工程。

（2）承包人应按专用合同条款的约定进行分包，确定分包人。按照合同约定进行分包的，承包人应确保分包人具有相应的资质和能力。工程分包不减轻或免除承包人的责任和义务，承包人和分包人就分包工程向发包人承担连带责任。除合同另有约定外，承包人应在分包合同签订后 7 天内向发包人和监理人提交分包合同副本。

五、工程照管与成品、半成品保护

（1）除专用合同条款另有约定外，自发包人向承包人移交施工现场之日起，承包人应负责照管工程及工程相关的材料、工程设备，直到颁发工程接收证书之日止。

（2）在承包人负责照管期间，因承包人原因造成工程、材料、工程设备损坏的，由承包人负责修复或更换，并承担由此增加的费用和（或）延误的工期。

（3）对合同内分期完成的成品和半成品，在工程接收证书颁发前，由承包人承担保护责任。因承包人原因造成成品或半成品损坏的，由承包人负责修复或更换，并承担由此增加的费用和（或）延误的工期。

六、监理人

（一）监理人的一般规定

工程实行监理的，发包人和承包人应在专用合同条款中明确监理人的监理内容及监理权限等事项。监理人应当根据发包人授权及法律规定，代表发包人对工程施工相关事项进行检查、查验、审核、验收，并签发相关指示，但监理人无权修改合同，且无权减轻或免除合同约定的承包人的任何责任与义务。

除专用合同条款另有约定外，监理人在施工现场的办公场所、生活场所由承包人提供，所发生的费用由发包人承担。

（二）监理人员

发包人授予监理人对工程实施监理的权利由监理人派驻施工现场的监理人员行使，监理人员包括总监理工程师及监理工程师。监理人应将授权的总监理工程师和监理工程师的姓名及授权范围以书面形式提前通知承包人。更换总监理工程师的，监理人应提前7天书面通知承包人；更换其他监理人员，监理人应提前48小时书面通知承包人。

（三）监理人的指示

（1）监理人应按照发包人的授权发出监理指示。监理人的指示应采用书面形式，并经其授权的监理人员签字。紧急情况下，为了保证施工人员的安全或避免工程受损，监理人员可以口头形式发出指示，该指示与书面形式的指示具有同等法律效力，但必须在发出口头指示后24小时内补发书面监理指示，补发的书面监理指示应与口头指示一致。

（2）监理人发出的指示应送达承包人项目经理或经项目经理授权接收的人员。因监理人未能按合同约定发出指示、指示延误或发出了错误指示而导致承包人费用增加和（或）工期延误的，由发包人承担相应责任。

（3）承包人对监理人发出的指示有疑问的，应向监理人提出书面异议，监理人应在48小时内对该指示予以确认、更改或撤销，监理人逾期未回复的，承包人有权拒绝执行上述指示。

监理人对承包人的任何工作、工程或其采用的材料和工程设备未在约定的或合理期限内提出意见的，视为批准，但不免除或减轻承包人对该工作、工程、材料、工程设备等应承担的责任和义务。

七、工程质量

（一）质量要求

（1）工程质量标准必须符合现行国家有关工程施工质量验收规范和标准的要求。有关工程质量的特殊标准或要求由合同当事人在专用合同条款中约定。

（2）因发包人原因造成工程质量未达到合同约定标准的，由发包人承担由此增加的费用和（或）延误的工期，并支付承包人合理的利润。

（3）因承包人原因造成工程质量未达到合同约定标准的，发包人有权要求承包人返工直至工程质量达到合同约定的标准为止，并由承包人承担由此增加的费用和（或）延误的工期。

（二）监理人的质量检查和检验

（1）监理人按照法律规定和发包人授权对工程的所有部位及其施工工艺、材料和工程设备进行检查和检验。承包人应为监理人的检查和检验提供方便，包括监理人到施工现场，或制造、加工地点，或合同约定的其他地方进行查看和查阅施工原始记录。监理人为此进行的检查和检验，不免除或减轻承包人按照合同约定应当承担的责任。

（2）监理人的检查和检验不应影响施工正常进行。监理人的检查和检验影响施工正常进行的，且经检查检验不合格的，影响正常施工的费用由承包人承担，工期不予顺延；经检查检验合格的，由此增加的费用和（或）延误的工期由发包人承担。

（三）隐蔽工程检查

1. 承包人自检

承包人应当对工程隐蔽部位进行自检，并经自检确认是否具备覆盖条件。

2. 检查程序

(1) 除专用合同条款另有约定外，工程隐蔽部位经承包人自检确认具备覆盖条件的，承包人应在共同检查前 48 小时书面通知监理人检查，通知中应载明隐蔽检查的内容、时间和地点，并应附有自检记录和必要的检查资料。

(2) 监理人应按时到场并对隐蔽工程及其施工工艺、材料和工程设备进行检查。经监理人检查确认质量符合隐蔽要求，并在验收记录上签字后，承包人才能进行覆盖。经监理人检查质量不合格的，承包人应在监理人指示的时间内完成修复，并由监理人重新检查，由此增加的费用和（或）延误的工期由承包人承担。

(3) 除专用合同条款另有约定外，监理人不能按时进行检查的，应在检查前 24 小时向承包人提交书面延期要求，但延期不能超过 48 小时，由此导致工期延误的，工期应予以顺延。监理人未按时进行检查，也未提出延期要求的，视为隐蔽工程检查合格，承包人可自行完成覆盖工作，并做相应记录报送监理人，监理人应签字确认。监理人事后对检查记录有疑问的，可按约定重新检查。

3. 重新检查

承包人覆盖工程隐蔽部位后，发包人或监理人对质量有疑问的，可要求承包人对已覆盖的部位进行钻孔探测或揭开重新检查，承包人应遵照执行，并在检查后重新覆盖恢复原状。经检查证明工程质量符合合同要求的，由发包人承担由此增加的费用和（或）延误的工期，并支付承包人合理的利润；经检查证明工程质量不符合合同要求的，由此增加的费用和（或）延误的工期由承包人承担。

4. 承包人私自覆盖

承包人未通知监理人到场检查，私自将工程隐蔽部位覆盖的，监理人有权指示承包人钻孔探测或揭开检查，无论工程隐蔽部位质量是否合格，由此增加的费用和（或）延误的工期均由承包人承担。

（四）不合格工程的处理

(1) 因承包人原因造成工程不合格的，发包人有权随时要求承包人采取补救措施，直至达到合同要求的质量标准，由此增加的费用和（或）延误的工期由承包人承担。无法补救的，按照约定执行。

(2) 因发包人原因造成工程不合格的，由此增加的费用和（或）延误的工期由发包人承担，并支付承包人合理的利润。

> **重点提示**：掌握隐蔽工程重新检查时，对于不同的情况，分别由谁承担责任。

─────── 实战演练 ───────

[2024 真题·单选] 承包人按合同约定覆盖了由劳务分包人完成的工程隐蔽部位后，监理人对质量有疑问，要求承包人对已覆盖的部位重新检验，经检验证明工程质量符合合同要求的，由此增加的费用和延误的工期应由（　　）承担。

A. 监理人　　　　　　　　　　　B. 发包人
C. 承包人　　　　　　　　　　　D. 劳务分包人

[解析] 承包人按合同约定覆盖工程隐蔽部位后，监理人对质量有疑问的，可要求承包人对已覆盖的部位进行钻孔探测或揭开重新检验，承包人应遵照执行，并在检验后重新覆盖恢复原状。经检验证明工程质量符合合同要求的，由发包人承担由此增加的费用和（或）延误的工期，并支付承包人合理利润。

[答案] B

[经典例题·单选] 某工程施工过程中，承包人未通知监理人检查，私自对某隐蔽部位进行了覆盖，监理人指示承包人揭开检查，经检查该隐蔽部位质量符合合同要求。根据《中华人民共和国标准施工招标文件》（2023年版），由此增加的费用和（或）延误的工期应由（   ）承担。

A. 发包人
B. 监理人
C. 承包人
D. 分包人

[解析] 承包人未通知监理人到场检查，私自将工程隐蔽部位覆盖的，监理人有权指示承包人钻孔探测或揭开检查，由此增加的费用和（或）延误的工期由承包人承担。

[答案] C

八、安全文明施工与环境保护

（一）安全文明施工

1. 安全生产要求

（1）合同履行期间，合同当事人均应当遵守国家和工程所在地有关安全生产的要求，合同当事人有特别要求的，应在专用合同条款中明确施工项目安全生产标准化达标目标及相应事项。承包人有权拒绝发包人及监理人强令承包人违章作业、冒险施工的任何指示。

（2）在施工过程中，如遇到突发的地质变动、事先未知的地下施工障碍等影响施工安全的紧急情况，承包人应及时报告监理人和发包人，发包人应当及时下令停工并报政府有关行政管理部门采取应急措施。

2. 文明施工

（1）承包人在工程施工期间，应当采取措施保持施工现场平整，物料堆放整齐。工程所在地有关政府行政管理部门有特殊要求的，按照其要求执行。合同当事人对文明施工有其他要求的，可以在专用合同条款中明确。

（2）在工程移交之前，承包人应当从施工现场清除承包人的全部工程设备、多余材料、垃圾和各种临时工程，并保持施工现场清洁整齐。经发包人书面同意，承包人可在发包人指定的地点保留承包人履行保修期内的各项义务所需要的材料、施工设备和临时工程。

3. 事故处理

工程施工过程中发生事故的，承包人应立即通知监理人，监理人应立即通知发包人。发包人和承包人应立即组织人员和设备进行紧急抢救和抢修，减少人员伤亡和财产损失，防止事故扩大，并保护事故现场。需要移动现场物品时，应做出标记和书面记录，并妥善保管有关证据。发包人和承包人应按国家有关规定，及时、如实地向有关部门报告事故发生的情况，以及正在采取的紧急措施等。

4. 安全生产责任

(1) 发包人应负责赔偿以下各种情况造成的损失：

①工程或工程的任何部分对土地的占用所造成的第三者财产损失。

②由于发包人原因在施工场地及其毗邻地带造成的第三者人身伤亡和财产损失。

③由于发包人原因对承包人、监理人造成的人员人身伤亡和财产损失。

④由于发包人原因造成的发包人自身人员的人身伤害以及财产损失。

(2) 承包人的安全责任：由于承包人原因在施工场地及其毗邻地带造成的发包人、监理人以及第三者人员伤亡和财产损失，由承包人负责赔偿。

九、合同价款调整

（一）法律法规变化

招标工程以投标截止日前28天，非招标工程以合同签订前28天为基准日。基准日后，法律变化导致承包人在合同履行过程中所需要的费用发生约定以外的增加时，由发包人承担；减少时，应从合同价格中予以扣减。基准日期后，因法律变化造成工期延误时，工期应予以顺延。

（二）工程变更

1. 分部分项工程费的调整

工程量增加15%以上时，其增加部分的工程量的综合单价应予调低。工程量减少15%以上时，减少后剩余部分的工程量的综合单价应予调高。工程量（量）变化引起措施费（措）变化时，量增，措增；量减，措减。

2. 措施项目费的调整

(1) 安全文明施工费，不得浮动。

(2) 采用单价计算的措施项目费，按照实际发生变化的措施项目调整，按已标价工程量清单项目的规定确定单价。

(3) 按总价（或系数）计算的措施项目费，按照实际发生变化的措施项目调整，但应考虑报价浮动因素。

（三）物价变化

(1) 因发包人原因导致工期延误的，采用计划进度日期与实际进度日期中较高者。

(2) 因承包人原因导致工期延误的，采用计划进度日期与实际进度日期中较低者。

(3) 价格指数调整法：

$$\Delta P = P_0 \left[A + \left(B_1 \times \frac{F_{t1}}{F_{01}} + B_2 \times \frac{F_{t2}}{F_{02}} + B_3 \times \frac{F_{t3}}{F_{03}} + \cdots + B_n \times \frac{F_{tn}}{F_{0n}} \right) - 1 \right]$$

式中，ΔP——需调整的价格差额；

P_0——约定的付款证书中承包人应得到的已完成工程量的金额；

A——固定要素比例；

$B_1, B_2, B_3, \cdots, B_n$——可调因子的权重；

$F_{t1}, F_{t2}, F_{t3}, \cdots, F_{tn}$——各可调因子的现行价格指数，指约定的付款证书相关周期最后一天的前42天的各可调因子的价格指数；

$F_{01}, F_{02}, F_{03}, \cdots, F_{0n}$——各可调因子的基本价格指数,指基准日期的价格指数。

➤ **注意:** 价格调整公式中 $A+B_1+B_2+B_3+\cdots+B_n=1$。

实战演练

[2024 真题·单选]《中华人民共和国标准施工招标文件》(2023 年版) 通用合同条款中的"基准日期"指的是( )。

A. 投标截止日期之前的第 14 天　　　　B. 合同签订日期之前的第 14 天
C. 投标截止日期之前的第 28 天　　　　D. 合同签订日期之前的第 28 天

[解析] 为了区分因政策法规变化或市场物价变化对合同价格影响的责任,通用合同条款中将投标截止日前第 28 天规定为基准日期。

[答案] C

[经典例题·单选] 某工程合同价为 1 000 万元,合同约定物价变化时合同价款调整采用价格指数调整法,其中固定要素比例为 0.3,调价要素为人工费、钢材费、水泥费三类,分别占合同价的比例为 0.2、0.15、0.35,结算时价格指数分别增长了 20%、15%、25%,则该工程实际价款的变化值为( )万元。

A. 150　　　　　　　　　　　　　　B. 100
C. 120　　　　　　　　　　　　　　D. 200

[解析] 根据公式,$\Delta P=1\,000\times[0.3+(0.2\times1.2+0.15\times1.15+0.35\times1.25)-1]=150$(万元)。

[答案] A

(四) 不可抗力

(1) 永久工程、已运至施工现场的材料和工程设备的损坏,以及因工程损坏造成的第三方人员伤亡和财产损失由发包人承担。

(2) 承包人施工设备的损坏由承包人承担。

(3) 发包人和承包人承担各自人员伤亡和财产的损失。

(4) 因不可抗力影响承包人履行合同约定的义务,已经引起或将引起工期延误的,应当顺延工期,由此导致承包人停工的费用损失由发包人和承包人合理分担,停工期间必须支付的工人工资由发包人承担。

(5) 因不可抗力引起或将引起工期延误,发包人要求赶工的,由此增加的赶工费用由发包人承担。

(6) 承包人在停工期间按照发包人要求照管、清理和修复工程的费用由发包人承担。

(7) 不可抗力发生后,合同当事人均应采取措施尽量避免和减少损失的扩大,任何一方当事人没有采取有效措施导致损失扩大的,应对扩大的损失承担责任。

(8) 因合同一方迟延履行合同义务,在迟延履行期间遭遇不可抗力的,不免除其违约责任。

(五) 提前竣工 (赶工补偿)

发包人要求承包人提前竣工,或承包人提出提前竣工的建议能够给发包人带来效益的,应由监理人与承包人共同协商采取加快工程进度的措施和修订合同进度计划。发包人应承担承包人由此增加的费用，并向承包人支付专用合同条款约定的相应奖金。

（六）索赔

根据国家发布的《中华人民共和国标准施工招标文件》（2023年版）中通用条款内容，可以合理补偿承包人索赔的条款见表2-2-1。

表2-2-1 可合理补偿承包人索赔的条款

序号	条款号	主要内容	可补偿内容		
			工期	费用	利润
1	1.6.1	发包人提供图纸延误	√	√	√
2	1.10.1	承包人施工过程发现文物、古迹以及其他遗迹、化石、钱币或物品	√	√	
3	2.3	发包人延迟提供施工场地	√	√	√
4	4.11.2	承包人遇到不利物质条件	√	√	
5	5.2.4	发包人要求向承包人提前交货		√	
6	5.4.3	发包人提供的材料和工程设备不符合合同要求	√	√	√
7	8.3	发包人提供的基准点、基准线等资料错误	√	√	√
8	9.2.5	采取合同未约定的安全作业环境及安全施工措施		√	
9	9.2.6	因发包人原因造成承包人人员工伤事故		√	
10	11.3	因发包人原因造成工期延误	√	√	√
11	11.4	异常恶劣的气候条件	√		
12	11.6	发包人要求承包人提前竣工		√	√
13	12.2	因发包人原因引起的暂停施工造成工期延误	√	√	
14	12.4.2	因发包人原因暂停施工后无法按时复工	√	√	
15	13.1.3	因发包人原因造成工程质量达不到合同约定的验收标准		√	
16	13.5.2	监理人对隐蔽工程重新检验，且检验证明工程质量符合合同要求	√	√	√
17	13.6.2	因发包人提供的材料、工程设备不合格造成工程不合格	√	√	√
18	14.1.3	承包人应监理人要求对材料、工程设备和工程重新检验且检验结果合格	√	√	
19	16.2	基准日后法律变化引起的价格调整	√	√	
20	18.4.2	发包人在全部工程竣工前，使用已接收的单位工程导致承包人费用增加	√	√	√
21	18.6.2	因发包人原因导致试运行失败，且承包人采取措施保证试运行合格		√	√
22	19.2.3	因发包人原因导致的工程缺陷和（或）损坏		√	√
23	19.4	因发包人原因进行进一步试验和试运行		√	

续表

序号	条款号	主要内容	可补偿内容		
			工期	费用	利润
24	21.3.1	因不可抗力导致永久工程，包括已运至施工场地的材料和工程设备的损害，以及因工程损害造成的第三者人员伤亡和财产损失；不可抗力停工期间承包人应监理要求照管工程和清理、修复工程		√	
25	22.2.2	因发包人违约导致承包人暂停施工	√	√	√

（七）暂列金额

暂列金额指已标价工程量清单中所列的，用于在签订协议书时尚未确定或不可预见变更的施工及其所需材料、工程设备、服务等的金额，包括以计日工方式支付的金额。暂列金额是招标人决定的费用，如有剩余归建设单位所有。

➤ **重点提示**：(1) 这部分内容虽偏多，但好理解，一般容易出综合题。

(2) 整个合同价款的调整原则是"谁的责任，谁承担"。

(3) 掌握工程量变化15%以上时，综合单价的调整方法。

(4) 掌握不可抗力造成损失后，谁来担责任。

实战演练

[2017真题·单选] 某工程项目施工合同约定竣工时间为2016年12月30日，合同实施过程中，因承包人施工质量不合格返工导致总工期延误了2个月；2017年1月项目所在地政府出台了新政策，直接导致承包人计入总造价的税金增加20万元。关于增加的20万元税金责任承担的说法，正确的是（　　）。

A. 由承包人和发包人共同承担，理由是国家政策变化，非承包人的责任

B. 由发包人承担，理由是国家政策变化，承包人没有义务承担

C. 由承包人承担，理由是承包人责任导致延期，进而导致税金增加

D. 由发包人承担，理由是承包人承担质量问题责任，发包人承担政策变化责任

[解析] 因承包人原因导致工期延误，在合同工程原定竣工时间之后国家的法律、法规、规章和政策发生变化引起工程造价增减变化的，合同价款调增的不予调整，合同价款调减的予以调整。

[答案] C

[2017真题·单选] 某室内装饰工程根据《建设工程工程量清单计价规范》（GB 50500—2013）签订了单价合同，约定采用造价信息调整价格差额方法调整价格；原定6月施工的项目因发包人修改设计推迟至当年12月；该项目主材为发包人确认的可调价材料，价格由300元/m²变为350元/m²。关于该工程工期延误责任和主材结算价格的说法，正确的是（　　）。

A. 发包人承担延误责任，材料价格按300元/m²计算

B. 承包人承担延误责任，材料价格按350元/m²计算

C. 承包人承担延误责任，材料价格按300元/m²计算

D. 发包人承担延误责任，材料价格按350元/m²计算

[解析] 因发包人原因导致工期延误的，则计划进度日期后续工程的价格，采用计划进度日期与实际进度日期中较高者。

[答案] D

[经典例题·单选] 根据《建设工程工程量清单计价规范》（GB 50500—2013），对于任一招标工程量清单项目，如果因业主方变更导致工程量偏差，则调整原则为（　　）。

A. 当工程量增加15%以上时，其增加部分的工程量单价应予调低

B. 当工程量减少15%以上时，其相应部分的措施费应予调高

C. 当工程量增加15%以上时，其增加部分的工程量单价应予调高

D. 当工程量减少10%以上时，其相应部分的措施费应予调低

[解析] 对于任一招标工程量清单项目，如果因规定的工程量偏差和工程变更等原因导致工程量偏差超过15%，调整的原则为：当工程量增加15%以上时，其增加部分的工程量的综合单价应予调低；当工程量减少15%以上时，减少后剩余部分的工程量的综合单价应予调高。

[答案] A

[经典例题·单选] 某工程合同总价100万元，合同基准日期为2019年3月，固定系数为0.2，2019年8月完成的工程款占合同总价的20%。调值部分中仅混凝土价格变化，混凝土占调值部分的30%。2019年3月混凝土的价格指数为100，7月、8月的价格指数分别为110和115，则2019年8月经调值后的工程款为（　　）万元。

A. 20.38　　　　B. 20.72　　　　C. 20.48　　　　D. 20.62

[解析] 2019年8月经调值后的工程款 $P = (100 \times 20\%) \times [0.2 + (0.8 \times 30\% \times \frac{110}{100} + 0.8 \times 70\% \times 1)] = 20.48$（万元）。

[答案] C

[经典例题·多选] 根据《建设工程工程量清单计价规范》（GB 50500—2013），工程量变更引起施工方案改变并使措施项目发生变化时，关于措施项目费调整的说法，正确的有（　　）。

A. 安全文明施工费按实际发生的措施项目，考虑承包人报价浮动因素进行调整

B. 安全文明施工费按实际发生的措施项目调整，不得浮动

C. 对单价计算的措施项目费，按实际发生变化的措施项目和已标价工程量清单项目确定单价

D. 对总价计算的措施项目费一般不进行调整

E. 对总价计算的措施项目费，按实际发生变化的措施项目并考虑承包人报价浮动因素进行调整

[解析] 选项A错误，安全文明施工费按实际发生的措施项目调整，不得浮动。选项D错误，对总价计算的措施项目费，按实际发生变化的措施项目并考虑承包人报价浮动因素进行调整。

[答案] BCE

十、争议解决

(一) 和解

合同当事人可以就争议自行和解,自行和解达成的协议经双方签字并盖章后作为合同补充文件,双方均应遵照执行。

(二) 调解

合同当事人可以就争议请求建设行政主管部门、行业协会或其他第三方进行调解,调解达成的协议,经双方签字并盖章后作为合同补充文件,双方均应遵照执行。

(三) 争议评审

合同当事人在专用合同条款中约定采取争议评审方式解决争议以及评审规则,并按下列约定执行:

(1) 争议评审小组的确定。

合同当事人可以共同选择一名或三名争议评审员,组成争议评审小组。除专用合同条款另有约定外,合同当事人应当自合同签订后28天内,或者争议发生后14天内,选定争议评审员。

选择一名争议评审员的,由合同当事人共同确定;选择三名争议评审员的,各自选定一名,第三名成员为首席争议评审员,由合同当事人共同确定或由合同当事人委托已选定的争议评审员共同确定,或由专用合同条款约定的评审机构指定第三名首席争议评审员。

除专用合同条款另有约定外,评审员报酬由发包人和承包人各承担一半。

(2) 争议评审小组的决定。

合同当事人可在任何时间将与合同有关的任何争议共同提请争议评审小组进行评审。争议评审小组应秉持客观、公正原则,充分听取合同当事人的意见,依据相关法律、规范、标准、案例经验及商业惯例等,自收到争议评审申请报告后14天内做出书面决定,并说明理由。合同当事人可以在专用合同条款中对本事项另行约定。

(3) 争议评审小组决定的效力。

争议评审小组做出的书面决定经合同当事人签字确认后,对双方具有约束力,双方应遵照执行。任何一方当事人不接受争议评审小组决定或不履行争议评审小组决定的,双方可选择采用其他争议解决方式。

知识点 2 施工过程控制

根据《建设工程施工合同(示范文本)》(GF—2017—0201)和《中华人民共和国标准施工招标文件》(2023年版),关于施工过程控制的相关内容如下。

一、工期和进度

(一) 施工组织设计

1. 施工组织设计的内容

施工组织设计应包含以下内容:

(1) 施工方案。

(2) 施工现场平面布置图。
(3) 施工进度计划和保证措施。
(4) 劳动力及材料供应计划。
(5) 施工机械设备的选用。
(6) 质量保证体系及措施。
(7) 安全生产、文明施工措施。
(8) 环境保护、成本控制措施。
(9) 合同当事人约定的其他内容。

2. 施工组织设计的提交和修改

除专用合同条款另有约定外，承包人应在合同签订后 14 天内，但最迟不得晚于载明的开工日期前 7 天，向监理人提交详细的施工组织设计，并由监理人报送发包人。除专用合同条款另有约定外，发包人和监理人应在监理人收到施工组织设计后 7 天内确认或提出修改意见。对发包人和监理人提出的合理意见和要求，承包人应自费修改完善。根据工程实际情况需要修改施工组织设计的，承包人应向发包人和监理人提交修改后的施工组织设计。

（二）施工进度计划

1. 施工进度计划的编制

承包人应按照约定提交详细的施工进度计划，施工进度计划的编制应当符合国家法律规定和一般工程实践惯例，施工进度计划经发包人批准后实施。施工进度计划是控制工程进度的依据，发包人和监理人有权按照施工进度计划检查工程进度情况。

2. 施工进度计划的修订

施工进度计划不符合合同要求或与工程的实际进度不一致的，承包人应向监理人提交修订的施工进度计划，并附具有关措施和相关资料，由监理人报送发包人。除专用合同条款另有约定外，发包人和监理人应在收到修订的施工进度计划后 7 天内完成审核和批准或提出修改意见。发包人和监理人对承包人提交的施工进度计划的确认，不能减轻或免除承包人根据法律规定和合同约定应承担的任何责任或义务。

（三）开工

1. 开工准备

除专用合同条款另有约定外，承包人应按照约定的期限，向监理人提交工程开工报审表，经监理人报发包人批准后执行。开工报审表应详细说明按施工进度计划正常施工所需的施工道路、临时设施、材料、工程设备、施工设备、施工人员等落实情况以及工程的进度安排。

除专用合同条款另有约定外，合同当事人应按约定完成开工准备工作。

2. 开工通知

发包人应按照法律规定获得工程施工所需的许可。经发包人同意后，监理人发出的开工通知应符合法律规定。监理人应在计划开工日期 7 天前向承包人发出开工通知，工期自开工通知中载明的开工日期起算。

除专用合同条款另有约定外，因发包人原因造成监理人未能在计划开工之日起 90 天内发出开工通知的，承包人有权提出价格调整要求，或者解除合同。发包人应当承担由此增加的费用和（或）延误的工期，并向承包人支付合理利润。

（四）测量放线

（1）除专用合同条款另有约定外，发包人应在最迟不得晚于载明的开工日期前7天通过监理人向承包人提供测量基准点、基准线和水准点及其书面资料。发包人应对其提供的测量基准点、基准线和水准点及其书面资料的真实性、准确性和完整性负责。

承包人发现发包人提供的测量基准点、基准线和水准点及其书面资料存在错误或疏漏的，应及时通知监理人。监理人应及时报告发包人，并会同发包人和承包人予以核实。发包人应就如何处理和是否继续施工做出决定，并通知监理人和承包人。

（2）承包人负责施工过程中的全部施工测量放线工作，并配置具有相应资质的人员、合格的仪器、设备和其他物品。承包人应校正工程的位置、标高、尺寸或准线中出现的任何差错，并对工程各部分的定位负责。

施工过程中对施工现场内水准点等测量标志物的保护工作由承包人负责。

（五）工期延误

1. 因发包人原因导致工期延误

在合同履行过程中，因下列情况导致工期延误和（或）费用增加的，由发包人承担由此延误的工期和（或）增加的费用，且发包人应支付承包人合理的利润：

（1）发包人未能按合同约定提供图纸或所提供图纸不符合合同约定的。

（2）发包人未能按合同约定提供施工现场、施工条件、基础资料、许可、批准等开工条件的。

（3）发包人提供的测量基准点、基准线和水准点及其书面资料存在错误或疏漏的。

（4）发包人未能在计划开工之日起7天内同意下达开工通知的。

（5）发包人未能按合同约定日期支付工程预付款、进度款或竣工结算款的。

（6）监理人未按合同约定发出指示、批准等文件的。

（7）专用合同条款中约定的其他情形。

因发包人原因未按计划开工日期开工的，发包人应按实际开工日期顺延竣工日期，确保实际工期不低于合同约定的工期总日历天数。因发包人原因导致工期延误需要修订施工进度计划的，按照施工进度计划的修订执行。

2. 因承包人原因导致工期延误

因承包人原因导致工期延误的，可以在专用合同条款中约定逾期竣工违约金的计算方法和逾期竣工违约金的上限。承包人支付逾期竣工违约金后，不免除承包人继续完成工程及修补缺陷的义务。

（六）不利物质条件

不利物质条件是指有经验的承包人在施工现场遇到的不可预见的自然物质条件、非自然的物质障碍和污染物，包括地表以下物质条件和水文条件以及专用合同条款约定的其他情形，但不包括气候条件。

承包人遇到不利物质条件时，应采取克服不利物质条件的合理措施继续施工，并及时通知发包人和监理人。通知应载明不利物质条件的内容以及承包人认为不可预见的理由。监理人经发包人同意后应当及时发出指示，指示构成变更的，按变更约定执行。承包人因采取合理措施而增加的费用和（或）延误的工期由发包人承担。

（七）异常恶劣的气候条件

异常恶劣的气候条件是指在施工过程中遇到的，有经验的承包人在签订合同时不可预见的，对合同履行造成实质性影响的，但尚未构成不可抗力事件的恶劣气候条件。合同当事人可以在专用合同条款中约定异常恶劣的气候条件的具体情形。

承包人应采取克服异常恶劣的气候条件的合理措施继续施工，并及时通知发包人和监理人。监理人经发包人同意后应当及时发出指示，指示构成变更的，按变更约定办理。承包人因采取合理措施而增加的费用和（或）延误的工期由发包人承担。

（八）暂停施工

1. 承包人暂停施工的责任

因下列暂停施工增加的费用和（或）工期延误由承包人承担：

（1）承包人违约引起的暂停施工。

（2）由于承包人原因为工程合理施工和平安保障所必需的暂停施工。

（3）承包人擅自暂停施工。

（4）承包人其他原因引起的暂停施工。

（5）专用合同条款约定由承包人担当的其他暂停施工。

2. 发包人暂停施工的责任

由于发包人原因引起的暂停施工造成工期延误的，承包人有权要求发包人延长工期和（或）增加费用，并支付合理利润。

3. 监理人暂停施工指示

（1）监理人认为有必要时，可向承包人做出暂停施工的指示，承包人应按监理人指示暂停施工。不论由于何种缘由引起的暂停施工，暂停施工期间承包人应负责妥当维护工程并供应平安保障。

（2）由于发包人的缘由发生暂停施工的紧急状况，且监理人未及时下达暂停施工指示的，承包人可先暂停施工，并及时向监理人提出暂停施工的书面请求。监理人应在接到书面恳求后的 24 小时内予以答复，逾期未答复的，视为同意承包人的暂停施工请求。

4. 暂停施工后的复工

（1）暂停施工后，监理人应与发包人和承包人协商，实行有效措施主动消除暂停施工的影响。当工程具备复工条件时，监理人应马上向承包人发出复工通知。承包人收到复工通知后，应在监理人指定的期限内复工。

（2）承包人无故拖延和拒绝复工的，由此增加的费用和工期延误由承包人承担；因发包人原因无法按时复工的，承包人有权要求发包人延长工期和（或）增加费用，并支付合理利润。

5. 暂停施工持续 56 天以上

监理人发出暂停施工指示后 56 天内未向承包人发出复工通知，除该项停工属于承包人原因引起的暂停施工及不可抗力约定的情形外，承包人可向发包人提交书面通知，要求发包人在收到书面通知后28天内准许已暂停施工的部分或全部工程继续施工。发包人逾期不予批准的，则承包人可以通知发包人，将工程受影响的部分视为可取消的工作。

暂停施工持续84天以上不复工的，且不属于承包人原因引起的暂停施工及不可抗力约定的情形，并影响到整个工程以及合同目的实现的，承包人有权提出价格调整要求，或者解除合同。解除合同的，按照因发包人违约解除合同执行。

6. 暂停施工期间的工程照管

暂停施工期间，承包人应负责妥善照管工程并提供安全保障，由此增加的费用由责任方承担。

7. 暂停施工的措施

暂停施工期间，发包人和承包人均应采取必要的措施确保工程质量及安全，防止因暂停施工扩大损失。

➢ **重点提示**：关于工期的调整，谁的责任谁承担。

实战演练

[2016真题·单选] 下列暂停施工的情形中，不属于承包人应承担责任的是（　　）。

A. 业主方提供设计图纸延误造成的工程施工暂停

B. 为保障钢结构构件进场，暂停进场线路上的结构施工

C. 未及时发放劳务工工资造成的工程施工暂停

D. 迎接地方安全检查造成的工程施工暂停

[解析] 因下列暂停施工增加的费用和（或）工期延误由承包人承担：①承包人违约引起的暂停施工；②由于承包人原因为工程合理施工和安全保障所必需的暂停施工；③承包人擅自暂停施工；④承包人其他原因引起的暂停施工；⑤专用合同条款约定由承包人承担的其他暂停施工。选项A属于发包人的责任。

[答案] A

[经典例题·单选] 根据《中华人民共和国标准施工招标文件》（2023年版），关于暂停施工的说法，正确的是（　　）。

A. 由于发包人原因引起的暂停施工，承包人有权要求延长工期和（或）增加费用，但不得要求补偿利润

B. 发包人原因造成的暂停施工，承包人可不负责暂停施工期间工程的保护

C. 因发包人原因发生暂停施工的紧急情况时，承包人可以先暂停施工，并及时向监理人提出暂停施工的书面请求

D. 施工中出现一些意外需要暂停施工的，所有责任由发包人承担

[解析] 由于发包人原因引起的暂停施工造成工期延误的，承包人有权要求发包人延长工期和（或）增加费用，并支付合理利润，选项A错误。不论由于何种原因引起的暂停施工，暂停施工期间承包人应负责妥善保护工程并提供安全保障，选项B、D错误。

[答案] C

二、费用控制的主要条款内容

(一) 预付款

除专用合同条款另有约定外,承包人应在收到预付款的同时向发包人提交预付款保函,预付款保函的担保金额应与预付款金额相同。保函的担保金额可根据预付款扣回的金额相应递减。

(二) 工程进度付款

(1) 监理人在收到承包人进度付款申请单后的 14 天内完成核查;监理人有权扣发承包人未按合同要求履行义务的金额。

(2) 发包人应在监理人收到进度付款申请单后的 28 天内支付进度款(发包人在签发进度付款证书后的 14 天内支付)。

(3) 监理人出具进度付款证书,不应视为已同意、批准或接受了承包人完成的该部分工作。

(三) 质量保证金

缺陷责任期满时,承包人向发包人申请到期应返还承包人剩余的质量保证金金额,发包人应在 14 天内会同承包人按照合同约定的内容核实承包人是否完成缺陷责任。

(四) 竣工结算

(1) 承包人提交竣工付款申请单,监理人在收到竣工付款申请单后的 14 天内完成核查,并报送发包人。

(2) 发包人应在收到竣工付款申请单后 14 天内审核完毕,并由监理人出具经发包人签认的竣工付款证书。

(3) 出具竣工付款证书后的 14 天内,发包人将应支付款支付给承包人。

(五) 最终结清

(1) 缺陷责任期终止后,承包人提交最终结清申请单,监理人收到最终结清申请单后的 14 天内审核并报发包人。

(2) 发包人应在收到最终结清申请单后 14 天内审核完毕,由监理人出具经发包人签认的最终结清证书。

(3) 发包人应在监理人出具最终结清证书后的 14 天内,将应支付款支付给承包人。

➤ **重点提示:** (1) 预付款保函与预付款的额度永远保持一致。

(2) 发包人应在监理人收到进度付款申请单后的 28 天内支付进度款(发包人在签发进度付款证书后的 14 天内支付)。

(3) 返还剩余质量保证金的时间为缺陷责任期满后 14 天内。

(4) 竣工结算、最终结清过程中涉及的时间均为 14 天。

> **实战演练**

[2016 真题·多选] 根据《中华人民共和国标准施工招标文件》(2023 年版)通用合同条款,关于工程进度款支付的说法,正确的有( )。

A. 承包人应在每个付款周期末,向监理人提交进度付款申请单及相应的支持性证明文件

B. 监理人应在收到进度付款申请单和证明文件的 7 天内完成检查，并经发包人同意后，出具经发包人签认的进度付款书

C. 监理人出具进度付款书，不应视为监理人已同意、接受承包人完成的该部分工作

D. 监理人无权扣发承包人未按合同要求履行的工作的相应金额，应提交发包人进行裁决

E. 发包人应在签发进度付款证书后的 28 天内，将进度应付款支付给承包人

[解析] 承包人应在每个付款周期末，按监理人批准的格式和专用合同条款约定的份数，向监理人提交进度付款申请单，并附相应的支持性证明文件。监理人在收到承包人进度付款申请单以及相应的支持性证明文件后的 14 天内完成核查，提出发包人到期应支付给承包人的金额以及相应的支持性材料，经发包人审查同意后，由监理人向承包人出具经发包人签认的进度付款证书，而不是 7 天，选项 B 错误。监理人出具进度付款证书，不应视为监理人已同意、批准或接受了承包人完成的该部分工作。监理人有权扣发承包人未能按照合同要求履行任何工作或义务的相应金额，选项 D 错误。发包人应在监理人收到进度付款申请单后的 28 天内（发包人在签发进度付款证书后的 14 天内），将进度应付款支付给承包人，选项 E 错误。

[答案] AC

知识点 3 预付款与期中支付

一、预付款支付

根据《建设工程工程量清单计价规范》（GB 50500—2013），预付款用于承包人为合同工程施工购置材料、工程设备，购置或租赁施工设备、修建临时设施以及组织施工队伍进场等所需的款项。预付款的支付比例不宜高于合同价款的 30%。承包人对预付款必须专用于合同工程。

（1）承包人应在签订合同或向发包人提供与预付款等额的预付款保函（如有）后向发包人提交预付款支付申请。

（2）发包人应当在收到支付申请的 7 天内进行核实后向承包人发出预付款支付证书，并在签发支付证书后的 7 天内向承包人支付预付款。

（3）发包人没有按时支付预付款的，承包人可催告发包人支付；发包人在付款期满后的 7 天内仍未支付的，承包人可在付款期满后的第 8 天起暂停施工。发包人应承担由此增加的费用和（或）延误的工期，并向承包人支付合理利润。

（4）预付款应从每支付期应支付给承包人的工程进度款中扣回，直到扣回的金额达到合同约定的预付款金额为止。

二、预付款担保

承包人的预付款保函（如有）的担保金额根据预付款扣回的数额相应递减，但在预付款全部扣回之前一直保持有效。发包人应在预付款扣完后的 14 天内将预付款保函退还给承包人。

三、安全文明施工费

除专用合同条款另有约定外，发包人应在开工后 28 天内预付安全文明施工费总额的 60%，其余部分与进度款同期支付。

四、进度款的支付

(1) 每月按约定时间提交付款申请及相关资料。

(2) 进度款审核和支付流程如图 2-2-1 所示。

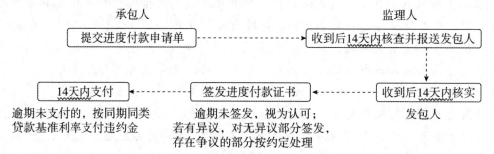

图 2-2-1 进度款审核和支付流程

> **实战演练**
>
> [经典例题·单选] 发包人应在签发进度付款证书后的（　　）天内，按照支付证书列明的金额向承包人支付进度款。
>
> A. 7　　　　B. 14　　　　C. 28　　　　D. 56
>
> [解析] 发包人应在签发进度付款证书后的 14 天内，按照支付证书列明的金额向承包人支付进度款。
>
> [答案] B

知识点 4　竣工结算与支付

一、竣工结算与支付

(1) 竣工结算的计算方法：除安全文明施工费、规费、税金外，均按双方确认的工程量和清单中填报的综合单价计算或者按双方确认的金额计算。

(2) 承包人（可委托具有相应资质的工程造价咨询人）应在工程竣工验收合格后 28 天内提交竣工结算申请单，发包人（可委托具有相应资质的工程造价咨询人）收到竣工结算申请单后 28 天内审核，并于签发竣工付款证书之后 14 天内，支付费用。逾期支付超过 56 天的，按照同期同类贷款基准利率的 2 倍支付违约金。承包人如有异议，收到竣工付款证书后 7 天内提出，并按约定处理。

二、质量保证金

承包人提供质量保证金的三种方式：

(1) 质量保证金保函（常用）。

(2) 相应比例的工程款。

(3) 双方约定的其他方式。

发包人累计扣留的质量保证金不得超过工程价款结算总额的 3%。如承包人在发包人签发竣工付款证书后 28 天内提交质量保证金保函，发包人应同时退还扣留的作为质量保证金的工程价款。发包人在退还质量保证金的同时，按照中国人民银行发布的同期同类贷款基准利率支付利息。

质量保证金退还涉及的时间为：14 天。发包人接到申请后 14 天内同施工方核实，如无异议，返还给承包人；发包人接到申请后 14 天内不予答复，经催告后 14 天内仍不予答复，视同认可。

三、最终结清

工程款最终结清的程序如图 2-2-2 所示。

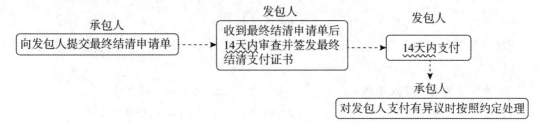

图 2-2-2　最终结清的程序

实战演练

[经典例题·单选] 关于竣工结算的内容，下列说法正确的是（　　）。

A. 编制者只有承包人，审核者只有发包人
B. 发包人应在签发竣工付款证书后的 14 天内，完成对承包人的竣工付款
C. 发包方收到竣工结算文件后，应在 14 天内核对并提出意见
D. 逾期支付超过 56 天的，按照同期同类贷款基准利率的 3 倍支付违约金

[解析] 选项 A 错误，编制者由承包人或其委托具有相应资质的工程造价咨询人编制，审核者可以是发包人或其委托具有相应资质的工程造价咨询人核对。选项 C 错误，发包方收到竣工结算文件后，应在 28 天内核对并提出意见。选项 D 错误，逾期支付超过 56 天的，按照同期同类贷款基准利率的 2 倍支付违约金。

[答案] B

知识点 5　合同实施的偏差分析及处理

一、偏差分析

合同实施的偏差分析包括以下几个方面：

（1）产生偏差的原因分析。

（2）合同实施偏差的责任分析。责任分析必须以合同为依据，按合同规定落实双方的责任。

（3）合同实施趋势分析。

①最终的工程状况，即是否会延误、是否会超支、是否会达到质量标准等。

②承包商将承担什么样的后果，即被罚款、起诉等。

③最终工程经济效益水平，即利润。

二、偏差处理

根据合同实施偏差分析的结果,承包商应该采取相应的调整措施。调整措施(即四大纠偏措施)如下:

(1) 组织措施:增加人员投入、调整人员安排等。
(2) 技术措施:改变技术方案、改变施工方案等。
(3) 经济措施:增加投入、采取经济激励措施等。
(4) 合同措施:进行合同变更、签附加协议、采取索赔手段等。

▶ **重点提示:**(1) 合同实施趋势分析当中没有"绩效奖惩"的内容。
(2) 四大纠偏措施,属于必会内容。

实战演练

[2016真题·单选] 下列合同实施偏差分析的内容中,不属于合同实施趋势分析的是( )。

A. 项目管理团队绩效奖惩
B. 总工期的延误
C. 总成本的超支
D. 最终工程经济效益水平

[解析] 合同实施的趋势分析包括:①最终的工程状况,即是否会延误、是否会超支、是否会达到质量标准等;②承包商将承担什么样的后果,即被罚款、起诉等;③最终工程经济效益水平,即利润。

[答案] A

[经典例题·单选] 施工合同实施偏差分析的内容包括:产生偏差的原因分析、合同实施偏差的责任分析以及( )。

A. 不同项目合同偏差的对比
B. 偏差的跟踪情况分析
C. 合同实施趋势分析
D. 业主对合同偏差的态度分析

[解析] 施工合同实施偏差分析的内容包括:产生偏差的原因分析;合同实施偏差的责任分析;合同实施趋势分析。

[答案] C

[经典例题·单选] 某施工合同实施过程中出现了偏差,经过偏差分析后,承包人采取了夜间加班、增加劳动力投入等措施。这种调整措施属于( )。

A. 组织措施
B. 技术措施
C. 经济措施
D. 合同措施

[解析] 合同偏差处理的组织措施有增加人员投入、调整人员安排、调整工作流程和工作计划等。夜间加班、增加劳动投入属于组织措施中的"增加人员投入、调整人员安排"。

[答案] A

知识点 6 施工合同的变更

一、变更的范围

根据《中华人民共和国标准施工招标文件》(2023年版),除专用合同条款另有约定外,合同履行过程中发生以下情形的，应按照规定进行变更：

（1）取消合同中任何一项工作，但被取消的工作不能转由发包人或其他人实施。

（2）变更合同中任何一项工作的质量或其他特性。

（3）变更合同工程的基线、标高、位置或尺寸。

（4）变更合同中任何一项工作的施工时间或变更已批准的施工工艺或依次。

（5）为完成工程须要追加的额外工作。

二、变更程序

（一）发包人提出变更

发包人提出变更的，应通过监理人向承包人发出变更指示，变更指示应说明计划变更的工程范围和变更的内容。

（二）监理人提出变更建议

监理人提出变更建议的，需要向发包人以书面形式提出变更计划，说明计划变更工程范围和变更的内容、理由，以及实施该变更对合同价格和工期的影响。发包人同意变更的，由监理人向承包人发出变更指示。发包人不同意变更的，监理人无权擅自发出变更指示。

（三）承包人执行变更

承包人收到监理人下达的变更指示后，认为不能执行，应立即提出不能执行该变更指示的理由。承包人认为可以执行变更的，应当书面说明实施变更指示对合同价格和工期的影响，且合同当事人应当按照规定确定变更估价。

三、变更估价

（一）变更估价原则

根据《中华人民共和国标准施工招标文件》（2023年版），除专用合同条款另有约定外，变更估价按照下列规定处理：

（1）已标价工程量清单中有适用于变更工作的子目的，采用该子目的单价。

（2）已标价工程量清单中无适用于变更工作的子目，但有类似子目的，可在合理范围内参照类似子目的单价，由监理人商定或确定变更工作的单价。

（3）已标价工程量清单中无适用或类似子目的单价，可依据成本加利润的原则，由监理人商定或确定变更工作的单价。

（二）变更估价程序

（1）除另有约定外，承包人收到变更指示或变更意向书后14天内，向监理人提交变更报价书。

（2）除另有约定外，监理人收到承包人变更报价书后14天内，商定或确定变更价格。因变更引起的价格调整应计入最近一期的进度款中支付。

➢ **重点提示：**（1）取消某项工作转由其他人实施的，不是变更。

（2）变更指示只能由监理人发出。

（3）变更估价涉及的时间为14天。

（4）变更估价的原则：有适用时，按适用；无适用时，按类似；均无，按成本加利润的原则，由监理人商定。

[实战演练]

[经典例题·单选] 根据《中华人民共和国标准施工招标文件》（2023年版），施工合同履行过程中发生工程变更时，由（　　）向承包人发出变更指令。

A. 发包人　　　　　　　　　　　　B. 设计人

C. 变更提出方　　　　　　　　　　D. 监理人

[解析] 根据《中华人民共和国标准施工招标文件》（2023年版）中通用合同条款的规定，变更指示只能由监理人发出。

[答案] D

知识点 7　施工合同的索赔

一、索赔成立的条件

（1）与合同对照，承包人有了损失［费用和（或）工期的损失］。

（2）分析原因，造成承包人的损失不是承包人的过失。

（3）承包人在约定的时间内提交了索赔意向通知并进行了索赔。

二、索赔的程序

索赔事件发生后的28天内，承包人首先提出索赔意向通知，在提出索赔意向通知之后的28天内，提出详细的索赔报告；如果索赔事件持续进展，需要每隔28天提出中间索赔报告，直到索赔事件终止之后的28天内，提出最终的索赔报告。

监理人在收到索赔通知书或有关索赔的进一步证明材料后的42天内，将结果答复承包人。

承包人接受索赔处理结果的，发包人应在做出索赔处理结果答复后28天内完成赔付；不接受时，按合同约定解决。

三、索赔文件

（1）总述部分。

（2）论证部分（关键部分）。

（3）索赔款项（或工期）计算部分。

（4）证据部分。

四、索赔的期限

（1）竣工结算审核：约定接受竣工付款证书后，应被视为已无权再提出工程接收证书颁发前所发生的任何赔偿。

（2）最终结清：提交的最终结清申请单中，只限于提出工程接收证书颁发后发生的索赔。提出索赔的期限自接受最终结清证书时终止。

> **总结：** 索赔期限的时间节点如图2-2-3所示。

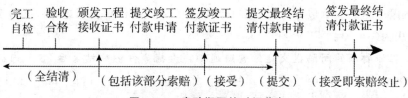

图 2-2-3 索赔期限的时间节点

五、反索赔

反索赔的工作内容可以包括两个方面：

（1）**防止对方提出索赔**。

（2）**反击或反驳对方的索赔要求**。

➢ **重点提示**：（1）索赔成立的前提条件：①承包方损失了；②不是承包方的错；③按程序进行了索赔。

（2）重点掌握索赔工作程序的第一步：提出索赔意向。

（3）索赔文件中论证部分属于定性内容，因此最重要。

（4）跟索赔有关的时间，除了监理人在收到索赔通知书或有关索赔的进一步证明材料后的 42 天内，将结果答复承包人之外，其他各环节涉及索赔的时间都是 28 天。

（5）掌握索赔期限的三个时间节点，即图 2-2-3 中"接受""提交"及"索赔终止"三个时间节点。

实战演练

[经典例题·单选] 工程施工过程中索赔事件发生后，承包人首先要做的工作是（　　）。

A. 向监理工程师提出索赔意向通知　　B. 向监理工程师提交索赔证据

C. 向监理工程师提交索赔报告　　D. 与业主就索赔事项进行谈判

[解析] 在工程实施过程中发生索赔事件以后，或者承包人发现索赔机会，首先要提出索赔意向，即在合同规定时间内将索赔意向用书面形式及时通知发包人或者工程师（监理人），向对方表明索赔愿望、要求或者声明保留索赔权利，这是索赔工作程序的第一步。

[答案] A

[经典例题·单选] 根据《中华人民共和国标准施工招标文件》（2023 年版），关于施工合同索赔程序的规定，正确的是（　　）。

A. 设计变更发生后，承包人应在 14 天内向发包人提交索赔通知

B. 索赔事件持续进行，承包人应在事件终了后立即提交索赔报告

C. 承包人在发出索赔意向通知书后 28 天内，向监理人正式递交索赔通知书

D. 索赔意向通知书发出后 42 天内，承包人应向监理人提交一份详细的索赔文件和有关资料

[解析] 选项 A、B 涉及的时间均为 28 天。选项 D，监理人在收到索赔通知书或有关索赔的进一步证明材料后的 42 天内，将结果答复承包人。

[答案] C

[经典例题·单选] 承包人提交了索赔文件后，干扰事件对施工造成持续影响，则承包人的正确做法为( )。

A. 按工程师要求的间隔提交延续索赔通知，干扰事件影响结束后28天内提交最终索赔报告

B. 只需在干扰事件影响结束后28天内提交最终索赔报告

C. 按工程师要求的间隔提交延续索赔通知，干扰事件影响结束后36天内提交最终索赔报告

D. 按工程师要求的间隔提交延续索赔通知，干扰事件影响结束后42天内提交最终索赔报告

[解析] 承包人提交索赔文件后，如果索赔事件持续进展，需要每隔28天提出中间索赔报告，直到索赔事件终止之后的28天内，提出最终的索赔报告。

[答案] A

[2019真题·多选] 建设工程施工合同索赔成立的前提条件有（ ）。

A. 与合同对照，事件已经造成了承包人工程项目成本的额外支出或直接工程损失

B. 造成工程费用的增加，已经超出承包人所能承受的范围

C. 造成费用增加或工期损失的原因，按合同约定不属于承包人的行为责任或风险责任

D. 造成工期损失的时间，已经超出承包人所能承受的范围

E. 承包人按合同规定的程序和时间提交索赔意向通知和索赔报告

[解析] 索赔的成立应该同时具备以下三个条件：①与合同对照，承包人有了损失[费用和（或）工期的损失]；②分析原因，造成承包人的损失不是承包人的过失；③承包人在约定的时间内提交了索赔意向通知并进行了索赔。

[答案] ACE

[经典例题·多选] 承包人向发包人提交的索赔文件，其内容包括( )。

A. 索赔意向通知
B. 索赔证据
C. 索赔事件总述
D. 索赔合理性论证
E. 索赔款项（或工期）计算书

[解析] 承包人向发包人提交的索赔文件的主要内容包括：总述部分、论证部分、索赔款项（或工期）计算部分和证据部分。

[答案] BCDE

知识点 8 竣工验收与保修

一、竣工验收

（1）监理人认为尚不具备竣工验收条件的，在收到竣工验收申请报告后的 28 天内通知承包人。

（2）监理人认为已具备竣工验收条件的，在收到竣工验收申请报告后的 28 天内请发包人验收。

（3）发包人验收后同意接收工程的，在监理人收到竣工验收申请报告后的 56 天内，由

监理人出具经发包人签认的工程接收证书。

(4) 发包人不同意接收工程的，承包人返工重做或补救处理，并承担相应的费用。

> **重点提示**：(1) 掌握竣工验收涉及的时间。

(2) 实际竣工日期为提交竣工验收申请报告的时间。

实战演练

[2016真题·单选] 某工程项目承包人于2010年7月12日向发包人提交了竣工验收报告，发包人收到报告后，于2010年8月5日组织竣工验收，参加验收各方于2010年8月10日签署有关竣工验收合格的文件，发包人于2010年8月20日按照有关规定办理了竣工验收备案手续，本项目的实际竣工日期为(   )。

A. 2010年7月12日　　　　　　　　B. 2010年8月5日
C. 2010年8月10日　　　　　　　　D. 2010年8月20日

[解析] 除专用合同条款另有约定外，经验收合格工程的实际竣工日期，以提交竣工验收申请报告的日期为准，并在工程接收证书中写明。

[答案] A

[经典例题·单选] 一般情况下，验收合格工程的实际竣工日期为(   )。

A. 组织工程竣工验收的日期
B. 承包人实际完成工程的日期
C. 承包人提交竣工验收申请报告的日期
D. 工程竣工验收后，发包人给予认可意见的日期

[解析] 除专用合同条款另有约定外，经验收合格工程的实际竣工日期，以提交竣工验收申请报告的日期为准，并在工程接收证书中写明。

[答案] C

二、缺陷责任和保修责任

(一) 缺陷责任期的起算时间

缺陷责任期自实际竣工日期起计算，提前验收的，缺陷责任期也要相应提前。

(二) 缺陷责任的归属

(1) 承包人应在缺陷责任期内对已交付使用的工程承担缺陷责任。

(2) 缺陷责任期内，发包人对已接收使用的工程负责日常维护工作。发包人在使用过程中，发现已接收的工程存在新的缺陷或已修复的缺陷部位或部件又遭损坏的，承包人应负责修复，直至检验合格为止。

(3) 监理人和承包人应共同查清缺陷和（或）损坏的原因。经查明属承包人原因造成的，应由承包人承担修复和查验的费用。经查验属发包人原因造成的，发包人应承担修复和查验的费用，并支付承包人合理利润。

(4) 承包人不能在合理时间内修复缺陷的，发包人可自行修复或委托其他人修复，所需费用和利润的承担，根据缺陷和（或）损坏原因处理。

(三) 缺陷责任期的延长

由于承包人原因造成某项缺陷或损坏使某项工程或工程设备不能按原定目标使用而需要再次检查、检验和修复的，发包人有权要求承包人相应延长缺陷责任期，但缺陷责任期不超过2年。

(四) 缺陷责任期终止证书

在缺陷责任期，包括根据合同规定延长的期限终止后14天内，由监理人向承包人出具经发包人签认的缺陷责任期终止证书，并退还剩余的质量保证金。

(五) 保修期

保修期自实际竣工日期起计算。在全部工程竣工验收前，发包人提前验收的单位工程，其保修期的起算日期相应提前。

> **重点提示**："建设工程施工管理"科目中缺陷责任期和保修期的起始日期均为实际竣工日；而"建设工程法规及相关知识"科目中缺陷责任期和保修期的起始日期均为验收合格之日。同一问题，不同科目不同答案，注意区分。

实战演练

[2024真题·单选] 建设工程缺陷责任期通常从（　　）起计算。

A. 试生产工作完成之日　　B. 办理竣工结算之日

C. 竣工验收合格之日　　D. 出具工程接收证书之日

[解析] 建设工程自竣工验收合格之日起即进入缺陷责任期。

[答案] C

[2016真题·单选] 关于缺陷责任和保修责任的说法，正确的是（　　）。

A. 在全部工程竣工验收前，已经发包人提前验收的单位工程，其缺陷责任期的起算日期按实际竣工验收日期计算

B. 在缺陷责任期，包括根据合同规定延长的期限终止后14天内，由监理人向承包人出具经发包人签认的缺陷责任期终止证书，并退还剩余的质量保证金

C. 缺陷责任期内，承包人对已经接收使用的工程负责日常维护工作

D. 由于承包人原因造成某项工程设备无法按原定目标使用而需要再次修复的，发包人有权要求承包人相应延长缺陷责任期，最长不得超过12个月

[解析] 选项A错误，缺陷责任期自实际竣工日期起计算；在全部工程竣工验收前，已经发包人提前验收的单位工程，其缺陷责任期的起算日期相应提前。选项C错误，缺陷责任期内，发包人对已接收使用的工程负责日常维护工作。选项D错误，由于承包人原因造成某项缺陷或损坏使某项工程或工程设备不能按原定目标使用而需要再次检查、检验和修复的，发包人有权要求承包人相应延长缺陷责任期，但缺陷责任期不超过2年。

[答案] B

[2017真题·多选] 关于《中华人民共和国标准施工招标文件》(2023年版)中缺陷责任的说法，正确的有( )。
  A. 发包人提前验收的单位工程，缺陷责任期自全部工程竣工日期起计算
  B. 承包人应在缺陷责任期内对已交付使用的工程承担缺陷责任
  C. 监理人和承包人应共同查清工程产生缺陷和（或）损坏的原因
  D. 缺陷责任期内，承包人对已验收使用的工程承担日常维护工作
  E. 承包人不能在合理时间内修复缺陷，发包人自行修复，承包人承担一切费用
[解析] 缺陷责任期自实际竣工日期起计算，在全部工程竣工验收前，已经发包人提前验收的单位工程，其缺陷责任期的起算日期相应提前（选项A错误）。缺陷责任包括：①承包人应在缺陷责任期内对已交付使用的工程承担缺陷责任。②缺陷责任期内，发包人对已接收使用的工程负责日常维护工作（选项D错误）。发包人在使用过程中，发现已接收的工程存在新的缺陷或已修复的缺陷部位或部件又遭损坏的，承包人应负责修复，直至检验合格为止。③监理人和承包人应共同查清缺陷和（或）损坏的原因。经查明属承包人原因造成的，应由承包人承担修复和查验的费用。经查验属发包人原因造成的，发包人应承担修复和查验的费用，并支付承包人合理利润。④承包人不能在合理时间内修复缺陷的，发包人可自行修复或委托其他人修复，所需费用和利润的承担，根据缺陷和（或）损坏原因处理（选项E错误）。
[答案] BC

知识点 9 专业分包合同管理

一、工程承包人（总承包单位）的主要责任和义务

（1）承包人应提供总包合同（价格除外）供分包人查阅。

（2）项目经理应及时向分包人提供所需的指令、批准、图纸并履行其他约定的义务。

（3）承包人的工作包括：①向分包人提供各种相关资料，向分包人提供具备施工条件的施工场地；②组织分包人参加图纸会审，进行设计图纸交底；③提供约定的设备和设施，并承担因此发生的费用；④随时为分包人提供确保分包工程的施工所要求的施工场地和通道等；⑤负责整个施工场地的管理工作，确保分包人按照施工组织设计进行施工。

二、专业工程分包人的主要责任和义务

（1）分包人与发包人的关系——无关系。

（2）就分包工程范围内的工作，承包人随时可以向分包人发出指令。

（3）分包人的工作包括：①按合同约定对分包工程进行设计、施工、竣工和保修；②按照合同约定的时间完成规定的设计内容，承包人承担相应费用；③向承包人提供进度计划及相应进度统计报表；④在合同约定的时间内，向承包人提交详细施工组织设计；⑤遵守管理规定，按规定办理有关手续，承包人承担由此发生的费用（分包人责任造成的罚款除外）；⑥已竣工工程未交付承包人之前，分包人应负责已完分包工程的成品保护工作。

三、合同价款的相关规定

（1）分包工程合同价款可以采用三种形式：①固定价格，约定风险范围内可调整；②可

调价格；③成本加酬金。

(2) 分包合同价款与总包合同相应部分价款<u>无任何连带关系</u>。

(3) 承包人应在收到分包工程竣工结算报告及结算资料后 28 天内支付工程竣工结算价款。

▶ **重点提示**：(1) 专业分包合同中承包人的义务——为专业工程分包人提供服务。

(2) 专业分包合同中专业工程分包人的义务——按照合同约定保质保量完成工作任务。

(3) 专业分包合同中专业工程分包人需要按合同约定对分包工程进行设计、施工、竣工和保修、提供进度计划及相应进度统计报表、提交详细施工组织设计。

实战演练

[**经典例题·单选**] 根据《建设工程施工专业分包合同（示范文本）》（GF—2003—0213），承包人应在收到分包工程竣工结算报告及结算资料后(　　)天内结算工程价款。

A. 7　　　　　　　　　　　　　　B. 14

C. 28　　　　　　　　　　　　　　D. 42

[解析] 承包人应在收到分包工程竣工结算报告及结算资料后 28 天内支付工程竣工结算价款。

[答案] C

[**经典例题·多选**] 根据《建设工程施工专业分包合同（示范文本）》（GF—2003—0213），分包人的工作包括(　　)。

A. 按照分包合同的约定，对分包工程进行设计、施工、竣工和保修

B. 在合同约定的时间内，向承包人提供工程进度计划及相应进度统计报表

C. 在合同约定的时间内，向承包人提交详细施工组织设计

D. 已竣工工程未交付承包人之前，负责已完分包工程的成品保护工作

E. 按照合同约定的时间，完成规定的设计内容，并承担由此发生的费用

[解析] 选项 E 不符合题意，分包人按照合同约定的时间完成规定的设计内容，承包人承担相应的费用。

[答案] ABCD

知识点 10　劳务分包合同管理

一、工程承包人的主要义务

(1) 组建项目管理班子，对工程的工期和质量向发包人负责。

(2) 完成劳务分包人施工前期的工作，其主要内容包括：①向劳务分包人交付施工场地；②满足劳务作业所需的能源供应、通信及施工道路畅通；③向劳务分包人提供相应的工程资料；④向劳务分包人提供生产、生活临时设施。

(3) 负责编制施工组织设计，统一制定各项管理目标，组织编制年、季、月施工计划和物资需用量计划表，实施对工程质量、工期、安全生产、文明施工、计量检测、实验化验的控制、监督、检查和验收。

(4) 负责工程技术交底，组织图纸会审，统一安排技术档案资料的收集整理及交工

验收。

(5) 按时提供图纸，及时交付材料、设备。

(6) 向劳务分包人支付劳动报酬。

(7) 负责与发包人、监理、设计及有关部门协调。

二、劳务分包人的主要义务

(1) 对工程质量向工程承包人负责，不得擅自与发包人联系。

(2) 严格按照图纸施工，安排作业计划。

(3) 自觉接受有关部门的管理、监督和检查。

(4) 劳务分包人须服从工程承包人转发的发包人及工程师（监理人）的指令。

(5) 劳务分包人应对其作业内容的实施、完工负责。

三、保险的相关规定

(1) 劳务分包人施工开始前，工程承包人应获得发包人为自有人员及第三方人员生命财产办理的保险，且不需要劳务分包人支付保险费用。

(2) 运至施工场地用于劳务施工的材料和待安装设备等，由工程承包人办理或获得保险。

(3) 承包人必须为租赁或提供给劳务分包人使用的施工机械设备办理保险。

(4) 劳务分包人必须为从事危险作业的职工办理意外伤害保险，支付保险费用。

(5) 保险事故发生时，劳务分包人和工程承包人有责任采取必要的措施，防止或减少损失。

四、劳务报酬的最终支付

(1) 完工 14 天后，劳务分包人提交结算资料，工程承包人最终支付其劳务报酬。

(2) 工程承包人收到资料后 14 天内进行核实，确认结算资料后 14 天内结款。

(3) 劳务报酬结算价款发生争议时，按合同约定处理。

➤ **重点提示**：(1) 劳务分包合同中劳务分包人的义务——按照合同约定保质保量完成劳务工作任务。

(2) 劳务分包合同中承包人编制进度计划及相应进度统计报表、编制详细施工组织设计。

(3) 保险：谁的东西谁办理保险。

(4) 劳务报酬最终支付：涉及的时间均为 14 天。

实战演练

[2017 真题·单选] 根据《建设工程施工劳务分包合同（示范文本）》（GF—2003—0214），关于保险的说法，正确的是(   )。

A. 施工前，劳务分包人应为施工场地内的自有人员及第三方人员生命财产办理保险，并承担相关保险费用

B. 劳务分包人应为运至施工场地用于劳务施工的材料办理保险，并承担相关保险费用

C. 劳务分包人必须为从事危险作业的职工办理意外伤害险，并支付相关保险费用

D. 劳务分包人必须为租赁使用的施工机械设备办理保险，并支付相关保险费用

[解析] 选项A错误，劳务分包人施工开始前，工程承包人应获得发包人为施工场地内的自有人员及第三方人员生命财产办理的保险，且不需劳务分包人支付保险费用。选项B错误，运至施工场地用于劳务施工的材料和待安装设备等，由工程承包人办理或获得保险，且不需劳务分包人支付保险费用。选项D错误，工程承包人必须为租赁或提供给劳务分包人使用的施工机械设备办理保险，并支付保险费用。

[答案] C

[经典例题·单选] 根据《建设工程施工劳务分包合同（示范文本）》（GF—2003—0214），劳务分包项目的施工组织设计应由( )负责编制。

A. 分包人　　　　　　　　　　B. 监理人
C. 劳务分包人　　　　　　　　D. 工程承包人

[解析] 根据《建设工程施工劳务分包合同（示范文本）》（GF—2003—0214），工程承包人的义务之一是负责编制施工组织设计，统一制定各项管理目标，组织编制年、季、月施工计划和物资需用量计划表，实施对工程质量、工期、安全生产、文明施工、计量检测、实验化验的控制、监督、检查和验收。

[答案] D

[经典例题·多选] 根据《建设工程施工劳务分包合同（示范文本）》（GF—2003—0214），承包人的义务有( )。

A. 为劳务分包人提供生产生活临时设施
B. 为劳务分包人从事危险作业的职工办理意外伤害保险
C. 提供工程资料
D. 负责编制施工组织设计
E. 负责工程测量定位、技术交底，组织图纸会审

[解析] 选项B不符合题意，劳务分包人必须为从事危险作业的职工办理意外伤害保险。

[名师点拨] 做题时须看清题干，了解该题是劳务分包合同的内容还是专业分包合同的内容。选项D，在劳务分包合同中属于承包方的责任，但在专业分包合同中属于专业分包人的责任。此外，"编制进度计划及相应进度统计报表"在劳务分包合同中属于承包方的责任，但在专业分包合同中属于专业分包人的责任。

[答案] ACDE

知识点 11 材料设备采购合同管理

一、材料采购合同

（一）材料采购合同的概念

材料采购合同是指平等主体的自然人、法人、其他组织之间，以工程项目所需材料为标的、以材料买卖为目的，出卖人（简称卖方）转移材料的所有权于买受人（简称买方），买受人支付材料价款的合同。

（二）材料包装的相关规定

材料的包装是为了保护材料在储运过程中免受损坏。包装质量可按照国家和有关部门规定的标准执行，当事人有特殊要求的，可由双方商定标准，但应保证材料包装适合材料的运输方式，并根据材料特点采取防潮、防雨、防锈、防震、防腐蚀的保护措施和提供包装物及包装物回收等。

（三）材料的交付方式

材料交付可采取送货、自提和代运三种不同方式。由于工程用料数量大、体积大、用品繁杂、时间性强，当事人应采取合理的交付方式，明确交货地点，以便及时、准确、安全、经济地履行合同。

（四）工程材料采购合同的主要内容

工程材料采购合同的主要内容见表2-2-2。

表2-2-2　工程材料采购合同的主要内容

项目	主要内容
质量标准	（1）按照颁布的国家标准执行； （2）没有国家标准而有行业标准时，则按照行业标准执行； （3）没有国家标准和行业标准时，可按照企业标准执行； （4）上述标准都没有时，按照双方在合同中约定的技术条件、样品或补充的技术要求执行
材料价格标准	（1）有国家定价的，应按国家定价执行； （2）尚无国家定价的材料，其价格应报请物价主管部门批准； （3）不属于国家定价的产品，可由供需双方协商确定价格
包装物的回收办法	（1）押金回收； （2）折价回收 （包装物一般由供货方负责，一般不另收包装费）
货物验收方式	（1）驻厂验收； （2）提运验收； （3）接运验收； （4）入库验收
交货期限	（1）送货：以采购方收货戳记的日期为准； （2）提货：以供货方按合同规定通知的提货日期为准； （3）物流（委托代运）：以供货方发运产品时承运单位签发的日期为准
违约情况	（1）供货方违约：不能按期供货、不能供货、供应的货物有质量缺陷或数量不足等； （2）采购方违约：不按合同要求接收货物、逾期付款或拒绝付款等

二、设备采购合同

（一）设备采购合同的概念

设备采购合同是指平等主体的自然人、法人、其他组织之间，以工程项目所需设备为标的、以设备买卖为目的，出卖人（简称卖方）转移设备的所有权于买受人（简称买方），买受人支付设备价款的协议。

(二) 设备采购合同条款的主要内容

(1) 技术规范。提供和交付的货物和技术规范应与合同文件的规定一致。

(2) 专利权。卖方应保证买方在使用该货物或其他任何一部分时不受第三方提出侵犯其专利权、商标权和工程设计权的起诉。

(3) 包装要求。卖方提供货物的包装应适应于运输、装卸、仓储的要求,确保货物安全无损运抵现场,并在每份包装箱内附一份详细的装箱单和质量合格证,在包装箱表面做醒目的标记。

(4) 装运条件及装运通知。卖方应在合同规定的交货期间以电报或电传形式将合同号、货物的名称、数量、包装箱号、总毛重、总体积和备妥交货日期通知买方,同时应用挂号信将详细的交货清单以及对货物运输和仓储的特殊要求和注意事项通知买方。如果卖方交货超过合同的数量或重量,产生的一切法律后果由卖方负责。

(5) 保险。对出厂价合同,货物装运后由买方办理保险。对目的地交货价合同,由卖方办理保险。

(6) 交付。卖方按合同规定履行义务,买方可按卖方提供的单据和交付资料交付款项,并在发货时另行随货发运一套。

(7) 质量保证。卖方须保证货物是全新的、未使用过的,并完全符合合同规定的质量、规格和性能的要求,在货物最终验收后的质量保证期内,卖方应对由于设计、工艺或材料的缺陷而发生的任何不足或故障负责,费用由卖方负责。

(8) 检验。在发货前,卖方应对货物的质量、规格、性能、数量和重量等进行准确而全面的检验,并出具证书,但该检验结果不能视为最终检验结果。

(9) 违约罚款。在履行合同过程中,如果卖方遇到不能按时交货或提供服务的情况应及时以书面形式通知买方,并说明不能交货的理由及延误时间。买方在收到通知后,经分析,可通过修改合同酌情延长交货时间。如果卖方毫无理由地拖延交货,买方可没收履约保证金,加收罚款或终止合同。

(10) 不可抗力。发生不可抗力事件后,受事故影响的一方应及时书面通知另一方,双方协调延长合同履行期限或解除合同。

(11) 履约保证金。卖方在收到中标通知书 30 天内,通知银行向买方提供相当于合同总价 10% 的履约保证金,其有效期到货物保证期满为止。

(12) 争议的解决。执行合同中所发生的争议,双方应通过友好的协商解决。如协商不能解决时,当事人应选择仲裁解决或诉讼解决,具体解决方式应在合同中明确规定。

(13) 破产终止合同。卖方破产或无清偿能力时,买方可以书面形式通知卖方终止合同,并有权请求卖方赔偿有关损失。

(14) 其他。合同生效时间,合同正本份数,修改或补充合同的程序等。

(三) 合同价款支付方式

设备采购合同通常采用固定总价合同的方式,一共需要支付 4 次。

(1) 预付款,支付 10% 合同价款。

(2) 交货,支付 60% 合同价款。

(3) 买方收到设备验收证书，支付 25% 合同价款。

(4) 剩余的 5% 合同价款作为设备保证金。

➤ **重点提示**：(1) 区分建筑材料采购合同中 4 种货物验收方式、3 种交货期限。

(2) 设备采购合同价款支付方式：10%＋60%＋25%＋5%。

(3) 设备采购合同一般采用固定总价合同。

实战演练

[2022 真题·单选] 建设工程设备采购合同通常采用的计价方式是（　　）。

A. 固定总价合同

B. 可调总价合同

C. 固定单价合同

D. 成本加酬金合同

[解析] 建设工程设备采购合同通常采用固定总价合同，在合同交货期内价格不进行调整。

[答案] A

[经典例题·单选] 下列关于建筑材料采购合同条款的说法，正确的是（　　）。

A. 不属于国家定价的材料（产品），由供方确定价格

B. 采购方提货的，交货日期以采购方收货戳记的日期为准

C. 建筑材料的包装物由供方负责，并且一般不另向采购方收费

D. 建筑材料采购合同通常采用固定总价合同

[解析] 选项 A 错误，不属于国家定价的材料（产品），双方协商确定价格。选项 B 错误，采购方提货的，按照合同规定的通知提货的时间为交货期限。选项 C 正确，包装物一般应由建筑材料的供货方负责供应，并且一般不得另外向采购方收取包装费。选项 D 错误，建筑设备采购合同一般采用固定总价合同，而建筑材料采购合同没有特别的要求。

[答案] C

[经典例题·单选] 关于建筑材料采购合同交货日期的说法，错误的是（　　）。

A. 供货方负责送货的，以采购方收货戳记的日期为准

B. 采购方提货的，以供货方按合同规定通知的提货日期为准

C. 委托代运的产品，以供货方发运产品时承运单位签发的日期为准

D. 委托代运的产品，以供货方发运产品时承运单位提出申请的日期为准

[解析] 交货日期的确定可以按照下列方式：①供货方负责送货的，以采购方收货戳记的日期为准；②采购方提货的，以供货方按合同规定通知的提货日期为准；③凡委托运输部门或单位运输、送货或代运的产品，一般以供货方发运产品时承运单位签发的日期为准，不是以向承运单位提出申请的日期为准。

[答案] D

第三节 施工承包风险管理及担保保险

知识点 1 施工承包风险管理

施工承包风险的类型见表 2-3-1。

表 2-3-1 施工承包风险的类型

类型	举例
组织风险	承包商管理人员、一般技工、施工机械操作人员、安全管理人员等的知识、经验、能力
经济与管理风险	(1) 工程资金供应条件； (2) 合同风险； (3) 现场与公用防火设施的可用性及其数量； (4) 事故防范措施和计划； (5) 人身安全控制计划； (6) 信息安全控制计划等
工程环境风险	(1) 自然灾害； (2) 岩土地质条件和水文地质条件； (3) 气象条件； (4) 引起火灾和爆炸的因素等
技术风险	(1) 工程设计文件； (2) 工程施工方案； (3) 工程物资； (4) 工程机械等

> **重点提示**：(1) 重点掌握不同风险类型中标记的举例。
> (2) 组织风险可以总结为：人员的知识、经验和能力。

实战演练

[经典例题·单选] 某建设工程项目在基坑开挖阶段，遇到了不利的软弱土层，需要进行地基处理，使施工进度延迟、施工费用增加，该风险属于（ ）。

A. 组织风险

B. 技术风险

C. 工程环境风险

D. 经济与管理风险

[解析] 工程环境风险包括：①自然灾害；②岩土地质条件和水文地质条件；③气象条件；④引起火灾和爆炸的因素等。

[答案] C

[2023真题·多选] 下列工程项目施工风险中,属于组织风险的有( )。

A. 人身安全控制计划不周
B. 施工机械操作人员经验不足
C. 存在火灾事故隐患
D. 安全管理人员知识欠缺
E. 工程施工方案不当

[解析] 施工组织风险有：①承包商管理人员和一般技工的知识、经验和能力不足；②施工机械操作人员的知识、经验和能力不足；③损失控制和安全管理人员的知识、经验和能力不足等。

[答案] BD

知识点 2 风险和风险区域

一、风险的概念

风险是未来可能发生的危险或损失。影响风险大小的因素有两个，一个是发生的概率，另一个是损失量。

二、风险区域的划分

根据事件的发生概率和损失量，其风险区域划分如图 2-3-1 所示。

（1）损失量和概率均最大时为风险区 A。
（2）损失量最大、概率最小时为风险区 B。
（3）损失量最小、概率最大时为风险区 C。
（4）损失量和概率均最小时为风险区 D。

从风险区 A 转化到风险区 D 可以先降低概率到风险区 B，再降低损失量到风险区 D；或先降低损失量到风险区 C，再降低概率到风险区 D。

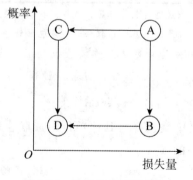

图 2-3-1 事件风险区域划分

▶ **重点提示**：(1) 风险的大小取决于两个因素：损失量和发生的概率。
(2) 掌握如何从风险区 A 转移到风险区 D。

> **实战演练**

[经典例题·单选] 在事件风险量的区域图中,若某事件经过风险评估,处于风险区A,则应采取措施降低其概率,可使它移位至( )。

A. 风险区B B. 风险区C
C. 风险区D D. 风险区E

[解析] 若某事件经过风险评估,处于风险区A,则应采取措施降低其概率,使它移位至风险区B,或采取措施降低其损失量,使它移位至风险区C。风险区B和C的事件则应采取措施,使其移位至风险区D。

[答案] A

知识点 3 施工风险管理的流程及方法

根据《建设工程项目管理规范》(GB/T 50326—2017),施工风险管理的流程及方法见表2-3-2。

表2-3-2 施工风险管理的流程及方法

工作流程	方法
项目风险识别	(1) 收集与施工风险有关的信息; (2) 确定风险因素; (3) 编制施工风险识别报告
项目风险评估	(1) 分析各种风险因素发生的概率; (2) 分析各种风险的损失量; (3) 确定各种风险的风险量和风险等级
项目风险应对	规避、减轻、自留、转移及其组合等策略(如向保险公司投保是风险转移的一种措施)
项目风险监控	预测可能发生的风险,对其进行监控并提出预警

注:规避——避开不良地基、依法进行招投标等;减轻——制定应急预案、联合体各方共担风险;自留——预留不可预见费、设立风险基金;转移——分包转移、担保转移、保险转移。

▶ **重点提示**:(1) 掌握风险管理四大工作流程及相应的方法。

(2) 区分风险应对的措施:规避、减轻、自留、转移。

> **实战演练**

[2024真题·单选] 施工单位选择与其他单位组成联合体承包工程,共同承担风险。这种做法属于风险应对策略中的( )。

A. 风险减轻 B. 风险规避
C. 风险转移 D. 风险自留

[解析] 典型的施工承包风险减轻策略是以联合体形式承包工程,联合体各方共担风险。

[答案] A

[经典例题·单选]下列施工风险管理工作中,属于风险应对的是( )。

A. 收集与项目风险有关的信息

B. 监控可能发生的风险并提出预警

C. 确定各种风险的风险量和风险等级

D. 向保险公司投保难以控制的风险

[解析]选项A属于风险识别;选项B属于风险监控;选项C属于风险评估。

[答案]D

[经典例题·单选]下列工程施工风险管理工作中,属于风险评估的是( )。

A. 确定风险因素　　　　　　　　B. 编制项目风险识别报告

C. 确定各种风险的风险量和风险等级　　D. 对风险进行监控

[解析]选项A、B属于项目风险识别;选项D属于项目风险监控。

[答案]C

[经典例题·单选]施工风险管理过程包括:①风险应对;②风险评估;③风险识别;④风险监控。其正确的管理流程是( )。

A. ③→②→④→①　　　　　　　B. ③→②→①→④

C. ②→③→④→①　　　　　　　D. ①→③→②→④

[解析]施工风险管理过程包括施工全过程的风险识别、风险评估、风险应对和风险监控。

[答案]B

[经典例题·多选]下列工程施工风险管理工作中,属于风险识别工作的有( )。

A. 分析各种风险的损失量　　　　B. 分析各种风险因素发生的概率

C. 确定风险因素　　　　　　　　D. 对风险进行监控

E. 收集与项目风险有关的信息

[解析]风险管理过程包括施工全过程的风险识别、风险评估、风险应对和风险监控。其中,风险识别应遵循下列程序:①收集与施工风险有关的信息;②确定风险因素;③编制施工风险识别报告。

[答案]CE

知识点 4　施工合同风险的分类

一、工程合同风险的分类

工程合同风险有多种分类方法,按合同风险产生的原因可以分为合同工程风险和合同信用风险。

(1) 合同工程风险是由客观原因和非主观故意导致的,如不利的地质条件变化、工程变更、物价上涨、不可抗力等。

(2) 合同信用风险是由主观原因导致的,如业主拖欠工程款、承包商层层转包、非法分包、偷工减料、以次充好、知假买假等。

二、施工合同风险的类型

(一) 项目外界环境风险
(1) 政治环境变化：战争、社会动乱等。
(2) 经济环境变化：通货膨胀、汇率调整等。
(3) 合同所依据的法律环境变化。
(4) 自然环境变化：洪水、地震、台风等。

(二) 项目组织成员资信和能力风险
(1) 业主资信和能力风险。
(2) 承包商（分包商、供货商）资信和能力风险。
(3) 其他：政府机关和周边居民等的干预、苛求等。

(三) 管理风险
(1) 对环境调查和预测的风险。
(2) 合同条款不严密、错误、二义性，工程范围和标准存在不确定性。
(3) 承包商投标策略错误，错误地理解业主意图和招标文件，导致实施方案错误、报价失误等。
(4) 承包商的技术设计、施工方案、施工计划和组织措施存在缺陷和漏洞，计划不周。
(5) 实施控制过程中的风险，如合作伙伴的争执、责任不明等。

➤ **注意**：管理风险可以理解为"由于相关工作人员工作态度不端正造成的风险"。
➤ **重点提示**：区分施工合同风险的三种类型。

--- 实战演练 ---

[经典例题·单选] 下列施工合同风险中，属于管理风险的是（　　）。
A. 业主改变设计方案　　　　　　　　B. 对环境调查和预测的风险
C. 自然环境的变化　　　　　　　　　D. 合同所依据环境的变化

[解析] 施工合同的管理风险包括：①对环境调查和预测的风险；②合同条款不严密、错误、二义性，工程范围和标准存在不确定性；③承包商投标策略错误，错误地理解业主意图和招标文件，导致实施方案错误、报价失误等；④承包商的技术设计、施工方案、施工计划和组织措施存在缺陷和漏洞，计划不周；⑤实施控制过程中的风险。选项 A 属于项目组织成员资信和能力风险；选项 C、D 属于项目外界环境风险。

[答案] B

知识点 5　工程合同风险分配

一、工程合同风险分配的重要性

业主确定合同类型，对风险的分配起主导作用。业主不能把风险全部推给对方，一定要理性分配风险。合理地分配风险的好处有以下几方面：
(1) 业主可以获得一个合理的报价，承包商报价中的不可预见风险费较少。
(2) 减少合同的不确定性，承包商可以准确地计划和安排工程施工。

(3) 可以最大限度发挥合同双方风险控制和履约的积极性。
(4) 整个工程的产出效益可能会更好。

二、工程合同风险分配的原则

工程合同风险分配的原则是从工程整体效益出发，最大限度发挥双方的积极性，尽可能做到以下几方面：

(1) 谁能最有效地预测、防止和控制风险，或能有效地降低风险损失，或能将风险转移给其他方面，则应由该人承担相应的风险责任。
(2) 承担者控制相关风险是经济的。
(3) 通过风险分配加强责任，发挥双方管理和技术革新的积极性等。

➢ **重点提示**：风险分配的原则是谁有能力谁承担相应的风险，谁承担该风险花费少谁承担此风险。

实战演练

[经典例题·单选] 关于工程合同风险分配的说法，正确的是（　　）。
A. 业主、承包商谁能更有效地降低风险、损失，则应由谁承担相应的风险责任
B. 承包商在工程合同风险分配中起主导作用
C. 业主、承包商谁承担管理风险的成本最高则应由谁来承担相应的风险责任
D. 合同定义的风险没有发生，业主不用支付承包商投标中的不可预见风险费

[解析] 谁能最有效地预测、防止和控制风险，或能有效地降低风险损失，或能将风险转移给其他方面，则应由该人承担相应的风险责任。

[答案] A

[经典例题·多选] 有关工程合同风险分配，合理地分配风险的好处有（　　）。
A. 业主可以获得一个合理的报价，承包商报价中的不可预见风险费较少
B. 减少合同的不确定性，承包商可以准确地计划和安排工程施工
C. 可以最大限度发挥合同双方风险控制和履约的积极性
D. 整个工程的产出效益可能会更好
E. 承包商对风险的分配起主导作用

[解析] 合理地分配风险的好处：①业主可以获得一个合理的报价，承包商报价中的不可预见风险费较少；②减少合同的不确定性，承包商可以准确地计划和安排工程施工；③可以最大限度发挥合同双方风险控制和履约的积极性；④整个工程的产出效益可能会更好。

[答案] ABCD

知识点 6　工程担保

一、投标担保

（一）投标担保的形式

投标担保可以采用银行保函、担保公司担保书、同业担保书和投标保证金担保的形式。

（二）担保额度和有效期

（1）根据《工程建设项目施工招标投标办法》（七部委30号令），施工投标保证金不得超过项目估算价的2%，最高不得超过80万元人民币。投标保证金有效期应当与投标有效期一致。

（2）根据《中华人民共和国招标投标法实施条例》（国务院令第613号），投标保证金不得超过招标项目估算价的2%。投标保证金有效期应当与投标有效期一致。

二、履约担保

履约担保的担保金额最大。

（一）履约担保的形式

履约担保可以采用银行保函（商业银行开具，担保额度约为合同金额的10%）、履约担保书和履约保证金的形式，也可以采用同业担保的形式。

（二）履约担保有效期

履约担保有效期始于工程开工之日，终止日期则可以约定为工程竣工交付之日或者保修期期满之日。

三、预付款担保

预付款担保额度约为合同金额的10%。预付款担保的形式：银行保函（递减）、担保公司提供保证担保、抵押等。

四、支付担保

支付担保的形式：银行保函、履约保证金、担保公司担保等。发包人的支付担保实行分段滚动担保。支付担保的额度为工程合同总额的20%~25%。本段清算后进入下段。

➢ **重点提示**：重点区分四种工程担保的形式。

实战演练

[2023真题·单选]某公共设施项目依法通过公开招标方式选择施工承包单位，中标合同价为800万元。根据相关法规，发包人要求中标人提交的履约保证金不应超过（ ）万元。

A. 80 B. 40
C. 24 D. 16

[解析]履约保证金不得超过中标合同金额的10%。

[答案] A

[经典例题·单选]我国建设工程常用的担保方式中，担保金额最大的是（ ）。

A. 投标担保 B. 保修担保
C. 履约担保 D. 预付款担保

[解析]履约担保是指招标人在招标文件中规定的要求中标的投标人提交的保证履行合同义务和责任的担保。这是工程担保中最重要也是担保金额最大的工程担保。

[答案] C

[经典例题·单选] 预付款担保的主要作用是（　　）。

A. 保证承包人能够按合同规定进行施工，偿还发包人已支付的全部预付金额

B. 促使承包商履行合同约定，保护业主的合法权益

C. 保护招标人不因中标人不签约而蒙受经济损失

D. 确保工程费用及时支付到位

[解析] 预付款担保的主要作用在于保证承包人能够按合同规定进行施工，偿还发包人已支付的全部预付金额。

[答案] A

[经典例题·单选] 下列工程担保中，以保护承包人合法权益为目的的是（　　）。

A. 投标担保　　　　　　　　B. 支付担保

C. 履约担保　　　　　　　　D. 预付款担保

[解析] 支付担保是中标人要求招标人提供的保证履行合同中约定的工程款支付义务的担保。作用在于，通过对业主资信状况进行严格审查并落实各项担保措施，确保工程费用及时支付到位；一旦业主违约，付款担保人将代为履约，因此保证了承包人的合法权益。

[答案] B

[经典例题·多选] 我国投标担保可以采用的担保形式有（　　）。

A. 银行保函　　　　　　　　B. 信用证

C. 担保公司担保书　　　　　D. 同业担保书

E. 投标保证金

[解析] 投标担保可以采用银行保函、担保公司担保书、同业担保书和投标保证金担保的形式。

[答案] ACDE

知识点 7　工程保险

建设工程保险包括以下几种。

（1）工程一切险：包括建筑工程一切险、安装工程一切险两类。在施工过程中如果发生保险责任事件使工程本体受到损害，已支付进度款部分的工程属于项目法人的财产，尚未获得支付但已完成部分的工程属于承包人的财产，因此要求投保人办理保险时应以双方名义共同投保。为了保证保险的有效性和连贯性，国内工程通常由项目法人办理保险，国际工程一般要求由承包人办理保险。

（2）第三责任险：被保险人是项目法人和承包人。

（3）人身意外伤害险。

（4）承包人设备险。

（5）执业责任险。

（6）CIP 保险（一揽子保险）：劳工赔偿、雇主责任险、一般责任险、建筑工程一切险、安装工程一切险。

➤ **重点提示**：重点掌握保险责任除外责任。

实战演练

[2024真题·单选] 下列安装工程损失费用中,属于安装工程一切险免责范围的是( )。

A. 因安装人员技术不精引起的事故损失
B. 因突降冰雹造成已安装设备损坏的损失
C. 因遭遇雷击造成电气设备损坏的损失
D. 因超负荷造成电器用具本身的损失

[解析] 建筑工程一切险保单中的除外责任通常包括:①设计错误引起的损失和费用;②自然磨损、内在或潜在缺陷、物质本身变化、自燃、自热、氧化、锈蚀、渗漏、鼠咬、虫蛀、大气(气候或气温)变化、正常水位变化或其他渐变原因造成的保险财产自身的损失和费用;③因原材料缺陷或工艺不善引起的保险财产本身的损失以及为置换、修理或矫正这些缺点错误所支付的费用;④非外力引起的机械或电气装置损坏,或施工用机具、设备、机械装置失灵造成的本身损失;⑤维修保养或正常检修的费用;⑥档案、文件、账簿、票据、现金、各种有价证券、图表资料及包装物料的损失;⑦货物盘点时发现的盘亏损失;⑧领有公共运输行驶执照的,或已由其他保险予以保障的车辆、船舶和飞机的损失;⑨在保险单保险期限终止前,被保险财产中已由工程所有人签发完工验收证书或验收合格或实际占有或使用或接收的部分。除建筑工程一切险中所提及事项外,安装工程一切险还会免赔因超负荷、超电压、碰线等电气原因所造成的电气设备或电气用具本身的损失。

[答案] D

[2023真题·单选] 根据标的不同,保险可分为不同类型。建筑工程一切险和安装工程一切险均属于( )保险。

A. 责任 B. 信用
C. 人身 D. 财产

[解析] 按照我国保险制度,工程一切险包括建筑工程一切险、安装工程一切险两类。在施工过程中如果发生保险责任事件使工程本体受到损害,已支付进度款部分的工程属于项目法人的财产,尚未获得支付但已完成部分的工程属于承包人的财产,因此要求投保人办理保险时应以双方名义共同投保。综上所述,建筑工程一切险和安装工程一切险均属于财产保险。

[答案] D

[经典例题·单选] 工地其他承包商在现场从事与工作有关的职工的伤亡属于( )。

A. 第三者责任险 B. 工程一切险和人身意外伤害险
C. 业主责任险 D. 承包商责任险

[解析] 公司和其他承包商在现场从事与工作有关的职工的伤亡不属于第三者责任险的赔偿范围,而属于工程一切险和人身意外伤害险的范围。

[答案] B

[经典例题·单选] 为了保证保险的有效性和连贯性，国内工程通常由项目法人办理保险，国际工程一般要求（　　）办理保险。

A. 项目经理　　　　　　　　　B. 发包人

C. 监理工程师　　　　　　　　D. 承包人

[解析] 为了保证保险的有效性和连贯性，国内工程通常由项目法人办理保险，国际工程一般要求由承包人办理保险。

[答案] D

[经典例题·单选] 按照我国保险制度，建筑工程一切险（　　）。

A. 由承包人担保

B. 包含执业责任险

C. 包含人身意外伤害险

D. 应由投保人以双方名义共同投保

[解析] 按照我国保险制度，工程一切险包括建筑工程一切险、安装工程一切险两类。在施工过程中如果发生保险责任事件使工程本体受到损害，已支付进度款部分的工程属于项目法人的财产，尚未获得支付但已完成部分的工程属于承包人的财产，因此要求投保人办理保险时应以双方名义共同投保。

[答案] D

[经典例题·单选] 根据我国保险制度，关于建设工程第三者责任险的说法，正确的是(　　)。

A. 被保险人是项目法人和承包人以外的第三人

B. 赔偿范围包括承包商在工地的财产损失

C. 被保险人是项目法人和承包人

D. 赔偿范围包括承包商在现场从事与工作有关的职工伤亡

[解析] 选项A错误，选项C正确，第三者责任险是指由于施工的原因导致项目法人和承包人以外的第三人受到财产损失或人身伤害的赔偿，第三者责任险的被保险人也应是项目法人和承包人。选项B、D错误，承包商或业主在工地的财产损失，或其公司和其他承包商在现场从事与工作有关的职工的伤亡不属于第三者责任险的赔偿范围，而属于工程一切险和人身意外伤害险的范围。

[答案] C

第三章
施工进度管理

本章导学

本章包括"施工进度影响因素与进度计划系统""流水施工进度计划""工程网络计划技术""施工进度控制"四节内容。其中,"流水施工进度计划""工程网络计划技术"是本章最核心的部分,不仅是管理中的重点,更是各大实务科目案例题中考查的重点,要求大家理解并熟练掌握每一个计算公式。本章难度大,对应内容的考试所占分值高,应作为学习的重点。

第一节 施工进度影响因素与进度计划系统

知识点 1 施工进度影响因素

工程的特点就在于工期长、工艺复杂、关联单位及人员多等，所以影响施工进度的因素主要有以下几点：

（1）相关单位的影响。由于关联单位较多，分包商、设计单位、物料供应商等都会对施工进度产生影响。

（2）资金的影响。足够的资金保障才能使工程顺利进行，一般资金的影响主要来源于业主，拖欠工程进度款会对施工进度产生影响。

（3）物料供应的影响。施工过程中所需的材料采购、机械购置与租赁等不能按时抵达现场或质量不符合标准等都会影响施工进度。

（4）施工条件的影响。施工过程中可能会受到气候、地质等因素的影响。

（5）设计变更的影响。图纸修改等变更会导致施工进度减慢。

（6）管理水平的影响。承包单位的管理水平有限，管理方案不当等都会影响施工进度。

（7）其他风险因素的影响。通货膨胀、自然灾害等各种无法预见的因素都会影响施工进度。

知识点 2 施工进度计划系统及表达形式

（一）施工进度计划系统

施工进度计划系统见表 3-1-1。

表 3-1-1 施工进度计划系统

按项目组成划分	施工总进度计划、单位工程施工进度计划、分部分项工程进度计划
按施工时间划分	年度施工计划、季度施工计划和月（旬）作业计划

二、施工进度计划表达形式

（一）横道图

1. 横道图的形式

横道图是一种最直观的工期计划方法。它在国外又被称为甘特（Gantt）图，在工程中广泛应用，并受到欢迎。横道图用横坐标表示时间，工程活动在图的左侧纵向排列，以活动所对应的横道位置表示活动的起始时间，横道的长短表示持续时间的长短。它实质上是图和表的结合形式，如图 3-1-1 所示。

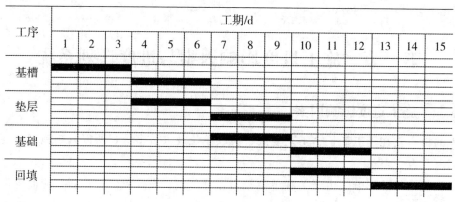

图 3-1-1 某工程施工横道图

2. 横道图的特点

(1) 优点：它能够清楚地表达活动的开始时间、结束时间和持续时间，一目了然；使用方便，简单易懂；不仅能够安排工期，而且可以与劳动力计划、材料计划、资金计划相结合。

(2) 缺点：工作之间的逻辑关系不易表达；横道图上所能表达的信息量较少，不能表示关键工作；不能用计算机处理，即对一个复杂的工程不能进行工期计算，更不能进行工期方案的优化。

3. 应用范围

横道图的优缺点决定了它既有广泛的应用范围和很强的生命力，同时又有局限性。

(1) 可直接应用于一些简单的小项目。

(2) 项目初期由于尚没有做详细的项目结构分解，工程活动之间复杂的逻辑关系尚未分析出来，一般人们都用横道图制订总体计划。

(3) 上层管理者一般仅需了解总体计划，故施工进度计划都用横道图表示。

(二) 网络图

1. 网络图的形式

网络图是以箭线和节点表示工作之间逻辑关系的图形，图 3-1-2 所示为双代号网络图。

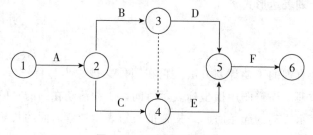

图 3-1-2 双代号网络图

2. 网络图的特点

(1) 优点：能够明确表达各项工作之间的逻辑关系；通过时间参数的计算，可以找出关键线路和关键工作；可以利用电子计算机进行计算和优化资源强度，调整工作进程，降低成本。

（2）缺点：进度状况不能一目了然；绘图的难度和修改的工作量都很大，对应用者要求较高，识图较困难。

> **实战演练**
>
> [2024真题·单选] 采用横道图编制施工进度计划的优点是（　　）。
> A. 可以明确表示各项工作之间的逻辑关系
> B. 可以直接判断各项工作的机动时间
> C. 可以直接显示整个计划的关键工作
> D. 可以直观表明各项工作的持续时间
> [解析] 施工进度计划采用横道图表示形式，可以直观地表明各项工作的开始时间、结束时间和持续时间，以及整个工程项目的总工期。
> [答案] D
>
> [经典例题·多选] 与横道图相比，工程网络图的优点有（　　）。
> A. 能够直观表示各项工作的进度安排
> B. 能够明确表达各项工作之间的先后顺序
> C. 可以利用电子计算机进行计算
> D. 可以找出关键线路和关键工作
> E. 可以形象表达各项工作之间的搭接关系
> [解析] 网络图的优点：能够明确表达各项工作之间的逻辑关系；通过时间参数的计算，可以找出关键线路和关键工作；可以利用电子计算机进行计算和优化资源强度，调整工作进程，降低成本。
> [答案] BCD

第二节　流水施工进度计划

知识点 1　流水施工特点及表达方式

流水施工的表达方式有网络图、横道图和垂直图三种。

一、流水施工的横道图表示法

横道图表示法（图3-2-1）的优点是：绘图简单，施工过程及其先后顺序表达清楚，时间和空间状况形象直观，使用方便，因而被广泛用来表达施工进度计划。

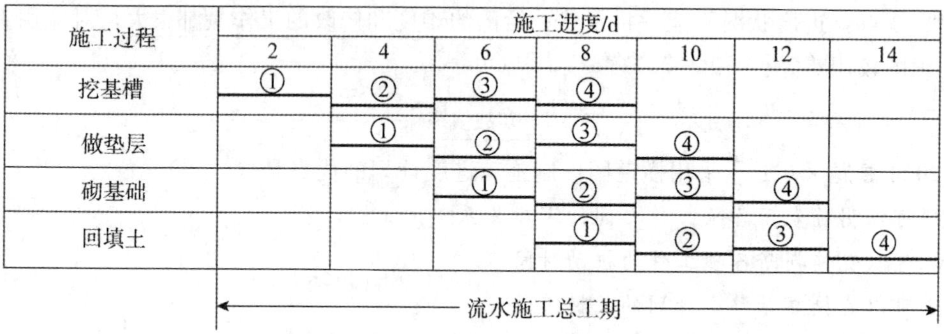

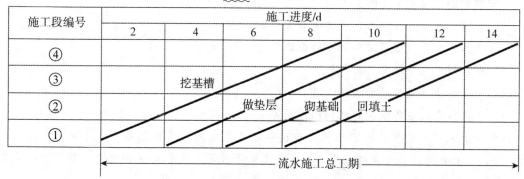

图 3-2-1 流水施工的横道图表示法

二、流水施工的垂直图表示法

流水施工的垂直图表示法（图 3-2-2）的优点是：施工过程及其先后顺序表达清楚，时间和空间状况形象直观，斜向进度线的斜率可以直观地表示出各施工过程的进展速度。

图 3-2-2 流水施工的垂直图表示法

> **重点提示**：该知识点为非重要内容，注意把握横道图和垂直图特点的区别。

实战演练

[经典例题·单选] 横道图的横轴和纵轴分别表示（ ）。

A．施工进度，施工过程

B．施工进度，施工段

C．施工过程，施工段

D．工作面，施工段

[解析] 横道图的横坐标表示流水施工的持续时间，即施工进度，纵坐标表示施工过程的名称或编号。n 条带有编号的水平线段表示 n 个施工过程或专业工作队的施工进度安排，其编号①②……表示不同的施工段。

[答案] A

知识点 2 流水施工参数

流水施工参数的具体内容如图 3-2-3 所示。

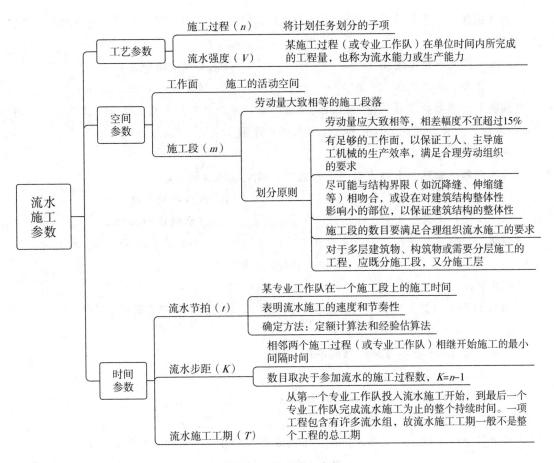

图 3-2-3 流水施工参数

> **实战演练**

[2024真题·单选] 下列流水施工参数中,用以表达流水施工在空间布置上开展状态的参数(空间参数)是( )。

A. 施工段　　　　　　　　　　B. 流水强度
C. 施工过程　　　　　　　　　D. 流水节拍

[解析] 空间参数是指在组织流水施工时,用以表达流水施工在空间布置上开展状态的参数,通常包括工作面和施工段。

[答案] A

[经典例题·单选] 专业工作队在各个施工段上的劳动量要大致相等,其相差幅度不宜超过( )。

A. 10%　　　　　　　　　　　B. 15%
C. 20%　　　　　　　　　　　D. 25%

[解析] 同一专业工作队在各个施工段上的劳动量应大致相等,相差幅度不宜超过15%。

[答案] B

[经典例题·单选] 建设工程组织流水施工时，用来表达流水施工在施工工艺方面进展状态的参数是（　　）。

A. 流水强度和施工过程　　　　　　B. 流水节拍和施工段

C. 工作面和施工过程　　　　　　　D. 流水步距和施工段

[解析] 工艺参数主要是指在组织流水施工时，用以表达流水施工在施工工艺方面进展状态的参数，通常包括施工过程和流水强度两个参数。

[答案] A

[经典例题·单选] 下列流水施工参数中，属于时间参数的是（　　）。

A. 施工过程和流水步距　　　　　　B. 流水步距和流水节拍

C. 施工段和流水强度　　　　　　　D. 流水强度和工作面

[解析] 时间参数是指在组织流水施工时，用以表达流水施工在时间安排上所处状态的参数，主要包括流水节拍、流水步距和流水施工工期等。

[答案] B

[2024真题·多选] 在编制流水施工进度计划时，划分施工段应遵循的原则有（　　）。

A. 各施工段的劳动量应大致相等

B. 施工段的界限应尽可能与结构界限相吻合

C. 各施工段要有足够的工作面

D. 多层建筑物应既分施工段，又分施工层

E. 施工段数目要少于施工过程数

[解析] 为合理划分施工段，应遵循下列原则：①各施工段的劳动量应大致相等，相差幅度不宜超过15%，以保证施工在连续、均衡的条件下进行。②每个施工段要有足够的工作面，以保证相应数量的工人、主导施工机械的生产效率。③施工段的界限应尽可能与结构界限（如沉降缝、伸缩缝等）相吻合，或设在对建筑结构整体性影响小的部位，以保证建筑结构的整体性。④施工段数目要满足合理组织流水施工的要求。施工段数目过多，会降低施工速度，延长工期；施工段过少，不利于充分利用工作面，可能造成窝工。⑤对于多层建筑物、构筑物或需要分层施工的工程，应既分施工段，又分施工层，各专业工作队依次完成第一施工层中各施工段任务后，再转入第二施工层的施工段上作业，依此类推，以确保相应专业队在施工段与施工层之间，组织连续、均衡、有节奏的流水施工。

[答案] ABCD

[经典例题·多选] 组织流水施工时，表达流水施工所处状态时间安排的参数有（　　）。

A. 流水强度　　　　　　　　　　　B. 流水节拍

C. 流水步距　　　　　　　　　　　D. 流水施工工期

E. 自由时差

[解析] 时间参数是指在组织流水施工时，用以表达流水施工在时间安排上所处状态的参数，主要包括流水节拍、流水步距和流水施工工期等。

[答案] BCD

[经典例题·多选] 下列流水施工参数中,属于空间参数的有（　　）。
A. 流水步距　　　　　　　　　B. 工作面
C. 流水强度　　　　　　　　　D. 施工过程
E. 施工段

[解析] 空间参数是指在组织流水施工时,用以表达流水施工在空间布置上开展状态的参数,通常包括工作面和施工段。

[答案] BE

[经典例题·多选] 建设工程组织流水施工时,确定流水节拍的方法有（　　）。
A. 定额计算法　　　　　　　　B. 经验估算法
C. 价值工程法　　　　　　　　D. ABC 分析法
E. 风险概率法

[解析] 流水节拍可分别按下列方法确定：①定额计算法；②经验估算法。

[答案] AB

[经典例题·多选] 组织建设工程流水施工时,划分施工段的原则有（　　）。
A. 同一专业工作队在各个施工段上的劳动量应大致相等
B. 施工段的数量应尽可能多
C. 每个施工段内要有足够的工作面
D. 施工段的界限应尽可能与结构界限相吻合
E. 多层建筑物应既分施工段又分施工层

[解析] 为使施工段划分得合理,一般应遵循下列原则：①同一专业工作队在各个施工段上的劳动量应大致相等,相差幅度不宜超过15%。②每个施工段内要有足够的工作面,以保证相应数量的工人、主导施工机械的生产效率,满足合理劳动组织的要求。③施工段的界限应尽可能与结构界限（如沉降缝、伸缩缝等）相吻合,或设在对建筑结构整体性影响小的部位,以保证建筑结构的整体性。④施工段的数目要满足合理组织流水施工的要求。施工段数目过多,会降低施工速度,延长工期；施工段过少,不利于充分利用工作面,可能造成窝工。⑤对于多层建筑物、构筑物或需要分层施工的工程,应既分施工段,又分施工层,各专业工作队依次完成第一施工层中各施工段任务后,再转入第二施工层的施工段上作业,依此类推,以确保相应专业队在施工段与施工层之间组织连续、均衡、有节奏的流水施工。

[答案] ACDE

知识点 3 流水施工基本方式

流水施工的基本方式见表 3-2-1。

表 3-2-1 流水施工的基本方式

组织方式		流水节拍		相邻施工过程之间流水步距	施工过程数和专业队数	各施工段间空闲时间	工期计算
		各施工段上	不同施工过程之间				
有节奏流水施工	等节奏（固定、全等）	相等	相等	相等	相等	无空闲时间	$T=(m+n-1)K+\sum Z-\sum C$
	异节奏流水施工	异步距异节奏	相等	不尽相等	不尽相等	相等	可能有空闲时间	—
		等步距异节奏（成倍）	相等	不等，但成倍数关系	相等且等于流水节拍最大公约数	专业工作队数大于施工过程数	无空闲时间	$T=(m+N-1)K+\sum Z-\sum C$
非节奏流水施工（最常见）			不全相等	不尽相等	相等	施工段上：连续作业；施工段间：可能有空闲	$T=\sum K+\sum t_n+\sum Z-\sum C$ 大差法求流水步距：累加数列，错位相减，取大差

注：表中，T——流水施工工期；m——施工段数；n——施工过程数；K——流水步距；$\sum Z$——技术间歇时间之和；$\sum C$——提前插入时间之和；N——参加流水作业的专业工作队数；$\sum K$——各施工过程（或专业工作队）之间流水步距之和；$\sum t_n$——最后一个施工过程（或专业工作队）在各施工段上的流水节拍之和。

实战演练

[2024真题·单选]关于非节奏流水施工的说法，正确的是（　　）。

A. 专业工作队数和施工过程数不相等

B. 专业工作队连续作业，施工段之间没有空闲时间

C. 相邻施工过程的流水步距完全相同

D. 相同施工过程的流水节拍可能不同

[解析] 非节奏流水施工具有以下特点：①各施工过程在各施工段上的流水节拍不全相等；②相邻施工过程的流水步距不尽相等；③专业工作队数等于施工过程数；④各专业工作队能够在施工段上连续作业，但有的施工段之间可能有空闲时间。

[答案] D

[2024真题·单选]某工程有3个施工过程，组织全等节拍流水施工，流水节拍均为2周，如果要求流水施工工期是12周，则应划分的施工段个数是（　　）段。

A. 4　　　　　　B. 3　　　　　　C. 5　　　　　　D. 6

[解析] 全等节拍流水施工工期的计算公式为：$T=(m+n-1)K$，将题目已知数据代入公式，得出：$12=(m+3-1)\times 2$，所以$m=4$。

[答案] A

[**2024真题·单选**] 某工程有 3 个施工过程，分 3 个施工段分别组织流水施工，流水施工参数见表 3-2-2。该工程流水工期是（　　）天。

表 3-2-2　流水施工参数

施工过程	施工段		
	Ⅰ	Ⅱ	Ⅲ
A	4	4	4
B	1	1	1
C	2	2	2

A. 17　　　　　　　　　　　　　B. 7
C. 11　　　　　　　　　　　　　D. 21

[解析] 第一步：计算流水步距，$K_{A,B}=\max(4,7,10,-3)=10$，$K_{B,C}=\max(1,0,-1,-6)=1$；第二步：计算流水工期，T＝流水步距之和＋最后一个专业工作队（施工过程）在各施工段上持续时间之和＋间歇时间－搭接时间＝(10＋1)＋(2＋2＋2)＋0－0＝17（天）。

[答案] A

[**经典例题·单选**] 某固定节拍流水施工，施工过程数目 $n=3$、施工段数目 $m=4$、流水步距 $K=2$，施工过程①和施工过程②之间组织间歇 1 天，该流水施工总工期为（　　）天。

A. 10　　　　　B. 11　　　　　C. 12　　　　　D. 13

[解析] 固定节拍流水施工工期 $T=(m+n-1)K+\sum Z-\sum C=(4+3-1)\times 2+1-0=13$（天）。

[答案] D

[**经典例题·单选**] 某分部工程流水施工计划如图 3-2-4 所示，该流水施工的组织形式是（　　）。

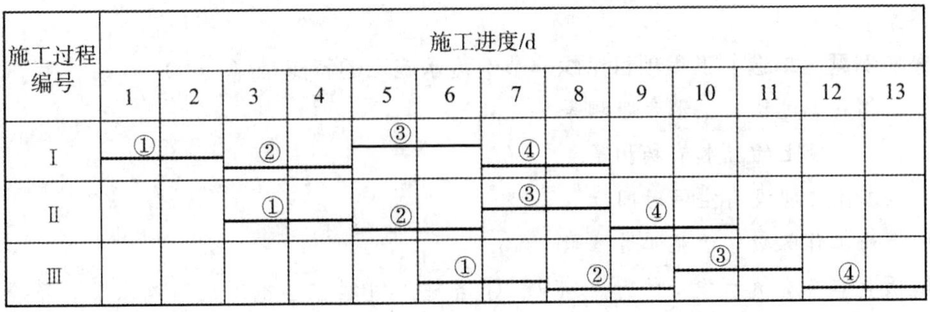

施工过程编号	施工进度/d												
	1	2	3	4	5	6	7	8	9	10	11	12	13
Ⅰ	①		②		③		④						
Ⅱ				①		②		③		④			
Ⅲ						①		②			③		④

图 3-2-4　某分部工程流水施工计划

A. 异步距异节奏流水施工
B. 等步距异节奏流水施工
C. 有提前插入时间的固定节拍流水施工
D. 有间歇时间的固定节拍流水施工

[解析] 由图可以看出，各个施工过程的流水节拍都是2d，流水步距等于流水节拍。施工过程Ⅲ和Ⅱ之间有间歇1d的时间。因此为有间歇的固定节拍流水施工。

[答案] D

[经典例题·单选] 某工程有3个施工过程，分为3个施工段组织流水施工。3个施工过程的流水节拍依次为3、3、4天，5、2、1天和4、1、5天，则流水施工工期为（　　）天。

A. 6　　　　　　　　B. 17　　　　　　　　C. 18　　　　　　　　D. 19

[解析]（1）求各施工过程流水节拍的累加数列：

施工过程Ⅰ：3，6，10

施工过程Ⅱ：5，7，8

施工过程Ⅲ：4，5，10

（2）错位相减求得差数列：

Ⅰ与Ⅱ：3，6，10
　　　－）　　5，7，8
　　　　　3，1，3，－8

Ⅱ与Ⅲ：5，7，8
　　　－）　　4，5，10
　　　　　5，3，3，－10

（3）在差数列中取最大值求得流水步距：

施工过程Ⅰ与Ⅱ之间的流水步距：$K_{1,2}=3$（天）。

施工过程Ⅱ与Ⅲ之间的流水步距：$K_{2,3}=5$（天）。

流水施工工期可按公式计算：

$$T=\sum K+\sum t_n+\sum Z-\sum C=3+5+10=18（天）。$$

[答案] C

[经典例题·单选] 工程项目组织非节奏流水施工的特点是（　　）。

A. 相邻施工过程的流水步距相等

B. 各施工段上的流水节拍相等

C. 施工段之间没有空闲时间

D. 专业工作队数等于施工过程数

[解析] 非节奏流水施工的特点包括：①各施工过程在各施工段的流水节拍不全相等；②相邻施工过程的流水步距不尽相等；③专业工作队数等于施工过程数；④各专业工作队能够在施工段上连续作业，但有的施工段之间可能有空闲时间。

[答案] D

[经典例题·单选]某工程划分为3个施工过程、4个施工段组织固定节拍流水施工，流水步距为5天，累计间歇时间为2天，累计提前插入时间为3天，该工程流水施工工期为（　　）天。

A. 29　　　　　B. 30　　　　　C. 34　　　　　D. 35

[解析]等节奏流水施工工期的计算公式为：$T=(m+n-1)K+\sum Z-\sum C$，将题目已知数据代入公式，得出：$T=(4+3-1)\times5+2-3=29$（天）。

[答案] A

[2024真题·多选]建设工程组织固定节拍流水施工的特点有（　　）。

A. 相邻施工过程的流水步距相等
B. 专业工作队数等于施工过程数
C. 各施工段的流水节拍不全相等
D. 施工段之间可能有空闲时间
E. 各专业工作队能够连续作业

[解析]固定节拍流水施工是一种最理想的流水施工方式，具有以下特点：①所有施工过程在各个施工段上的流水节拍均相等；②相邻施工过程的流水步距相等，且等于流水节拍；③专业工作队数等于施工过程数，即每一个施工过程组建一个专业工作队；④各专业工作队在各施工段上能够连续作业，施工段之间没有空闲时间。

[答案] ABE

[经典例题·多选]建设工程组织加快的成倍节拍流水施工的特点有（　　）。

A. 同一施工过程的各施工段上的流水节拍成倍数关系
B. 相邻施工过程的流水步距相等
C. 专业工作队数等于施工过程数
D. 各专业工作队在施工段上可连续作业
E. 施工段之间可能有空闲时间

[解析]成倍节拍流水施工的特点如下：①同一施工过程在其各个施工段上的流水节拍均相等；不同施工过程的流水节拍不等，但其值为倍数关系。②相邻施工过程的流水步距相等，且等于流水节拍的最大公约数（K）。③专业工作队数大于施工过程数，即有的施工过程只成立一个专业工作队，而对于流水节拍大的施工过程，可按其倍数增加相应专业工作队数目。④各个专业工作队在施工段上能够连续作业，施工段之间没有空闲时间。

[答案] BD

第三节　工程网络计划技术

建设工程项目施工之前必须先编制施工组织设计。下文要讲的施工进度计划属于施工组织设计的一部分，同样需要在开工前编制完成，然后在施工进度计划的指导下开展施工任务。施工进度计划的编制方法主要有两种，一种是编制网络计划图，另一种是编制横道图。

知识点 1　双代号网络计划图的编制和应用

双代号网络计划图中的工作由两个节点编号和一条箭线来表示，将涉及的工作按照逻辑关系编制成网络计划图即为双代号网络计划图，如图3-3-1所示。

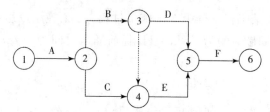

图 3-3-1 双代号网络计划图

一、基本要素介绍

(一) 箭线

(1) 实箭线。

实箭线代表实工作（图 3-3-2），需要占用时间和消耗资源（或只占时间，不消耗资源，如墙面抹灰后的干燥过程和混凝土浇筑后的养护过程）。

(2) 虚箭线。

虚箭线代表虚工作（图 3-3-3），既不占用时间，又不消耗资源。

图 3-3-2 实工作　　　　图 3-3-3 虚工作

虚箭线是一项虚设工作，虚箭线起联系、区分和断路的作用。

①虚箭线的联系作用如图 3-3-1 所示。

➤ **注意**：虚箭线使工作 B 和工作 E 产生了联系。

②虚箭线的区分作用如图 3-3-4 所示。

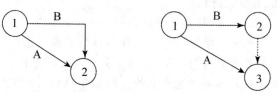

图 3-3-4 虚箭线的区分作用

➤ **注意**：虚箭线使工作 A 和工作 B 进行了区分。

③虚箭线的断路作用如图 3-3-5 所示。

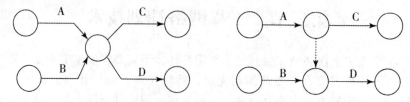

图 3-3-5 虚箭线的断路作用

➤ **注意**：虚箭线使工作 B 和工作 C 断开了联系。

(二) 节点

网络图中有起点节点（只能有一个）、中间节点（可以有很多个）、终点节点（只能有一个）。

一项工作应当只有一条箭线和一对节点，节点的编号应从小到大，可不连续，但不能重复。

（三）线路

网络图中从起始节点到终点节点的通路称为线路。在各条线路中，有一条或几条工作持续时间最长的线路，称为关键线路。而其他线路持续时间之和都小于关键线路，称为非关键线路。

（四）逻辑关系

编制网络计划图时，必须正确反映工作之间的逻辑关系。逻辑关系主要有两种：

（1）工艺关系（例如，施工现场混凝土柱制作的过程为"绑扎钢筋→支模板→浇筑混凝土"，这个过程不可逆转）。

（2）组织关系（例如，某个房间有五扇窗户，这些窗户的安装顺序属于组织关系，这个过程顺序可以调整）。

二、双代号网络计划绘制规则

（1）正确表达逻辑关系（工艺关系、组织关系）。

（2）严禁出现循环回路（所谓循环回路如图 3-3-6 所示）。

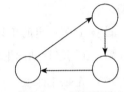

图 3-3-6　循环回路

（3）严禁出现如图 3-3-7 所示的错误。

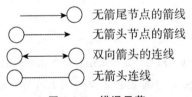

图 3-3-7　错误示范

（4）节点编号由小到大，可不连续，但不能重复。

（5）双代号网络图中应只有一个起点和一个终点。

（6）母线法（当某节点有多条外向箭线或多条内向箭线时）绘图如图 3-3-8 所示。

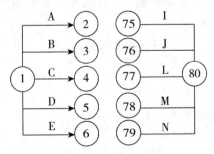

图 3-3-8　母线法绘图

（7）箭线不宜交叉，交叉不可避免时可用过桥法、指向法或断线法，如图 3-3-9 所示。

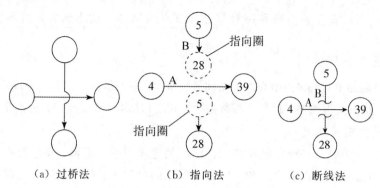

(a) 过桥法　　　　(b) 指向法　　　　(c) 断线法

图 3-3-9　箭线交叉的表示方法

> **注意**：箭线不宜交叉，而非不能交叉。

三、双代号网络计划时间参数计算

(1) 工作持续时间：D_{i-j}。

(2) 工期：T。

①计算工期 T_c：根据网络计划的时间参数计算的工期。

②要求工期 T_r：业主要求的工期。

③计划工期 T_p：根据要求工期和计算工期确定的工期。

(3) 网络计划中工作有 6 个时间参数，在网络计划图中标注的具体位置如图 3-3-10 所示。

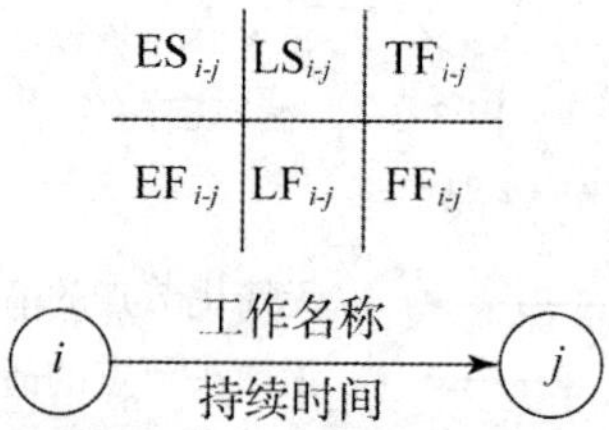

图 3-3-10　网络计划中工作的 6 个时间参数的位置

①若已知最早开始时间 ES_{i-j}，则最早完成时间 $EF_{i-j}=ES_{i-j}+D_{i-j}$。

②若已知最迟完成时间 LF_{i-j}，则最迟开始时间 $LS_{i-j}=LF_{i-j}-D_{i-j}$。

③总时差（TF_{i-j}）：在不影响总工期的前提下，工作 $i-j$ 可以利用的所有机动时间，$TF_{i-j}=LS_{i-j}-ES_{i-j}$ 或 $TF_{i-j}=LF_{i-j}-EF_{i-j}$（$j-k$ 是工作 $i-j$ 的紧后工作）。

④自由时差（FF_{i-j}）：在不影响其紧后工作最早开始的前提下，工作 $i-j$ 可以利用的机动时间，$FF_{i-j}=ES_{j-k}-EF_{i-j}$。

(4) 双代号网络图计算方法——"六时标注法"。

"六时标注法"的计算原理：

①ES、EF：定头算尾、顺加取大，得 T_c。

②LS、LF：根据 T_p，定尾算头、逆减取小。

③TF：LS－ES；LF－EF。

④FF：本工作自由时差等于紧后工作的 ES（如有多个取最小）－本工作 EF。

根据"六时标注法"计算图 3-3-11 网络计划图中各项工作的 6 个时间参数（单位：天）。

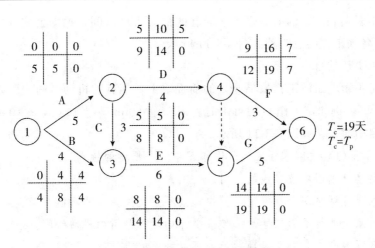

图 3-3-11 六时标注法计算实例

计算思路如下：

①计算各项工作的 ES 和 EF。

首先，规定工作 A 的最早开始时间为 0，则工作 A 的最早完成时间 $EF_A=ES_A+D_A=0+5=5$（天）。同理，工作 B 的最早开始时间也为 0，最早完成时间为第 4 天。接着计算工作 C 的最早开始时间，工作 C 要想开始，必须保证工作 C 的紧前工作都完成。由图可知，工作 C 的紧前工作只有工作 A，并且工作 A 的最早完成时间是第 5 天，所以工作 C 的最早开始时间为第 5 天，则工作 C 的最早完成时间 $EF_C=ES_C+D_C=5+3=8$（天）。同理，得出工作 D 的最早开始时间为第 5 天，最早完成时间为第 9 天。接着计算工作 E 的最早开始时间。由图可知，工作 E 的紧前工作是工作 B 和工作 C，工作 E 要想开始，必须保证工作 E 的紧前工作都完成，其中工作 B 的最早完成时间是第 4 天，工作 C 的最早完成时间是第 8 天，所以工作 E 的最早开始时间为第 8 天（4 天和 8 天取大值）。按照这种方法计算出工作 F 的最早完成时间为第 12 天，工作 G 的最早完成时间为第 19 天，因此可以得到此网络计划图的计算工期 $T_c=19$ 天（12 天和 19 天取大值）。整个过程应用的原理为"定头算尾、顺加取大，得 T_c"，此时已经得到了各项工作的最早开始时间和最早完成时间。

②计算各项工作的 LS 和 LF。

当计算各项工作的最迟开始时间和最迟完成时间时，要根据 T_p 往前推算，需要注意的是，当题目中没有说明 T_c 和 T_p 的关系时，默认二者相等。首先，与终点节点相连的工作 F、G 的最迟完成时间均为第 19 天，则二者的最迟开始时间分别为第 16 天和第 14 天（LS=LF－D）。接着计算工作 D 的最迟完成时间，首先必须要清楚工作 D 的所有紧后工作最迟哪天开始。由图可知，工作 D 的紧后工作是工作 F、G，工作 F 的最迟开始时间为第 16 天，工作 G 的最迟开始时间为第 14 天，为了不影响工作 D 的任何一项紧后工作最迟开始，所以工作 D 的最迟开始时间是第 14 天（14 天和 16 天取小值）。同理计算出工作 A、B、C、E 的最迟完成时间和最迟开始时间。整个过程应用的原理为"根据 T_p，定尾算头、逆减取小"。

③计算各项工作的总时差。

总时差指不影响总工期的前提之下,拥有的最大机动时间,根据公式 TF=LS－ES 或 LF－EF,计算各项工作的总时差如图 3-3-11 所示。

④计算各项工作的自由时差。

自由时差指不影响紧后工作最早开始的前提之下,拥有的机动时间,所以 $FF_{i-j} = \min(ES_{j-k}) - EF_{i-j}$,例如,工作 D 的自由时差 $FF_{i-j} = \min(9, 14) - 9 = 0$(天),同理计算其他工作的自由时差,如图 3-3-11 所示。

> **重点提示**:(1)理解掌握双代号网络图中各个要素的特点。
(2)掌握网络计划图中虚箭线的作用。
(3)掌握双代号网络图绘制规则,其中箭线不宜交叉,而非不能交叉。
(4)自由时差指的是不影响紧后工作最早开始时可利用的机动时间。
(5)总时差指的是不影响总工期时最多可以利用的机动时间。

实战演练

[2024 真题·单选] 已知某工程网络计划的计划工期等于计算工期,其中工作 M 的开始节点和结束节点均为关键节点,则该工作(   )。

A. 为关键工作 B. 自由时差为 0
C. 总时差等于自由时差 D. 总时差为 0

[解析] 当计划工期与计算工期相等时,双代号网络计划中的关键节点具有以下特性:①开始节点和完成节点均为关键节点的工作,不一定是关键工作;②以关键节点为完成节点的工作,其总时差和自由时差必然相等。

[答案] C

[2023 真题·单选] 某工程网络计划中,工作 N 的最早开始时间为第 12 天,持续时间为 5 天。该工作有 3 项紧后工作,最早开始时间分别为第 20 天、第 21 天和第 23 天,则工作 N 的自由时差是(   )天。

A. 4 B. 1 C. 2 D. 3

[解析] 自由时差等于紧后工作的最早开始时间减去本工作的最早完成时间,则工作 N 的自由时差=min{20,21,23}－(12+5)=20－17=3(天)。

[答案] D

[2019 真题·单选] 如图 3-3-12 所示网络图中,存在绘图错误的是(   )。

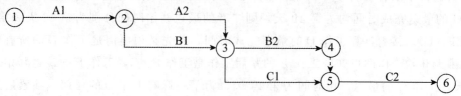

图 3-3-12 双代号网络计划图

A. 节点编号错误 B. 工作编号重复
C. 存在多余节点 D. 有多个终点节点

[解析] 工作 A2 和 B1 共用同一对节点编号。

[答案] B

[2016真题·单选] 某网络计划中，已知工作 M 的持续时间为 6 天，总时差和自由时差分别为 3 天和 1 天；检查中发现该工作实际持续时间为 9 天，则其对工程的影响是（　　）。

A. 既不影响总工期，也不影响其紧后工作的正常进行

B. 不影响总工期，但使其紧后工作的最早开始时间推迟 2 天

C. 使其紧后工作的最迟开始时间推迟 3 天，并使总工期延长 1 天

D. 使其紧后工作的最早开始时间推迟 1 天，并使总工期延长 3 天

[解析] 工作 M 拖延了 3 天，因此总工期不受影响，但紧后工作的最早开始时间将推迟：3－1＝2（天）。

[答案] B

[2016真题·单选] 某网络计划中，工作 Q 有两项紧前工作 M、N，工作 M、N 的持续时间分别为 4 天、5 天，工作 M、N 的最早开始时间分别为第 9 天、第 11 天，则工作 Q 的最早开始时间是第（　　）天。

A. 9　　　　　　B. 14　　　　　　C. 15　　　　　　D. 16

[解析] 工作 M 的最早完成时间＝最早开始时间＋持续时间＝9＋4＝13（天）；工作 N 的最早完成时间＝最早开始时间＋持续时间＝11＋5＝16（天）；工作 Q 的最早开始时间＝紧前工作最早完成时间的最大值，即 max（13，16）＝16（天）。

[答案] D

[2015真题·多选] 在双代号网络图中，虚箭线的作用有（　　）。

A. 指向　　　　B. 联系　　　　C. 区分　　　　D. 过桥

E. 断路

[解析] 虚箭线是实际工作中并不存在的一项虚设工作，其存在的目的是正确表达工作之间的逻辑关系，起着对工作之间进行联系、区分和断路的三个作用。

[答案] BCE

[经典例题·多选] 某分部工程双代号网络计划如图 3-3-13 所示，其存在的绘图错误有（　　）。

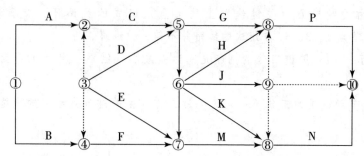

图 3-3-13　某分部工程双代号网络计划

A. 有多个终点节点　　　　　　　　　　B. 存在循环回路

C. 有多个起点节点　　　　　　D. 节点编号有误

E. 有多余虚工作

[解析] 选项A，终点节点只有一个；选项B，不存在循环回路。选项C，起点节点有两个，节点1和3。选项D，节点8重复了两次，并且出现了大的数字节点指向小的数字节点的情况。选项E，节点9到节点10的虚箭线属于多余虚箭线。

[名师点拨] 对于虚箭线是否多余的判断相对较难。做题时应从存在的虚箭线作用入手，虚箭线的作用是表达工作之间的逻辑关系。如果虚箭线的存在能够起到"联系、区分、断路"三个作用的其中之一时，就不是多余的。

[答案] CDE

四、双代号网络计划图中的关键工作、关键线路

(一) 关键工作

(1) 关键工作是指网络计划中总时差最小的工作，如图3-3-11中的工作A、C、E、G。

(2) 当计划工期等于计算工期时，总时差为零的工作就是关键工作。

➤ 注意：由关键节点（关键线路上的节点）组成的工作不一定是关键工作，如图3-3-11由关键节点1和3组成的工作B并不是关键工作。

(二) 关键线路

总的工作持续时间最长的线路叫关键线路，如图3-3-11中的线路A→C→E→G为关键线路。

自始至终全部由关键工作组成的线路不一定是关键线路，如图3-3-14所示，由关键工作A→B→C→D组成的线路就不是关键线路。

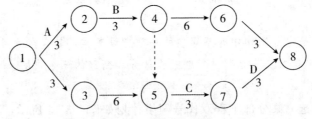

图3-3-14　网络计划图

➤ 注意：由关键节点（关键线路上的节点）组成的线路不一定是关键线路，如图3-3-11由关键节点1、3、5、6组成的线路并不是关键线路。

➤ 重点提示：(1) 关键工作的判断是总时差最小（但不一定为0），而不是自由时差最小。

(2) 由关键节点组成的工作不一定是关键工作，由关键节点组成的线路不一定是关键线路。

> 实战演练

[2024 真题·单选] 某工程双代号网络计划如图 3-3-15 所示,该网络计划存在( )条关键线路。

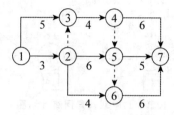

图 3-3-15 双代号网络计划

A. 1 B. 3
C. 2 D. 4

[解析] 该网络计划的关键线路有 3 条,分别是①→③→④→⑦；①→③→④→⑤→⑥→⑦；①→②→⑤→⑥→⑦。

[答案] B

[2018 真题·多选] 某建设工程网络计划如图 3-3-16 所示(时间单位:月),该网络计划的关键线路有( )。

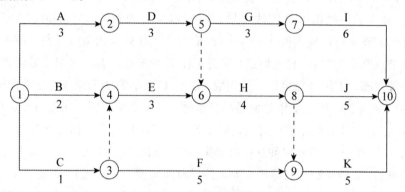

图 3-3-16 建设工程网络计划

A. ①→②→⑤→⑦→⑩
B. ①→④→⑥→⑧→⑩
C. ①→②→⑤→⑥→⑧→⑩
D. ①→②→⑤→⑥→⑧→⑨→⑩
E. ①→④→⑥→⑧→⑨→⑩

[解析] 该网络计划关键线路有:①→②→⑤→⑦→⑩；①→②→⑤→⑥→⑧→⑩；①→②→⑤→⑥→⑧→⑨→⑩。

[答案] ACD

五、双代号网络计划图的快算方法

以图 3-3-17 为例,介绍双代号网络图的快算方法。

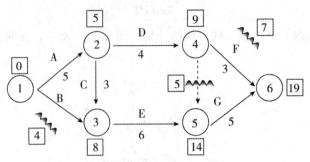

图 3-3-17 双代号网络计划图

计算方法：依次计算节点，累加时间取大定节点，减小定波线（波线表示自由时差）。

计算思路如下：

(1) 将普通的双代号网络计划图转变成双代号时标网络计划图。

图 3-3-17 中 1 节点为整个网络图的起点，最早开始时间为 0，对于工作 A 而言，最早开始时间是 0，持续 5 天，最早完成时间是第 5 天，所以 2 节点上面标 5；3 节点是 B、C 两项工作的终点，需要分别计算工作 B、C 的最早完成时间，对于工作 B 而言，最早开始时间是 0，持续 4 天，所以 B 工作最早完成时间是第 4 天；对于工作 C 而言，最早开始时间是第 5 天，持续时间为 3 天，所以工作 C 的最早完成时间是第 8 天。目前 3 节点有两个最早完成时间：第 4 天、第 8 天，根据计算方法"累加时间取大定节点，减小定波线"，因此取大值（第 8 天）放在 3 节点处，减小值（8－4＝4）定在 B 工作处 4 天波线（自由时差）。

解释：3 节点既是工作 B、C 的终点，又是工作 E 的起点，工作 E 想开始必须保证所有紧前工作 B、C 都完成，工作 B 最早第 4 天完成，工作 C 最早第 8 天完成，必须保证工作 B、C 都完成工作 E 才能开始，所以工作 E 的最早开始时间是第 8 天，因此选大值 8 定在 3 节点处，即"取大定节点"。工作 B 最早完成时间是第 4 天，在不影响紧后工作 E 最早第 8 天开始的前提下，B 拥有 4 天（8－4）机动时间，所以工作 B 的自由时差是 4 天，即"减小定波线"。

同理，工作 D 最早开始时间是第 5 天，持续时间 4 天，因此工作 D 最早完成时间是第 9 天，即 4 节点上面标 9。5 节点是工作 E 和虚工作④→⑤的终点，对于工作 E 而言，第 8 天最早开始，持续 6 天时间，最早完成时间为第 14 天，对于虚工作④→⑤，第 9 天开始，持续 0 天，最早完成时间为第 9 天。此时 5 节点处有两个最早完成时间，分别是第 14 天、第 9 天，根据计算方法"累加时间取大定节点，减小定波线"，因此取大值（第 14 天）放在 5 节点处，减小值（14－9＝5）定在虚工作④→⑤上 5 天波线。

解释：5 节点既是工作 E、虚工作④→⑤的终点，又是工作 G 的起点，工作 G 想开始必须保证紧前工作 E、虚工作④→⑤都完成。E 最早第 14 天完成，虚工作④→⑤最早第 9 天完成，必须保证工作 E、虚工作④→⑤都完成工作 G 才能开始，所以工作 G 的最早开始时间要选大值，因此选第 14 天定在 5 节点处，即"取大定节点"。虚工作④→⑤最早完成时间是第 9 天，在不影响紧后工作 G 最早第 14 天开始的前提下，虚工作④→⑤拥有 5 天（14－9＝5）机动时间，所以虚工作④→⑤的自由时差是 5 天，即"减小定波线"。

➢ 注意：虚工作④→⑤上面的 5 天波形线指的是：工作 D 最早第 9 天完成之后距离工作 G 最早第 14 天开始，间隔时间为 5 天。

6 节点是 F、G 两项工作的终点，同样也是整个网络计划图的终点。对于工作 F 而言，最早开始时间是第 9 天，持续时间为 3 天，所以最早完成时间是第 12 天；对于工作 G 而言，最早开始时间是第 14 天，持续 5 天，最早完成时间是第 19 天，根据计算方法"累加时间取大定节点，减小定波线"，所以取大值（第 19 天）放在 6 节点处，减小值（19－12＝7）定在工作 F 处 7 天波形线（自由时差）。整个网络计划图的工期是 19 天。

解释：6 节点是工作 F、G 的终点，也是整个网络图的终点，工作 F 第 12 天完成，工作 G 第 19 天完成，因此工期为 19 天，把 19 天定在 6 节点处，即"取大定节点"。工作 F 最早完成时间是第 12 天，在不影响工期的前提下，工作 F 拥有 7 天（19－12）机动时间，所以工作 F 的自由时差是 7 天，标注波形线 7 天，即"减小定波线"。

以上内容中，波形线大小即为该工作的自由时差，节点处的数字即为以该节点为开始节点工作的最早开始时间。

(2) 用简便算法计算总时差。

计算某项工作总时差，从这项工作的起点开始，经过该工作，一直到终点节点，那么多条线路上，波形线最小的和即为该工作的总时差。

(3) 计算各项工作最迟开始时间和最迟完成时间。

根据总时差和最早开始时间（最早完成时间），计算该工作的最迟开始时间（最迟完成时间），即 $LS=TF+ES$（$LF=TF+EF$）。

知识点 2　单代号网络计划图的编制和应用

一、基本要素介绍

(一) 节点

单代号网络计划图中，每一个节点表示一项工作，如图 3-3-18 所示。

图 3-3-18　单代号网络计划图节点的表示方法

(二) 箭线

(1) 与双代号网络计划图不同的是，箭线只表示相邻工作之间的逻辑关系。

(2) 箭线不占用时间，也不消耗资源。

(3) 无虚箭线（用虚节点表示虚工作）。

(三) 线路

单代号网络计划图中，各条线路应用该线路上的节点编号从小到大表示。

二、单代号网络计划绘制规则

(1) 严禁出现虚箭线。

(2) 严禁出现循环回路。

(3) 严禁出现双向箭头或无箭头连线。

(4) 严禁出现无箭尾、无箭头节点的箭线。

(5) 箭线不宜交叉，交叉不可避免时可采用过桥法或指向法。

(6) 只能有一个起点节点和终点节点。

当网络图中有多个起点节点或多个终点节点时，应在网络图两端分别设置一项虚工作，作为该网络图的起点节点（St）和终点节点（Fin），如图3-3-19所示。

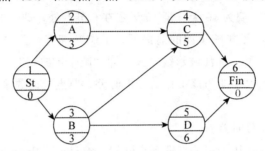

图3-3-19 单代号网络计划图的起点节点和终点节点

三、单代号网络计划图时间参数的计算

单代号网络计划图时间参数的计算基本与双代号网络计划时间参数的计算相同，此处不再赘述。

单代号网络计划图时间参数的标注形式如图3-3-20所示。

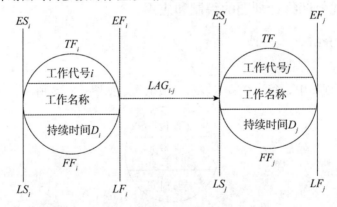

图3-3-20 单代号网络计划图时间参数的标注形式

据上图可知，单代号网络计划图比双代号网络计划图多了一个时间间隔 LAG_{i-j}。相邻两项工作 i 和 j 之间的时间间隔 LAG_{i-j} 等于紧后工作 j 的最早开始时间 ES_j 和本工作的最早完成时间 EF_i 之差，即：$LAG_{i-j}=ES_j-EF_i$。根据时间间隔，又可推导出另外一种计算自由时差和总时差的方法，即：$FF_i=\min(LAG)$；$TF_i=\min(LAG_{i-j}+TF_j)$。

以图3-3-21为例（单位：天），计算工作 D 的自由时差、总时差。

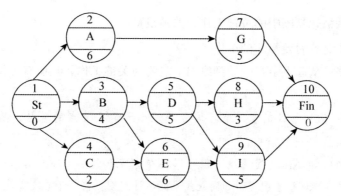

图 3-3-21 单代号网络计划图

想要计算工作 D 的时间参数，需要从头开始计算。

（1）1 节点是起始节点，持续时间为 0，则完成时间是 0；工作 A 的最早开始时间是 0，持续 6 天，则最早完成时间是第 6 天；同理工作 B 最早开始时间为 0，持续 4 天，最早完成时间为第 4 天；工作 C 最早开始时间为 0，持续 2 天，最早完成时间为第 2 天；工作 D 只有一个紧前工作 B，所以工作 D 的最早开始时间等于工作 B 的最早完成时间，是第 4 天，工作 D 持续 5 天，工作 D 的最早完成时间是第 9 天；工作 E 有两项紧前工作，一项是工作 B，第 4 天最早完成，另一项是工作 C，第 2 天最早完成，保证所有的紧前工作都完成工作 E 才能开始，所以工作 E 的最早开始时间为第 4 天，同时还可以算出工作 C 和工作 E 之间的时间间隔为 2 天 [$LAG_{E-C}=ES_E-EF_C=4-2=2$（天）]，工作 E 持续时间为 6 天，所以工作 E 的最早完成时间为第 10 天；工作 G 只有一项紧前工作 A，工作 G 的最早开始时间是工作 A 的最早完成时间，是第 6 天，工作 G 持续 5 天，所以工作 G 的最早完成时间是第 11 天；工作 H 只有一项紧前工作 D，所以工作 H 的最早开始时间等于工作 D 的最早完成时间，是第 9 天，工作 H 持续时间为 3 天，则工作 H 最早完成时间是第 12 天；工作 I 有两项紧前工作，一项是工作 D，第 9 天最早完成，另一项是工作 E，第 10 天最早完成，保证所有的紧前工作都完成工作 I 才能开始，所以工作 I 的最早开始时间为第 10 天，同时还可以算出工作 I 和工作 D 之间的时间间隔为 1 天 [$LAG_{I-D}=ES_I-EF_D=10-9=1$（天）]，工作 I 的持续时间为 5 天，则工作 I 的最早完成时间为第 15 天，工作 G、H、I 与终点节点相连，终点是虚节点，则整个网络图的工期为 G、H、I 三项工作中最早完成时间的最大值 15 天。

（2）根据时间间隔计算工作 D 的自由时差。工作 D 完成后间隔 0 天工作 H 开始，工作 D 完成后间隔 1 天，另一项紧后工作 I 开始，为了不影响任何一项紧后工作最早开始，则工作 D 拥有的机动时间为 0，即 $FF_D=\min(LAG_{D-H}, LAG_{D-I})=\min(0, 1)=0$。

（3）根据时间间隔计算工作 D 的总时差。从工作 D 开始到终点节点有两条线，分别计算两条线上的时差，取小值即为工作 D 的总时差。其中工作 D 与工作 H 之间间隔 0，工作 D 与工作 I 之间间隔 1，然后再计算工作 H、工作 I 的总时差，工作 H 的总时差为 3 天 [$LF_H-EF_H=15-12=3$（天）]，工作 I 的总时差为 0 天 [$LF_I-EF_I=15-15=0$（天）]，则工作 D 的总时差为 1 天 [$TF_D=\min(LAG_{D-H}+TF_H, LAG_{D-I}+TF_I)=\min(0+3, 1+0)=1$（天）]。

四、单代号网络计划图中的关键工作、关键线路

(1) 关键工作是总时差最小的工作。

(2) 关键线路是从起点节点开始到终点节点均为关键工作，且所有工作的时间间隔为零的线路。

➢ **重点提示：**(1) 箭线的箭尾节点编号必须小于箭头节点的编号。某项工作必须有唯一的一个节点及相应的一个编号。

(2) 单代号网络计划图无虚箭线，但可以存在虚节点。

(3) 单代号网络计划图绘图规则如同双代号网络计划图：箭线不宜交叉，而非不能交叉。

(4) 单代号网络计划图 6 个时间参数的计算方法同双代号网络计划图。

(5) 重点掌握根据时间间隔计算 FF 和 TF 的公式。

(6) 单代号网络计划图关键线路的确定与双代号网络计划图不同，注意区分。

实战演练

[2024 真题·单选] 关于单代号网络计划绘图规则的说法，正确的是（　　）。

A. 可以有多个起点节点，但只能有一个终点节点 B. 不允许出现循环回路

C. 所有箭线不允许交叉 D. 可以绘制没有箭尾节点的箭线

[解析] 选项 A 错误，网络计划图应只有一个起点节点和一个终点节点（任务中部分工作需要分期完成的网络计划除外）。选项 C 错误，应尽量避免网络计划图中工作箭线的交叉。当交叉不可避免时，可以采用过桥法或指向法处理。选项 D 错误，网络计划图中严禁出现没有箭尾节点的箭线和没有箭头节点的箭线。

[答案] B

[2024 真题·单选] 单代号网络计划图中，应标注在箭线上方的时间参数是（　　）。

A. 总时差 B. 最早开始时间

C. 工作的持续时间 D. 时间间隔

[解析] 单代号网络计划图中，应标注在箭线上方的时间参数是时间间隔。

[答案] D

[经典例题·单选] 单代号网络计划如图 3-3-22 所示（时间单位：天），工作 D 的最迟开始时间是（　　）天。

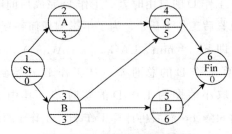

图 3-3-22　单代号网络计划图

A. 0 B. 1

C. 3 D. 4

[解析] 单代号网络计划的最迟开始时间＝本工作的最迟完成时间－本工作的持续时间＝9－6＝3（天）。

[答案] C

[经典例题·单选] 某网络计划中，工作 A 的紧后工作是 B 和 C，工作 B 的最迟开始时间是第 14 天，最早开始时间是第 10 天；工作 C 的最迟完成时间是第 16 天，最早完成时间是第 14 天；工作 A 与工作 B 和工作 C 的间隔时间均为 5 天，工作 A 的总时差为（　　）天。

A. 3　　　　　　　　　　　　　B. 7
C. 8　　　　　　　　　　　　　D. 10

[解析] 根据公式 $TF_i = \min(LAG_{i-j} + TF_j)$，计算出工作 A 的总时差为 7 天。

[答案] B

[经典例题·多选] 某分部工程的单代号网络计划如图 3-3-23 所示（时间单位：天），下列说法正确的有（　　）。

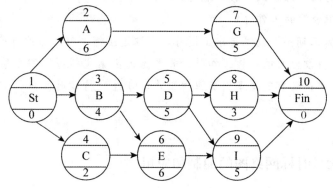

图 3-3-23　某分部工程单代号网络计划图

A. 有两条关键线路
B. 计算工期为 15 天
C. 工作 G 的总时差和自由时差均为 4 天
D. 工作 D 和 I 之间的时间间隔为 1 天
E. 工作 H 的自由时差为 2 天

[解析] 选项 A 错误，关键路线只有一条：B→E→I。选项 B 正确，计算工期为 4＋6＋5＝15（天）。选项 C 正确，工作 G 的总时差＝10－6＝4（天），工作 G 的自由时差＝15－11＝4（天）。选项 D 正确，工作 D 的最早完成时间是第 9 天，工作 I 的最早开始时间是第 10 天，有 1 天的时间间隔。选项 E 正确，工作 H 的自由时差＝15－12＝3（天）。

[答案] BCD

五、网络计划图中关键线路的调整

在双代号网络计划和单代号网络计划中，关键线路是总的工作持续时间最长的线路。一个网络计划可能有多条关键线路，在网络计划执行过程中，关键线路有可能转移。

当计算工期不能满足要求工期时，可通过压缩关键工作的持续时间以满足工期要求。在选择缩短持续时间的关键工作时，宜考虑以下因素：

(1) 缩短持续时间对质量和安全影响不大的工作。

(2) 有充足备用资源的工作。

(3) 缩短持续时间所需增加的费用最少的工作等。

➤ **重点提示**：压缩关键工作时应考虑的是有充足备用资源的工作，而不是单位时间消耗资源少的工作。

实战演练

[经典例题·多选] 工程网络计划工期优化过程中，在选择缩短持续时间的关键工作时，应考虑的因素有（　　）。

A. 持续时间最长的工作

B. 缩短持续时间对质量和安全影响不大的工作

C. 缩短持续时间所需增加的费用最少的工作

D. 缩短持续时间对综合效益影响不大的工作

E. 有充足备用资源的工作

[解析] 当计算工期不能满足要求工期时，可通过压缩关键工作的持续时间以满足工期要求，在选择缩短持续时间的关键工作时，宜考虑的因素包括：①缩短持续时间对质量和安全影响不大的工作；②有充足备用资源的工作；③缩短持续时间所需增加的费用最少的工作等。

[答案] BCE

知识点 3　双代号时标网络图的编制和应用

一、双代号时标网络图的有关规定

(1) 实箭线表示实工作，虚箭线表示虚工作，波形线表示自由时差，如图 3-3-24 所示。

(2) 虚工作必须以垂直方向的虚箭线表示，有自由时差时加波形线表示，如图 3-3-24 所示。

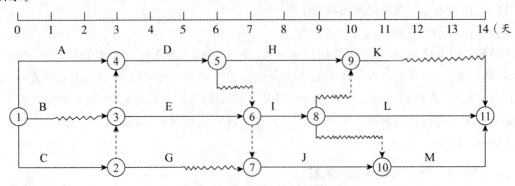

图 3-3-24　双代号时标网络图

二、双代号时标网络图的特点

(1) 兼有双代号网络图与横道图的优点。

(2) 图中直接显示工期、各项工作的开始与完成时间，工作的自由时差及关键线路。
(3) 可以统计每一个单位时间的资源需求量，以便进行资源优化和调整。
(4) 修改麻烦，需要重新绘图（运用计算机后可以容易解决）。

三、双代号时标网络图时间参数的计算

(1) ES_{i-j}、EF_{i-j}、FF_{i-j} 可从图中读出。

(2) $TF_{i-j} = FF_{i-j} + \min\{TF_{j-k}\}$，或 TF_{i-j} 为从本工作 $(i-j)$ 起到终点节点，n 条线路中，波形线长度和的最小值。

(3) LS_{i-j}、LF_{i-j}：已知 TF_{i-j}、ES_{i-j}、EF_{i-j}，根据公式 $TF_{i-j} = LS_{i-j} - ES_{i-j}$ 和 $TF_{i-j} = LF_{i-j} - EF_{i-j}$ 推算。

(4) 关键线路：没有波形线的通路是关键线路。

(5) 计算工期：终点节点所对应的时刻点即为计算工期。

实战演练

[经典例题·单选] 双代号时标网络计划中，波形线表示工作的（　　）。

A. 总时差　　　　　　　　　　　　B. 自由时差
C. 时间间隔　　　　　　　　　　　D. 间歇时间

[解析] 双代号时标网络计划中，波形线表示工作的自由时差。

[答案] B

[经典例题·单选] 某分部工程双代号时标网络计划如图3-3-25所示，工作E的自由时差为（　　）天。

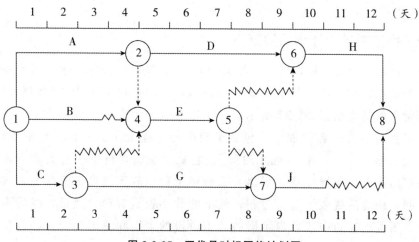

图3-3-25　双代号时标网络计划图

A. 0　　　　　　　　　　　　　　B. 1
C. 2　　　　　　　　　　　　　　D. 3

[解析] 工作E本身没有波形线，但工作E有两项紧后工作H、J，工作H最早开始时间为第10天，工作J最早开始时间为第9天，而工作E的最早完成时间为第7天。根据自由时差的定义，在不影响任何一项紧后工作最早开始的前提之下，工作E有1天的机动时间，所以工作E的自由时差为1天。

[答案] B

[2024 真题·多选] 某工程的双代号时标网络计划如图 3-3-26 所示，图中显示的正确信息有（　　）。

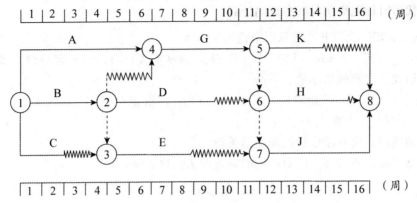

图 3-3-26　双代号时标网络计划图

A. 工作 A 属于关键工作
B. 工作 D 的总时差为 3 周
C. 工作 G 的自由时差为 2 周
D. 工作 C 的自由时差为 2 周
E. 工作 K 的总时差等于自由时差

[解析] 选项 B 错误，工作 D 的总时差为 2 周。选项 C 错误，工作 G 的自由时差为 0。

[答案] ADE

知识点 4　横道图进度计划的编制方法

横道图是以时间为横坐标，以各分项工程或施工工序为纵坐标，按一定的先后施工顺序和工艺流程，用带时间比例的水平横道线表示对应项目或工序持续时间的施工进度计划图表，其常用的格式如图 3-3-27 所示。左半部分（工程名称、施工方法、工程量）是以分部分项工程为主要内容的表格，包括了相应的工程量、定额和劳动量等计算依据；右半部分是指示图表［年（月）、起止时间］，它是由左面表格中的有关数据经计算得到的。指示图表用横向线条形象地表示出分部分项工程的施工进度，线的长短表示某工作施工持续时间；线的位置表示施工过程；线上的数字表示劳动力数量；线的不同符号表示作业队或施工段别，图中线段表示出各施工阶段的工期和总工期，并综合反映了各分部分项工程相互间的关系。

编号	工程名称	施工方法	工程量		20××年（月份）										起止时间	
			单位	数量	1	2	3	4	5	6	7	8	9	10	开工	结束
1	临时通信线路	人工为主	km	80	6										1月初	4月底
2	沥青混凝土基地	人工安装	处	1		35									2月初	3月底
3	清除路基	机械	m^2	700 000			4								1月初	4月底
4	路用房屋	人工	m^2	1 300				40							1月初	5月底
5	大桥	半机械化	座	1			56								3月初	9月底
6	中桥	半机械化	座	5					40						2月初	8月底
7	集中性土方	机械	m^2	130 000						20					3月初	8月底
8	小型构造物	半机械化	座	23					30						5月初	9月中
9	沿线土方	机械为主	m^2	89 000						36					4月初	7月底
10	基层	半机械化	m^2	560 000							30				6月初	9月底
11	面层	半机械化	m^2	560 000									20		9月中	10月底
12	整修工程	人工为主	km	80										30	10月初	10月底

$$k=\frac{R_{max}}{R_{平均}}=1.42$$

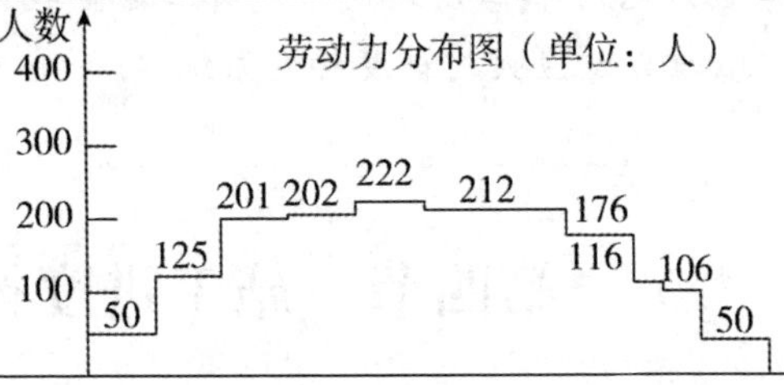
人数
400
300
200
100
劳动力分布图（单位：人）
50
125
201
202
222
212
176
116
106
50

图 3-3-27　施工进度横道图

横道图是最简单并运用最广的进度计划编制方法。它可以用横道的长短代表工作的持续时间。由于需要手工绘制，所以适用于小型项目或大型项目的子项目，可用于计算资源需求量、概要预示进度。

这种表示方法比较简单、直观、易懂、容易编制，但也有以下缺点：

（1）分项工程（或工序）的相互关系不明确，不易表达清楚。

（2）施工地点无法表示，只能用文字说明。

（3）工程数量实际分布情况不具体。

（4）仅反映出平均施工强度。

（5）适用于手工编制计划。

（6）计划调整只能用手工方式进行，其工作量大。

（7）不能确定关键工作、关键路线与时差。

（8）难以适应大的进度计划系统。

实战演练

［**2024 真题·单选**］采用横道图编制施工进度计划的优点是（　　）。

A. 可以明确表示各项工作之间的逻辑关系

B. 可以直接判断各项工作的机动时间

C. 可以直接显示整个计划的关键工作

D. 可以直观表明各项工作的持续时间

[解析] 施工进度计划采用横道图表示形式，可以直观地表明各项工作的开始时间、完成时间、持续时间，以及整个工程项目的总工期。

[答案] D

[经典例题·单选] 关于横道图的说法，错误的是（　　）。

A. 横道图上所能表达的信息量较少，不能表示活动的重要性

B. 横道图不能确定计划的关键工作、关键路线与时差

C. 横道图适用于手工编制计划

D. 横道图能清楚地表达工序（工作）之间的逻辑关系

[解析] 横道图这种表示方法比较简单、直观、易懂、容易编制，但也有以下缺点：①分项工程（或工序）的相互关系不明确，不易表达清楚；②施工地点无法表示，只能用文字说明；③工程数量实际分布情况不具体；④仅反映出平均施工强度；⑤适用于手工编制计划；⑥计划调整只能用手工方式进行，其工作量较大；⑦不能确定计划的关键工作、关键路线与时差；⑧难以适应大的进度计划系统。

[答案] D

第四节　施工进度控制

知识点 1　施工进度计划实施中的检查与分析

在工程施工过程中，由于各种干扰因素的作用与影响，导致工程进度存在实际进度偏差，并且通常会表现为计划工作不同程度的进度拖延。实际进度拖延的原因通常有施工计划不合理、施工管理失误、施工现场环境条件影响、不可抗力等。

施工时应检查施工进度计划中的关键路线、资源配置的执行情况，并分析进度偏差对后续工作及总工期的影响：

（1）当进度偏差表现为某项工作的实际进度超前，若超前幅度不大，此时计划不必调整；当超前幅度过大，则此时计划必须调整。

（2）当进度偏差表现为某项工作的实际进度滞后，若出现进度偏差的工作为关键工作，则由于工作进度滞后，必然会引起后续工作最早开工时间的延误和整个计划工期的相应延长，因而必须对原定进度计划采取相应调整措施。

（3）当出现进度偏差的工作为非关键工作，且工作进度滞后天数已超出其总时差，则由于工作进度延误同样会引起后续工作最早时间的延误和整个计划工期的相应延长，因而必须对原定进度计划采取相应调整措施。

（4）若出现进度偏差的工作为非关键工作，且工作进度滞后天数已超出其自由时差而未超出总时差，则由于工作进度延误只引起后续工作最早开工时间的拖延，而对整个计划工期并无影响，因而此时只有在后续工作早开工时间不宜推后的情况下才考虑对原定进度计划采

取相应调整措施。

(5) 若出现进度偏差的工作为非关键工作，且工作进度滞后天数未超出其自由时差，则由于工作进度延误对后续工作的早开工时间的整个计划工期均无影响，因而不必对原定计划采取任何调整措施。

> **实战演练**
>
> [2024真题·单选] 在工程网络计划中，已知某工作总时差和自由时差分别为7天和5天，如果该工作的实际完成时间延长了3天，则该工作对网络计划的影响是（　　）。
>
> A. 使总工期延长3天，但不影响其后续工作的正常进行
> B. 不影响总工期，但使其后续工作的开始时间推迟3天
> C. 使后续工作的开始时间推迟3天，且总工期延长2天
> D. 既不影响总工期，也不影响其后续工作的正常进行
>
> [解析] 当工作实际进度拖后的时间（偏差）未超过该工作的自由时差时，则该工作实际进度偏差既不影响该工作后续工作的正常进行，也不会影响总工期。
>
> [答案] D
>
> [经典例题·多选] 在某工程网络计划中，工作N的自由时差为5天，计划执行过程中检查发现，工作N的工作时间延后了3天，其他工作均正常，此时（　　）。
>
> A. 工作N的总时差不变，自由时差减少3天
> B. 总工期不会延长
> C. 工作N的总时差减少3天
> D. 工作N的最早完成时间推迟3天
> E. 工作N将会影响紧后工作
>
> [解析] 根据题干已知，工作N有5天的自由时差，总时差=min{本工作自由时差+紧后工作总时差}，因此工作N总时差≥5天。工作N延误3天，不影响总工期；工作N会减少3天的总时差，最早完成时间会推迟3天，但不影响紧后工作的最早开始时间。
>
> [答案] BCD

知识点 2 实际进度与计划进度比较方法

常用的比较方法有：横道图比较法、S曲线比较法和前锋线比较法等。

(1) 横道图比较法是最常用的进度比较方法。

(2) S曲线比较法。工程实际进展状况：实际在左，进度超前；实际在右，进度延后；实际在S曲线上，进度一致。

(3) 前锋线比较法。工程实际进展状况：实际在左，进度拖后；实际在右，进度提前；实际在S曲线上，进度一致。

实战演练

[经典例题·单选] 某工程项目的双代号时标网络计划如图 3-4-1 所示，当计划执行到第 4 周末及第 10 周末时，检查得出实际进度前锋线如图所示，检查结果表明（　　）。

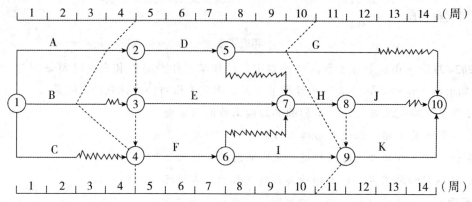

图 3-4-1　某工程双代号时标网络计划图

A. 第 4 周末检查时工作 A 拖后 1 周，但不影响总工期

B. 第 4 周末检查时工作 C 拖后 1 周，影响总工期 1 周

C. 第 10 周末检查时工作 I 提前 1 周，总工期提前 1 周

D. 关键线路有两条

[解析] 选项 A 错误，关键线路有两条：①→②→③→⑦→⑧→⑨→⑩；①→②→③→④→⑥→⑨→⑩，在第 4 周检查时，工作 A 拖后 1 周，因为 A 工作在关键线路上，因此，将影响总工期 1 周。选项 B 错误，在第 4 周末检查，工作 C 正常进行。选项 C 错误，第 10 周末检查时，工作 I 提前 1 周，但是工作 H 正常，因此工期不会提前。

[答案] D

[2024 真题·多选] 下列方法中，可用来比较实际进度与计划进度的有（　　）。

A. 横道图比较法

B. 前锋线比较法

C. 动态比率比较法

D. S 曲线比较法

E. 流程图比较法

[解析] 实际进度与计划进度比较是施工进度控制的主要环节。常用的比较方法有横道图比较法、S 曲线比较法和前锋线比较法等。

[答案] ABD

[**经典例题·多选**] 某项目时标网络计划第 2、4 周末实际进度前锋线如图 3-4-2 所示，关于该项目进度情况的说法，正确的有（　　）。

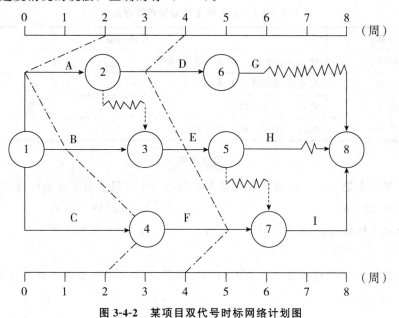

图 3-4-2　某项目双代号时标网络计划图

A. 第 2 周末，工作 A 拖后 2 周，但不影响工期
B. 第 2 周末，工作 C 提前 1 周，工期提前 1 周
C. 第 2 周末，工作 B 拖后 1 周，但不影响工期
D. 第 4 周末，工作 D 拖后 1 周，但不影响工期
E. 第 4 周末，工作 F 提前 1 周，工期提前 1 周

[**解析**] 选项 A 正确，在第 2 周末检查时，工作 A 拖后 2 周，由于工作 A 有 2 周的总时差，所以不影响工期。选项 B 错误，工作 C 是关键工作，工作 C 提前 1 周，经过 C 到终点节点工期为 7，但是 C 的平行工作 A 延误 2 周，A 的总时差为 2，从 A 到终点节点工期为 8。平行工作 B 延误 1 周，B 的总时差为 1，从 B 到终点节点工期为 8，故工作 C 提前，工期不提前。选项 C 正确，在第 2 周末检查时，工作 B 拖后 1 周，由于工作 B 有 1 周的总时差，所以不影响工期。选项 D 正确，在第 4 周末检查时，工作 D 拖后 1 周，由于工作 D 有 2 周的总时差，所以不影响工期。选项 E 正确，F 为关键工作，F 提前 1 周，F 到终点节点工期为 7。F 的平行工作 D 延误 1 周，D 总时差 2 可以抵消 1 周，D 到终点节点也可以第 7 周完成。平行工作 E 进度正常，总时差为 1，故工作 E 也可第 7 周完成。

[**答案**] ACDE

知识点 3　施工进度计划调整方法及措施

施工进度计划可应用以下方法进行调整：

（1）改变某些后续工作之间的逻辑关系。若进度偏差已影响计划工期，并且有关后续工作之间的逻辑关系允许改变，此时可变更位于关键线路，但延误时间已超出其总时差的有关工作之间的逻辑关系，从而达到缩短工期的目的。

（2）缩短某些后续工作的持续时间。具体措施见表 3-4-1。

表 3-4-1　施工进度计划的调整措施

调整措施	具体内容
组织措施	增加人、机械；增加施工时间等
技术措施	改进施工技术、方法和工艺等
经济措施	奖励、经济补偿等
其他措施	组织、技术、经济以外的措施

▎实战演练▎

［经典例题·多选］下列进度计划调整方法和措施中，属于组织措施的有（　　）。
A. 增加施工队伍　　　　　　　　　B. 改进施工技术
C. 增加施工机械数量　　　　　　　D. 改善作业环境
E. 给予经济补偿

［解析］选项 B 属于技术措施；选项 D 属于其他措施；选项 E 属于经济措施。

［答案］AC

第四章

施工质量管理

■ 本章导学

　　本章包括"施工质量影响因素及管理体系""施工质量抽样检验和统计分析方法""施工质量控制""施工质量事故预防与调查处理"四节内容。本章内容与专业实务科目（建筑工程管理与实务、公路工程管理与实务、机电工程管理与实务、市政公用工程管理与实务、水利水电工程管理与实务）中的质量控制相关内容联系紧密，考试所占分值较高。在学习过程中，建议先理解再记忆，可达到事半功倍的效果。

第一节 施工质量影响因素及管理体系

知识点 1 施工质量的基本要求、影响因素及质量特性

施工质量的基本要求、影响因素及质量特性等相关知识如图 4-1-1 所示。

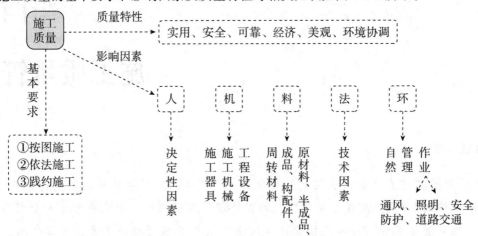

图 4-1-1 施工质量的基本要求、影响因素及质量特性

➢ **重点提示**：施工质量六大特性的顺口溜是"施耐庵可劲写"。

➢ **注意**："合格"是对施工质量的最基本要求。

实战演练

[2016 真题·单选] 影响施工质量的五大要素是指人、材料、机械及（　　）。

A. 方法与环境

B. 方法与设计方案

C. 投资额与合同工期

D. 投资额与环境

[解析] 影响施工质量的主要因素有人员、机械、材料、方法及环境五大方面。

[答案] A

[经典例题·单选] 施工质量特性主要体现在由施工形成的建筑工程的（　　）。

A. 实用性、安全性、美观性、耐久性

B. 安全性、耐久性、美观性、可靠性

C. 实用性、安全性、经济性、可靠性

D. 实用性、先进性、耐久性、可靠性

[解析] 施工质量特性主要体现在由施工形成的建筑工程的实用性、安全性、可靠性、经济性、美观性、环境协调性六个方面。

[答案] C

[经典例题·单选] 在影响施工质量的五大因素中，建设主管部门推广的高性能混凝土技术，属于（　　）因素。

A. 环境 B. 方法
C. 材料 D. 机械

[解析] 地基基础和地下空间工程技术、高性能混凝土技术、高效钢筋和预应力技术、新型模板及脚手架应用技术、钢结构技术、建筑防水技术等均属于施工方法因素。

[答案] B

[2017真题·多选] 下列影响施工质量的因素中，属于材料因素的有（　　）。

A. 计量器具 B. 建筑构配件
C. 新型模板 D. 工程设备
E. 安全防护设施

[解析] 选项A、D属于机械因素；选项E属于施工作业环境因素。

[答案] BC

[经典例题·多选] 下列机械设备属于施工机械设备的有（　　）。

A. 辅助配套的电梯、泵机 B. 测量仪器
C. 计量器具 D. 空调设备
E. 操作工具

[解析] 机械设备包括工程设备、施工机械和各类施工器具。其中，施工机械设备是指施工过程中使用的各类机具设备，包括运输设备、吊装设备、操作工具、测量仪器、计量器具以及施工安全设施等。选项A、D属于工程设备。

[答案] BCE

知识点 2　质量管理体系的建立和运行

施工企业质量管理体系的原则、文件构成及认证等相关知识如图4-1-2所示。

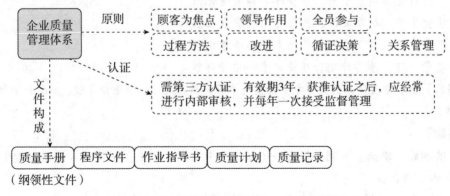

图 4-1-2　企业质量管理体系的原则、文件构成及认证

➤ **重点提示：**（1）质量管理的七项原则总结为"3人4方法"。其中，"3人"包括以顾客为关注焦点、领导作用、全员积极参与；"4方法"包括过程方法、改进、循证决策、关系管理。

（2）掌握质量管理体系文件的构成。

（3）区分企业质量管理体系文件的内容与职业健康安全管理和环境管理体系文件的内容（具体见第六章第二节内容）。

（4）企业质量管理体系是本书中唯一需要得到第三方认证的管理体系。

实战演练

[2024真题·单选] 关于质量管理体系认证与监督的说法，正确的是（ ）。

A. 企业获准认证的有效期为6年

B. 企业获准认证后第3年开始接受认证机构的监督管理

C. 企业获准认证后应经常性地进行内部审核

D. 企业质量管理体系由国家认证认可的监督委员会认证

[解析] 选项A错误，企业质量管理体系获准认证的有效期为3年。选项B错误，获准认证后，企业应通过经常性的内部审核，维持质量管理体系的有效性，并接受认证机构对企业质量管理体系实施的监督管理。选项D错误，质量管理体系认证由取得质量管理体系认证资格的第三方认证机构认证。

[答案] C

[2023真题·单选] 施工企业质量管理体系获准认证后，为保持质量管理体系的有效性，认证机构对企业质量管理体系实施监督管理的频率是（ ）。

A. 每5年一次 B. 每3年一次

C. 每年一次 D. 每半年一次

[解析] 企业获准质量管理体系认证后，应经常性地进行内部审核，保持质量管理体系的有效性，并每年一次接受认证机构对企业质量管理体系实施的监督管理。

[答案] C

[2020真题·单选] 企业质量管理体系文件应由（ ）等构成。

A. 质量目标、质量手册、质量计划和质量记录

B. 质量手册、程序文件、质量计划和质量记录

C. 质量方针、质量手册、程序文件和质量记录

D. 质量手册、质量计划、质量记录和质量评审

[解析] 质量管理体系的文件主要由质量手册、程序文件、作业指导书、质量计划和质量记录等构成。

[答案] B

[经典例题·单选] 下列质量管理体系文件中，属于实施和保持质量体系过程中长期遵循的纲领性文件的是（ ）。

A. 程序文件 B. 质量计划

C. 质量记录 D. 质量手册

[解析] 质量手册是实施和保持质量体系过程中长期遵循的纲领性文件。

[答案] D

[经典例题·单选] 质量管理体系文件中，属于质量手册的支持性文件的是（ ）。

A. 程序文件 B. 质量计划
C. 质量记录 D. 质量方针

[解析] 程序文件是质量手册的支持性文件，是企业为落实质量管理工作而建立的各项管理标准、规章制度，是企业各职能部门为贯彻落实质量手册要求而制定的实施细则。

[答案] A

[经典例题·单选] 施工企业质量管理体系的认证方应为（ ）。

A. 企业最高领导者 B. 第三方认证机构
C. 企业行政主管部门 D. 行业管理部门

[解析] 企业质量管理体系的认证方为第三方认证机构，第三方认证机构应依据质量管理体系的要求标准，进行独立、客观、科学、公正的评价，得出结论。

[答案] B

[2024真题·多选] 施工质量计划的编制依据有（ ）。

A. 政府工程质量监督方案 B. 施工作业指导书
C. 企业质量手册 D. 监理实施细则
E. 项目质量目标

[解析] 质量计划应根据企业的质量手册和项目质量目标来编制。

[答案] CE

知识点 3 施工质量保证体系

项目施工质量保证体系的内容、运行等相关知识如图 4-1-3 所示。

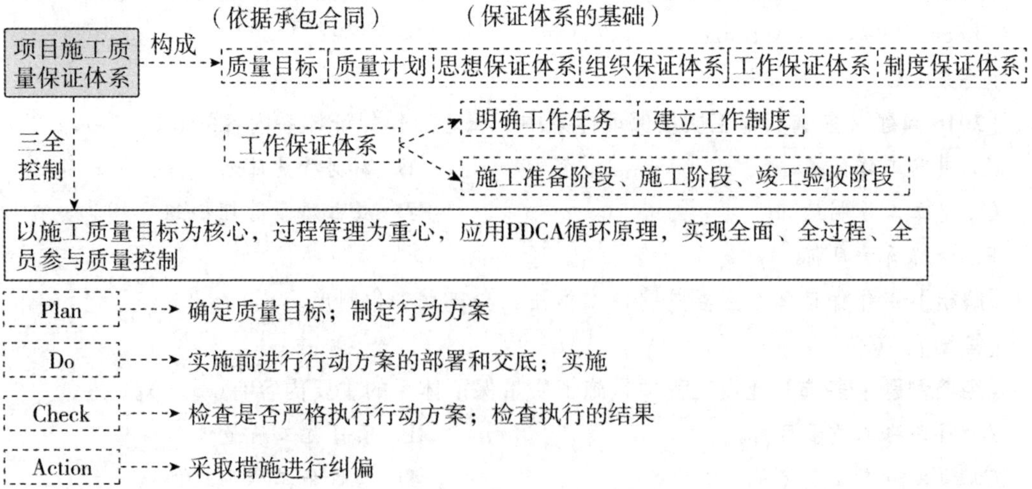

图 4-1-3 项目施工质量保证体系的内容及运行

▶ **重点提示：**（1）掌握质量保证体系的构成：施工质量目标，施工质量计划，思想、组织、工作、制度保证体系。

（2）区分工作保证体系涉及的三个阶段。

（3）PDCA 循环原理的相关内容是建设工程施工管理的基本原理，必须掌握。

实战演练

[经典例题·单选] 项目施工质量保证体系中，确定质量目标的基本依据是（ ）。

A. 质量方针　　　　　　　　　　　　B. 工程承包合同

C. 质量计划　　　　　　　　　　　　D. 设计文件

[解析] 项目施工质量保证体系必须有明确的质量目标，并符合项目质量总目标的要求；要以工程承包合同为基本依据，逐级分解目标以形成在合同环境下的各级质量目标。

[答案] B

[经典例题·单选] 施工质量保证体系的运行，应以（ ）为重心。

A. 过程管理　　　　　　　　　　　　B. 计划管理

C. 结果管理　　　　　　　　　　　　D. 成品保护

[解析] 施工质量保证体系的运行，应以质量计划为主线，以过程管理为重心，应用PDCA循环的原理，按照计划、实施、检查和处理的步骤展开。

[答案] A

[经典例题·单选] 施工质量保证体系的运行，应以（ ）为主线。

A. 质量纠偏　　　B. 质量计划　　　C. 质量检查　　　D. 质量处理

[解析] 施工质量保证体系的运行，应以质量计划为主线，以过程管理为重心，应用PDCA循环的原理，按照计划、实施、检查和处理的步骤展开。

[答案] B

[经典例题·单选] 建设工程项目质量管理的PDCA循环原理中，"C"是指（ ）。

A. 计划　　　　　B. 实施　　　　　C. 检查　　　　　D. 处理

[解析] 质量管理的PDCA循环原理包括四个步骤，即计划（Plan）、实施（Do）、检查（Check）和处理（Action）。

[答案] C

[2016真题·多选] 施工质量保证体系中，属于工作保证体系内容的有（ ）。

A. 明确工作任务　　　　　　　　　　B. 编制质量计划

C. 建立工作制度　　　　　　　　　　D. 成立质量管理小组

E. 分解质量目标

[解析] 工作保证体系主要是明确工作任务和建立工作制度。

[答案] AC

[经典例题·多选] 建设工程项目施工质量保证体系的主要内容有（ ）。

A. 项目施工质量目标　　　　　　　　B. 项目施工质量计划

C. 项目施工质量记录　　　　　　　　D. 项目施工程序文件

E. 思想、组织、工作保证体系

[解析] 建设工程项目施工质量保证体系的主要内容有项目施工质量目标，项目施工质量计划，思想、组织、工作保证体系。

[答案] ABE

第二节 施工质量抽样检验和统计分析方法

知识点 1 施工质量抽样检验方法

抽样检验是从一批产品中随机抽取少量产品（样本）进行检验，据以判断该批产品是否合格的统计方法和理论。

一、随机抽样方法

常用的随机抽样方法主要有：简单随机抽样法、系统抽样法、分层抽样法及整群抽样法。

（一）简单随机抽样法

简单随机抽样法是把总体中的 N 个个体编号，并把号码写在形状、大小相同的号签上，将号签放在同一个容器里，搅拌均匀后，每次从中抽出 1 个号签，连续抽取 n 次，得到一个样本容量为 n 的样本。

（1）优点：抽样误差小。
（2）缺点：抽样手续复杂，且在总体数量有限的情况下不具有代表性。
（3）简单随机抽样法适用于所有抽样调查。

（二）系统抽样法

系统抽样亦称为机械抽样、等距抽样。当总体中的个体数较多时，采用简单随机抽样显得较为费事。这时，可将总体分成均衡的几个部分，然后按照预先定出的规则，从每一部分抽取一个个体，得到所需要的样本，这种抽样称为系统抽样。

系统抽样适用于检验工序质量。

（三）分层抽样法

分层抽样法是指在抽样时，将总体分成互不相交的层，然后按照一定的比例，从各层独立地抽取一定数量的个体，将各层取出的个体合在一起作为样本的方法。

优点：样本代表性好，抽样误差小。
缺点：抽样手续比简单随机抽样复杂。
这种方法适用于产品质量检验、验收等。

（四）整群抽样法

整群抽样法是将总体中各单位归并成若干个互不交叉、互不重复的集合，称之为群；然后以群为抽样单位抽取样本的一种抽样方式。应用整群抽样法时，要求各群有较好的代表性，即群内各单位的差异要大，群间差异要小。

优点：实施方便。
缺点：代表性差，误差大。
这种方法适用于工序控制。

二、随机抽样的应用

随机抽样的步骤：

(1) 明确研究对象总体数量 N 及研究目的。

(2) 具有针对性地确定样本容量 n，并根据上述随机抽样方法权衡各方法的适用范围，选择合适的方法进行研究。

(3) 根据选定的抽样方法把总体中的个体进行编号。

(4) 在试验中记录样本中每个个体的测量值 $y_1、y_2 \cdots y_n$，计算样本总和及平均值。

(5) 计算样本的方差、总体平均值、总体的估计量及总体的标准差。

(6) 确定置信区间。

(7) 总结得到的数据信息，作出结论。

知识点 2 施工质量统计分析方法

常用统计分析方法包括排列图、因果图、相关图、直方图、控制图等。

一、排列图

排列图是找出影响产品质量主要因素的图表工具，它已成为在质量管理中发现主要质量问题和确定质量改进方向的有力工具。

(一) 排列图的画法

排列图由两个纵坐标、一个横坐标、几个顺序排列的矩形和一条累计频率折线组成，如图 4-2-1 所示。

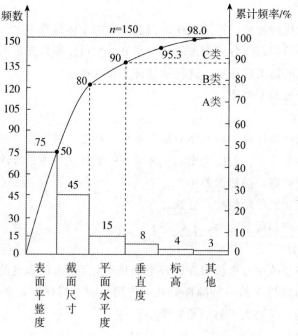

图 4-2-1 混凝土构件尺寸不合格点排列图

(二) 排列图的用途

1. 确定主要因素、有影响因素和次要因素

(1) 累计频率在 $0 \sim 80\%$ 的若干因素，是影响产品质量的主要因素（A 类因素），应重点管理。

(2) 累计频率在 80%～90% 左右的若干因素，对产品质量有一定影响，称为有影响因素（B 类因素），采用一般管理。

(3) 累计频率在 90%～100% 左右的若干因素，对产品质量仅有轻微影响，称为次要因素（C 类因素），可放宽管理。

2. 抓主要因素解决质量问题

将质量影响因素分类之后，重点针对 1～2 项主要因素进行改进提高，以解决质量问题。实践证明，集中精力将主要因素的影响减少比消灭次要因素更加有效。

3. 检查质量改进措施的效果

采取改进措施后，为了检验其效果，可用排列图来检查。若改进后的排列图中横坐标上因素频数矩形高度有明显降低，说明质量改进措施有效果。

> **实战演练**
>
> ［2024 真题·单选］最能形象、直观、定量反映影响质量主次因素的施工质量统计分析方法是（　　）。
>
> A. 相关图法　　　　　　　　B. 直方图法
> C. 控制图法　　　　　　　　D. 排列图法
>
> ［解析］排列图法又称为主次因素分析法或帕累托图法，是用来分析影响产品质量主次因素的有效方法。
>
> ［答案］D

二、因果图

在找出质量问题以后，为分析产生质量问题的原因，以确定因果关系的图表称为因果图。它由质量问题和影响因素两部分组成。图 4-2-2 中主干箭头所指的为质量问题，主干上的大枝表示主要原因，中枝、小枝、细枝表示原因的依次展开。

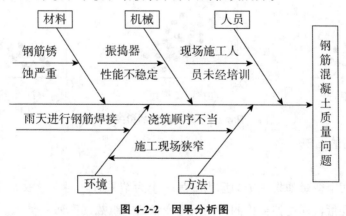

图 4-2-2　因果分析图

（一）因果图的画法

(1) 确定待分析的质量问题，将其写在图右侧的方框内，画出主干，箭头指向右端。

(2) 确定该问题中影响质量原因的分类方法。一般对于工序质量问题，常按其影响因素：人、机、料、方法、环境等进行分类，简称为 4M1E。对应每一类原因画出大枝、箭头方向从左到右斜指向主干，并在箭头尾端写上原因分类项目。

（3）将各分类项目分别展开，每个大枝上分出若干中枝表示各项目中造成质量问题的一个原因。中枝平行于主干箭头指向大枝。

（4）将中枝进一步展开成小枝。小枝是造成中枝的原因，依次展开，直至细到能采取措施为止。

（5）找出主要原因，画上方框作为质量改进的重点。

（二）因果图的用途

（1）根据质量问题逆向追溯产生原因，由粗到细找出产生质量问题的各个层次、各种各样的原因，以及各原因的传递关系。

（2）因果图可明确原因的影响大小和主次，从而可以作为制定质量改进措施的指导依据。

三、相关图（又称散布图）

在质量问题的原因分析中，常会接触到各个质量因素之间的关系。这些变量之间的关系往往不能进行解析描述，不能由一个（或几个）变量的数值精确地求出另一个变量的值，我们称之为非确定性关系。相关图就是将两个非确定性关系变量的数据对应列出，标记在坐标图上，来观察它们之间关系的图表，如图4-2-3所示。

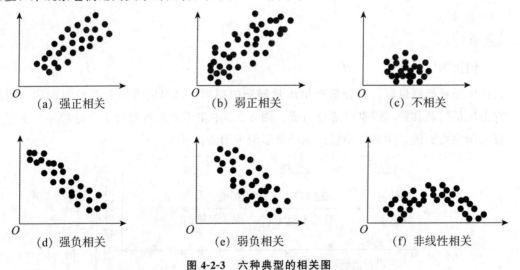

图4-2-3 六种典型的相关图

（一）相关图的画法

1. 收集数据

所要研究的两个变量如果一个为原因，另一个为结果时，则一般取原因变量为自变量，取结果变量为因变量，通过抽样检测得到两个变量的一组数据序列。

2. 在坐标上画点

在直角坐标系中，把上述对应的数据组序列以点的形式一一描出。注意，横轴与纵轴的长度单位选取原则是使两个变量的散布范围大致相等，以便分析两变量之间的相关关系。

（二）相关图的用途

1. 确定两变量（因素）之间的相关性

两变量之间的散布图大致可分下列六种情形：

（1）**强正相关**。x 增大，y 也随之线性增大。此时，只要控制 x，y 也随之被控制住了，如图 4-2-3（a）所示。

（2）**弱正相关**。散布点分布在一条直线附近，且 x 增大，y 基本上随之线性增大。此时除了因素 x 外，可能还有其他因素影响 y，如图 4-2-3（b）所示。

（3）**不相关**。x 和 y 两变量之间没有任何一种明确的趋势关系，说明两个因素互不相关，如图 4-2-3（c）所示。

（4）**强负相关**。y 随 x 的增大而减小。此时，可以通过控制 x 而控制 y 的变化，如图 4-2-3（d）所示。

（5）**弱负相关**。x 增大，y 基本上随之线性减小。此时除 x 之外，可能还有其他因素影响 y，如图 4-2-3（e）所示。

（6）**非线性相关**。x、y 之间可用曲线方程进行拟合，根据两变量之间的曲线关系，可以利用 x 的控制调整实现对 y 的控制，如图 4-2-3（f）所示。

2. 变量控制

通过分析各变量之间的相互关系，可以确定出各变量之间的关联性类型及其强弱。当两变量之间的关联性很强时，可以通过对容易控制（操作简单、成本低）的变量的控制达到对难控制（操作复杂、成本高）的变量的间接控制。

3. 确定影响程度

可以把质量问题作为因变量，确定各种因素对产品质量的影响程度。

四、直方图

直方图是适用于对大量数据进行整理加工、找出其统计规律的方法，主要图形为直角坐标系中若干顺序排列的矩形。各矩形底边相等，为数据区间；矩形的高为数据落入各相应区间的频数。直方图如图 4-2-4 所示。

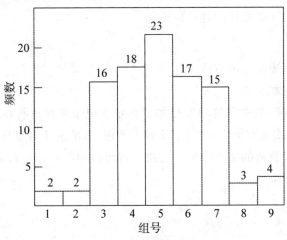

图 4-2-4　直方图

(一) 直方图的画法

(1) 收集数据。数据个数一般在 100 个左右，至少不少于 50 个。理论上数据越多越好，但因收集数据需要耗费时间和人力、费用，所以收集的数据有限。

(2) 找出最大值 L、最小值 S 和极差 R。找出全体数据的最大值 L 和最小值 S，计算出极差 $R=L-S$。

(3) 确定数据分组数 k 及组距 h。通常分组数 k 取 4~20，组距 $h=R/k$。

(4) 确定各组上、下界。只需确定第一组下界值即可根据组距 h 确定出各组的上、下界取值。注意一个原则：应使全体数据落在第一组的下界值与最后一组（第 k 组）的上界值所组成的开区间之内。

(5) 累计频率画直方图。累计各组中数据频数，并以组距为底边，数据频数为高，画出一系列矩形，得到直方图。

不同类型的直方图如图 4-2-5 所示。

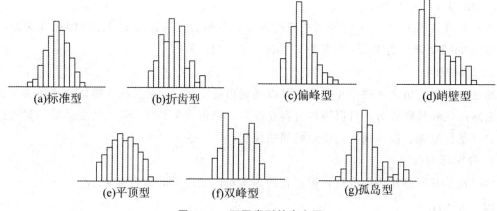

图 4-2-5　不同类型的直方图

(二) 直方图的用途

(1) 计算均值和标准差 S。

(2) 通过直方图可以直观地看出产品质量特性的分布形态，便于判断工序是否处于统计控制状态，以决定是否采取相应的处理措施。

五、控制图

控制图是过程控制中常用的方法。

(一) 控制图的基本形式

控制图是对生产过程或服务过程质量加以测定、记录从而进行控制管理的一种图形方法，如图 4-2-6 所示，图上有中心线 CL、上控制界限 UCL 和下控制界限 LCL，并有按时间顺序抽取的样本统计量数值的描点序列。绘制分析用控制图时，一般需连续抽取 20~25 组样本数据，计算控制界限。

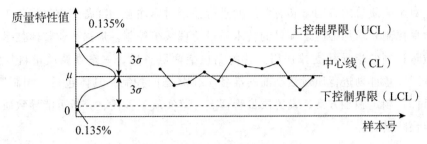

图 4-2-6 控制图的基本形式

(二) 控制图的作用

控制图之所以能获得广泛应用，主要是由于它能起到下列作用：

(1) 贯彻预防为主的原则。

应用控制图有助于保持过程处于控制状态，从而起到保证质量防患于未然的作用。

(2) 改进生产率。

应用控制图可以减少废品和返工，从而提高生产率、降低成本和增加生产能力。

(3) 防止不必要的过程调整。

控制图可用以区分质量的偶然波动与异常波动，从而使操作者减少不必要的过程调整。

(4) 提供有关工序能力的信息。

控制图可以提供重要的过程参数数据以及它们的时间稳定性，这些对于产品设计和过程设计都是十分重要的。

> **实战演练**
>
> [2024 真题·单选] 采用控制图法分析工程质量状况时，为了计算上下控制界限，通常需连续抽取（ ）组样本数据。
>
> A. 20～25　　　　　　　　　　B. 5～10
>
> C. 10～15　　　　　　　　　　D. 15～20
>
> [解析] 分析用控制图主要是用来调查分析生产过程是否处于控制状态。绘制分析用控制图时，一般需连续抽取 20～25 组样本数据，计算控制界限。
>
> [答案] A

第三节　施工质量控制

知识点 1　施工质量控制的三阶段

三阶段控制分别是事前质量控制、事中质量控制和事后质量控制。这三阶段构成了施工项目质量管理的系统过程。

一、事前质量控制

事前质量控制的重点是做好准备工作。要求在切实可行并有效实现预期质量目标的基础上，预先进行周密的施工质量计划，编制施工组织设计或施工项目管理实施规划，作为一种行动方案。对影响质量的各因素和有关方面进行预控时应注意，准备工作贯穿施工全过程。

事前质量控制要求加强施工项目的技术质量管理系统控制，加强企业整体技术和管理经验对施工质量计划的指导和支撑作用。其内涵包括两层意思，一是强调质量目标的计划预控，二是按照质量计划进行质量活动前的准备工作状态的控制。具体包括：编制质量计划、明确质量目标、制定施工方案、设置质量管理点、落实质量责任、分析可能导致质量问题的因素并制定预防措施。

二、事中质量控制

事中质量控制指在施工过程中进行质量控制。首先是对质量活动的行为约束，即对质量产生过程各项技术作业活动操作者在相关制度管理下的自我行为约束的同时，充分发挥其技术能力，完成预定质量目标的作业任务；其次是外部对质量活动过程和结果的监督控制。事中质量控制的策略是全面控制施工过程及其有关方面的质量。重点是控制工序质量、工作质量、质量控制点。要点是工序交接有检查，质量预控有对策，施工项目有方案，技术措施有交底，图纸会审有记录，配制材料有试验，隐蔽工程有验收，计量器具有复核，设计变更有手续，质量处理有复查，成品保护有措施，行使质控有否决，质量文件有档案。

三、事后质量控制

事后质量控制指对于通过施工过程所完成的具有独立的功能和使用价值的最终产品（单位工程或整个工程项目）及其有关方面（如质量文档）的质量进行控制，包括对质量活动结果的评价和认定以及对质量偏差的纠正。在实际工程中不可避免地存在一些难以预料的影响因素，很难保证所有作业活动"一次成功"；另外，对作业活动的事后评价是判断其质量状态不可缺少的环节。

以上三个控制阶段不是孤立和截然分开的，它们相互构成有机的系统过程，实质上也就是 PDCA 循环的具体化，并在每一次滚动循环中不断提高，达到质量管理的持续改进。

实战演练

[2019 真题·单选] 下列质量控制活动中，属于事中质量控制的是（　　）。

A. 设置质量控制点 B. 明确质量责任

C. 评价质量活动结果 D. 约束质量活动行为

[解析] 事中质量控制包括对质量活动的行为约束和对质量活动过程和结果的监督控制。选项 A、B 属于事前质量控制；选项 C 属于事后质量控制。

[答案] D

[2015 真题·单选] 下列施工质量控制的工作中，属于事前质量控制的是（　　）。

A. 隐蔽工程的检查

B. 工程质量事故的处理

C. 分析可能导致质量问题的因素并制定预防措施

D. 现场材料抽样检查或试验

[解析] 事前质量控制，即在正式施工前进行质量控制，控制的重点是做好准备工作。具体包括：编制施工质量计划、明确质量目标、制定施工方案、设置质量管理点、落实质量责任、分析可能导致质量问题的因素并制定预防措施。

[答案] C

知识点 2 施工质量控制的一般方法

一、质量检查内容

（1）开工前检查。主要是检查开工前准备工作的质量能否保证正常施工。

（2）工序交接检查。三检：自检、交接检、专检。

（3）隐蔽工程检查。在施工单位自检与互检的基础上，监理人员还应进行隐蔽工程检查。经监理人员检查确认其质量后，才允许加以覆盖。

（4）停工后复工前检查。当工程因质量问题或其他原因，由监理指令停工后，在复工前应经监理人员检查认可，下达复工指令，方可复工。

（5）完工后检查。分项、分部（子分部）工程完成后，应经监理人员检查认可，并签署中间交工证书。

（6）对于成品进行保护的检查。检查成品有没有保护措施、保护措施是否有效。

二、质量检查方法

对于现场所用原材料、半成品、工序过程或工程产品质量进行检查的方法有以下三类：

（1）目测法。这类方法主要是采用看、摸、敲、照等手法对检查对象进行检查。

（2）量测法。即利用量测工具或计量仪表，通过实际量测结果与规定的质量标准或规范的要求相对照，从而判断质量是否符合要求。量测的手法可归纳为：靠、吊、量、套。

（3）试验法。即通过进行现场试验或实验室试验等理化试验手段取得数据，分析判断质量情况。试验法包括理化试验、无损测试或检查。

▶ **重点提示：**（1）现场监督检查内容的顺口溜："开、交、隐、停、分、成"。

（2）区分三种现场质量检查的方法。

实战演练

[经典例题·单选] 施工现场对墙面平整度进行检查时，适合采用的检查手段是（　　）。

A. 量　　　　　　　　　　　　B. 靠

C. 吊　　　　　　　　　　　　D. 套

[解析] 量测的手法有靠、吊、量、套。其中靠是指用直尺、塞尺检查墙面、地面、路面等的平整度。

[答案] B

[经典例题·单选] 施工质量检查中，工序交接检查的"三检"制度是指（　　）。

A. 质检员检查、技术负责人检查、项目经理检查

B. 施工单位检查、监理单位检查、建设单位检查

C. 自检、交接检、专检

D. 施工单位内部检查、监理单位检查、质量监督机构检查

[解析] 在施工质量检查中，工序交接检查实行"三检"制度，即自检、交接检、专检。

[答案] C

[经典例题·多选] 下列施工质量控制内容中，属于现场施工质量检查内容的有（　　）。

A. 开工前检查

B. 工序交接检查

C. 材料质量检验报告检查

D. 成品保护检查

E. 施工机械性能稳定性检查

[解析] 现场质量检查的主要内容包括开工前检查、工序交接检查、隐蔽工程检查、停工后复工前检查、完工后检查、对于成品进行保护的检查。

[答案] ABD

知识点 3 施工准备质量控制

一、建设单位的施工准备质量控制

承发包合同签订后，建设单位、施工单位、监理单位都应努力完成自己责任内的事情，都要积极为项目的按时开工创造条件，其中建设单位的工作更不容忽视。建设单位责任内的施工准备质量控制主要是对其准备工作内容逐条逐项认真完成，为工程项目的开工创造一切有利条件。这里重点阐述建设单位施工准备工作中施工组织设计大纲的编制及其质量控制内容。

大中型工程项目施工组织设计大纲是组织工程实施的指导性文件，也是降低工程造价、保证工程质量、控制总概算、合理安排项目工期、制订投资计划的主要依据之一。施工组织设计大纲应在初步设计批准后，由项目法人或项目法人委托设计单位编制。施工组织设计大纲不同于施工组织设计，施工组织设计大纲是编制和审核施工组织总设计的依据。施工组织设计大纲的编制内容如下：

（1）工程概况。

（2）与工程相关的周围环境概况：指与工程建设有相互影响的工业和农业情况。

（3）施工配套条件：指出可能相互影响的因素（包括文物和环境保护）和解决办法。

（4）施工总部署。施工总部署包括制定施工部署主线和施工总部署原则；预测和分析整个工程的资源需求和分年供给的可能；提出工程所要达到的工期、质量目标，施工的主要技术经济指标和要求。

(5) 施工准备与临建设施。施工准备与临建设施包括技术准备、招标投标和组织管理体系等准备工作的安排。

(6) 施工总平面布置：按照施工总部署的原则，通过定性和定量分析，以文字和图表方式表现。

(7) 施工总进度计划。施工总进度计划包括指导思想，编制原则，总进度时间表，各单项工程合理工期，设备到货、安装和调试工期，施工劳动力需要量计划、建筑材料需要量计划、施工图设计进度。

(8) 资金计划。资金计划包括资金安排原则、资金筹措与分年分渠道安排计划、其他工程费用使用计划。

施工组织设计大纲的编制要按照上述内容认真编写，符合实际，满足质量控制的要求。

二、承包商的施工准备质量控制

承包商的施工准备质量控制的重点是承包商对技术准备的质量控制。技术准备的质量控制包括：绘图及审阅工作，编制施工作业技术指导书，进行技术交底、技术培训，复核审查准备工作，制订施工质量控制计划，设置质量控制点，明确关键部位的质量管理点。而技术准备的质量控制的关键是施工项目管理实施规划（质量计划）的编制和审核。承包商施工技术准备中的施工项目管理实施规划的质量控制要求如下：

(1) 施工项目管理实施规划的编制、审查和批准要符合规定的程序。

(2) 施工项目管理实施规划应符合国家的技术政策，充分考虑承包合同规定的条件、施工现场条件及法规条件的要求，突出"质量第一、安全第一"的原则。

(3) 施工项目管理实施规划要具有针对性和可操作性。

(4) 技术方案要具有先进性。

(5) 质量管理体系、技术管理体系以及质量保证措施要健全且切实可行。

(6) 安全、环保、消防和文明施工措施应切实可行并符合有关规定。

综上所述，施工准备工作应贯穿于整个施工过程，既有阶段性又有连续性，必须按规定做好。各项准备工作达到规定程度即可申报开工。

三、现场施工准备的质量控制

（一）工程定位和标高基准控制

对于工程定位和标高基准的控制，第一步是工程测量放线。其后施工单位将复测数据结果报监理工程师审核批准，施工单位根据批准后的数据建立施工测量控制网。

（二）施工平面布置控制

施工平面布置的控制即由建设单位划定用地的范围，制定施工场地质量管理制度，并做好施工现场质量检查记录。

➢ **重点提示**：(1) 技术准备的质量控制——"室内＋技术"的工作。

(2) 现场施工准备的质量控制——"室外"的工作。

> **实战演练**
>
> [经典例题·单选] 下列施工质量控制工作中,属于技术准备工作质量控制的是( )。
>
> A. 建立施工测量控制网　　　　　　　B. 设置质量管理点
> C. 制定施工场地质量管理制度　　　　D. 实行工序交接检查制度
>
> [解析] 技术准备的质量控制包括:绘图及审阅工作,编制施工作业技术指导书,进行技术交底、技术培训,以及对准备工作的复核审查,制订施工质量控制计划,设置质量控制点,明确关键部位的质量管理点。
>
> [答案] B

知识点 4　施工过程质量控制

施工过程的质量控制是施工阶段工程质量控制的重点。施工过程中质量控制的主要工作:以工序质量控制为核心,设置质量控制点进行预控,严格质量检查和加强成品保护。

一、施工工序质量控制

施工过程必须以工序质量控制为基础,落实在各项工序的质量监控上。工序质量监控包括对工序活动条件的监控和对工序活动效果的监控。

(一) 工序活动条件监控

工序活动条件的监控主要是指对于影响工序生产质量的各因素及环境进行控制,也就是使工序活动能在良好的条件下进行,以确保工序产品的质量。工序活动条件的监控包含以下两点:

(1) 施工准备方面的控制。在工序施工前,应对影响工序质量的因素或条件进行监控。

(2) 施工过程中对工序活动条件的监控。工序活动是在经过审查施工准备的条件下展开的,对施工过程中工序活动条件进行监控时,要注意各因素或条件的变化,如果发现某种因素或条件不利于工序质量,应及时予以控制或纠正。在各种因素中,投入施工的物品如材料、半成品等以及施工操作或工艺是最活跃和易变化的因素,应予以特别监督与控制,使它们的质量始终处于控制之中。

(二) 工序活动效果监控

工序活动效果的监控主要反映在对工序产品质量性能的特征指标的控制上,主要是指对工序活动的产品采取一定的检验手段进行检验,根据检验结果分析、判断该工序活动的质量(效果),从而实现对工序质量的控制。其监控步骤如下:

(1) 实测。采用必要的检测手段,对抽取的样品进行检验,测定其质量特性指标。

(2) 分析。对检测所得数据进行整理、分析,找出规律。

(3) 判断。根据数据分析的结果,判断该工序产品是否达到了规定的质量标准;如果未达到,应找出原因。

(4) 纠正或认可。如发现质量不符合规定标准,应采取措施纠正;如果质量符合要求,则予以确认。

二、技术交底

工程项目开工前，由项目技术负责人向施工负责人或分包人进行书面技术交底。技术交底书应由施工项目技术人员编制，并经项目技术负责人批准实施。

三、测量控制

（1）工程项目开工前，应编制测量控制方案，经项目技术负责人批准后实施。

（2）进行测量复核工作，复核结果应报送监理工程师复验确认后，方能进行后续工序的施工。

➢ **重点提示**：（1）工序施工条件控制包括各生产要素质量及生产环境条件的控制。

（2）工序施工效果控制属于事后质量控制。

（3）掌握由谁向谁进行技术交底，技术交底书由谁编制、由谁审批。

（4）掌握测量控制方案由谁审批、数据复核结果交谁复验。

实战演练

[2023真题·单选]施工项目开工前编制的测量控制方案应由（　　）批准后实施。

A. 项目经理

B. 施工单位技术负责人

C. 项目测量负责人

D. 项目技术负责人

[解析]项目开工前应编制测量控制方案，经项目技术负责人批准后实施。

[答案] D

[2016真题·单选]施工过程中，施工单位必须认真进行施工测量复核工作，并应将复核结果报送（　　）复验确认。

A. 项目经理　　　　　　　　　　B. 监理工程师

C. 建设单位项目负责人　　　　　D. 项目技术负责人

[解析]施工过程中，施工单位必须认真进行施工测量复核工作，复核结果应报送监理工程师复验确认后，方能进行后续相关工序的施工。

[答案] B

[经典例题·多选]下列施工过程的质量控制中，属于工序施工效果控制的是（　　）。

A. 钢材的力学性能检测　　　　　B. 实测获取数据

C. 统计分析所获取的数据　　　　D. 水泥物理化学性能检测

E. 纠正质量偏差

[解析]工序施工效果控制的步骤是：实测获取数据→统计分析所获取的数据→判断是否达到质量标准→纠正质量偏差或认可。

[答案] BCE

知识点 5 施工质量检查验收

工程施工质量验收包括施工过程的质量验收和施工项目竣工质量验收。

一、施工过程质量验收

根据《建筑工程施工质量验收统一标准》（GB 50300—2013），施工过程质量验收的项目和标准等相关内容总结如图 4-3-1 所示。

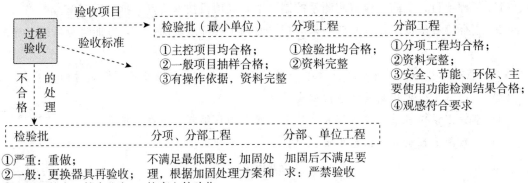

图 4-3-1 施工过程质量验收的项目和标准

➤ **重点提示**：（1）区分施工过程（检验批、分项工程、分部工程）质量验收合格的标准。

（2）区分检验批、分部分项工程、单位工程验收不合格的处理方法。

实战演练

[经典例题·单选] 施工过程中，工程质量验收的最小单位是（　　）。

A. 分项工程

B. 单位工程

C. 分部工程

D. 检验批

[解析] 检验批是工程验收的最小单位，是分项工程乃至整个建筑工程质量验收的基础。

[答案] D

[经典例题·单选] 检验批质量验收时，认定其为质量合格的条件之一是主控项目质量（　　）。

A. 抽检合格率至少达到 85%

B. 抽检合格率至少达到 90%

C. 抽检合格率至少达到 95%

D. 全部符合有关专业工程验收规范的规定

[解析] 主控项目质量对检验批的基本质量有决定性影响，因此，必须全部符合有关专业工程验收规范的规定。

[答案] D

[**经典例题·单选**] 某检验批质量验收时，抽样送检资料显示其质量不合格，经有资质的法定检测单位实体检测后，仍不满足设计要求，但经原设计单位核算后认为能满足结构安全和使用功能的要求，则该检验批的质量（   ）。

A. 应返工重做后重新验收

B. 需与建设单位协商一致方可验收

C. 可予以验收

D. 由监督机构决定是否予以验收

[解析] 经有资质的检测单位检测鉴定达不到设计要求，但经原设计单位核算，仍能满足结构安全和使用功能的情况，该检验批可以予以验收。

[答案] C

[**经典例题·多选**] 建设工程施工质量不符合要求时，正确的处理方法有（   ）。

A. 经返工重做或更换器具、设备的检验批，应重新进行验收

B. 经有资质的检测单位检测鉴定达到设计要求的检验批，应予以验收

C. 经有资质的检测单位检测鉴定达不到设计要求，但经原设计单位核算认可，能满足结构安全和使用功能的检验批，可予以验收

D. 经返修或加固的分项、分部工程，虽然改变外形尺寸但仍能满足安全使用要求，可按技术处理方案和协商文件进行验收

E. 经返修或加固处理仍不能满足安全使用要求的分部工程，经鉴定后降低安全等级使用

[解析] 当建筑工程质量不符合要求时，应按下列规定进行处理：①经返工重做或更换器具、设备的检验批，应重新进行验收；②经有资质的检测单位检测鉴定能够达到设计要求的检验批，应予以验收；③经有资质的检测单位检测鉴定达不到设计要求，但经原设计单位核算认可，能够满足结构安全和使用功能的检验批，可予以验收；④经返修或加固处理的分项、分部工程，虽然改变外形尺寸但仍然满足安全使用要求，可按技术处理方案和协商文件进行验收。

[**名师点拨**] 建设工程施工质量不符合要求时，处理的方法归纳为：①检验批严重不合格——返工重做；②检验批一般不合格——翻修或更换器具后重新验收；③个别不满足强度要求——鉴定结果符合安全使用时，可以验收；④个别不满足鉴定要求——经原设计单位验算，验算结果符合安全使用时，可以验收；⑤返修处理——蜂窝、麻面、墙上存在不影响安全使用的细小裂缝；⑥加固处理——主要针对危及承载力的质量缺陷处理，加固之后可按技术处理方案和协商文件进行验收；⑦返工处理——通过返修、加固后仍不能满足规定的质量标准，需返工处理；⑧限制使用——返修、加固后无法达到规定的使用要求，但无法返工的情况；⑨不作处理——涉及四方面：不影响安全使用、后道工序可以弥补、法定检测单位鉴定合格、鉴定不合格，但符合原设计的要求；⑩报废处理——采取所有方法处理后仍不能满足规定的要求，则必须报废处理。

[答案] ABCD

二、竣工质量验收

（一）竣工验收的标准和条件

根据《建筑工程施工质量验收统一标准》（GB 50300—2013），项目竣工质量验收的标准和条件等相关内容总结如图 4-3-2 所示。

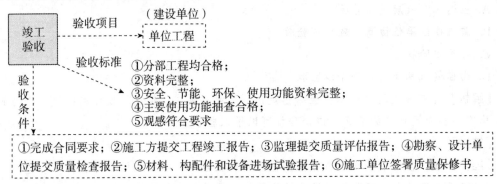

图 4-3-2　项目竣工质量验收的标准和条件

> **重点提示**：(1) 掌握竣工验收的组织者及验收合格的标准。

(2) 掌握施工项目竣工质量验收条件中的五个重要文件：①工程竣工报告；②工程质量评估报告；③质量检查报告；④建筑材料、构配件和设备的进场试验报告；⑤工程质量保修书。

（二）竣工验收的程序

根据《建筑工程施工质量验收统一标准》（GB 50300—2013），施工项目竣工质量验收的程序总结如图 4-3-3 所示。

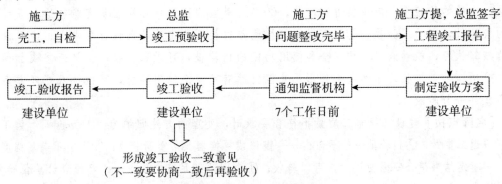

图 4-3-3　竣工验收的程序

（三）竣工验收报告所附的内容

(1) 施工许可证。

(2) 施工图设计文件的审查意见。

(3) 竣工质量验收条件中的竣工报告、质量评估报告、质量检查报告、质量保修书。

(4) 工程竣工验收意见。

(5) 其他有关文件。

实战演练

[经典例题·单选] 施工项目竣工质量验收时,如参与验收的建设、勘察、设计、施工、监理等各方不能形成一致意见时,正确的做法是( )。

A. 协商提出解决方法,待意见一致后做出验收结论

B. 协商提出解决方法,待意见一致后重新组织工程竣工验收

C. 由建设单位做出验收结论

D. 由监理单位做出验收结论

[解析] 参与工程竣工验收的建设、勘察、设计、施工、监理等各方不能形成一致意见时,应当协商提出解决的方法,待意见一致后,重新组织工程竣工验收。

[答案] B

[经典例题·单选] 建设工程施工项目竣工验收应由( )组织。

A. 监理单位 B. 施工企业

C. 建设单位 D. 质量监督机构

[解析] 竣工验收由建设单位组织,验收组由建设、勘察、设计、施工、监理和其他有关方面的专家组成。

[答案] C

[经典例题·多选] 根据《建筑工程施工质量验收统一标准》(GB 50300—2013),单位工程质量验收合格的规定有( )。

A. 所含分部工程的质量均应验收合格

B. 质量控制资料应完整

C. 所含分部工程有关安全、节能、环境保护和主要使用功能的检验资料应完整

D. 主要使用功能的抽查结果应符合相关专业质量验收规范的规定

E. 工程监理质量评估记录应符合要求

[解析] 单位工程质量验收合格应符合下列规定:①所含分部工程的质量均应验收合格;②质量控制资料应完整;③所含分部工程有关安全、节能、环境保护和主要使用功能的检验资料应完整;④主要使用功能的抽查结果应符合相关专业质量验收规范的规定;⑤观感质量应符合要求。

[答案] ABCD

第四节 施工质量事故预防与调查处理

知识点 1 施工质量事故分类

一、质量事故分类

根据《生产安全事故报告和调查处理条例》(国务院令第493号),工程质量事故分为四个等级,如图4-4-1所示。

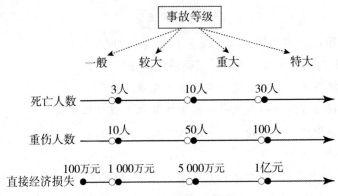

图 4-4-1　工程质量事故等级

（1）特别重大事故，是指造成 30 人以上死亡，或者 100 人以上重伤，或者 1 亿元以上直接经济损失的事故。

（2）重大事故，是指造成 10 人以上 30 人以下死亡，或者 50 人以上 100 人以下重伤，或者 5 000 万元以上 1 亿元以下直接经济损失的事故。

（3）较大事故，是指造成 3 人以上 10 人以下死亡，或者 10 人以上 50 人以下重伤，或者 1 000 万元以上 5 000 万元以下直接经济损失的事故。

（4）一般事故，是指造成 3 人以下死亡，或者 10 人以下重伤，或者 100 万元以上 1 000 万元以下直接经济损失的事故。

二、质量事故责任划分

（1）指导责任事故：工程指导或领导失误。

（2）操作责任事故：操作者不按规程和标准实施。

（3）自然灾害：突发的严重自然灾害。

三、质量事故原因划分

（1）技术原因：指由于设计、施工在技术上的失误。

（2）管理原因：指管理上的不完善或失误。

（3）社会经济原因：指由于经济因素及社会不正之风导致建设中的错误行为。

（4）其他原因：其他人为事故、不可抗力等原因。

➤ **重点提示：**（1）工程质量事故的分类必须掌握，公共科目、专业科目经常会考查。

（2）事故责任分类：领导的责任、工人的责任、自然灾害的责任。

（3）区分造成质量事故的四种原因。

实战演练

[2024 真题·单选] 某工程施工中发生质量事故，导致 2 人死亡，直接经济损失 1 200 万元。该事故等级应界定为（　　）。

A. 一般事故　　　　　　　　　　　　B. 重大事故

C. 较大事故　　　　　　　　　　　　D. 特别重大事故

[解析] 较大事故，是指造成3人及以上10人以下死亡，或者10人及以上50人以下重伤，或者1 000万元及以上5 000万元以下直接经济损失的事故。

[答案] C

[2016真题·单选] 某工程混凝土浇筑过程中发生脚手架倒塌，造成11名施工人员当场死亡，此次工程质量事故等级认定为(　　)。

A. 特别重大事故　　　B. 重大事故　　　C. 较大事故　　　D. 一般事故

[解析] 根据工程质量事故造成的人员伤亡或者直接经济损失，工程质量事故分为四个等级：①特别重大事故，是指造成30人以上死亡，或者100人以上重伤，或者1亿元以上直接经济损失的事故；②重大事故，是指造成10人以上30人以下死亡，或者50人以上100人以下重伤，或者5 000万元以上1亿元以下直接经济损失的事故；③较大事故，是指造成3人以上10人以下死亡，或者10人以上50人以下重伤，或者1 000万元以上5 000万元以下直接经济损失的事故；④一般事故，是指造成3人以下死亡，或者10人以下重伤，或者100万元以上1 000万元以下直接经济损失的事故。

[答案] B

[2016真题·单选] 由于工程负责人不按规范指导施工、随意压缩工期造成的质量事故，按事故责任分类，属于(　　)。

A. 操作责任事故　　　　　　　　B. 自然灾害事故
C. 技术责任事故　　　　　　　　D. 指导责任事故

[解析] 指导责任事故指由于工程指导或领导失误而造成的质量事故。例如，由于工程负责人不按规范指导施工，强令他人违章作业，或片面追求施工进度，放松或不按质量标准进行控制和检验，降低施工质量标准等而造成的质量事故。

[答案] D

知识点 2 施工质量事故预防

一、施工质量事故产生的原因

(1) 施工人员质量意识淡薄。

(2) 施工人员不熟悉施工图纸，未进行设计交底，或设计交底不到位。

(3) 施工方案或施工技术措施不合理。

(4) 管理不到位，包括项目部管理人员管理不到位和现场监督监理不到位等。

二、施工质量事故预防措施

施工质量事故是指在建筑施工过程中，由于施工方在设计、施工、监理等环节出现疏漏或错误而导致的安全事故或质量问题。因此，预防施工质量事故是每个施工单位都应高度重视的问题。

(一) 加强施工组织管理

施工组织管理是预防施工质量事故的基础。首先，施工单位应制定详细的施工方案和施工组织设计，并向相关部门报备。其次，要建立完善的施工管理制度，明确各岗位职责和工作流程。此外，施工单位还应加强对施工人员的培训，提高其技术水平。

（二）严格遵守施工规范

施工规范是保证施工质量的重要依据。施工单位应严格按照相关规范进行施工，确保每个环节都符合要求。只有严格遵守规范，才能有效预防施工质量事故的发生。

（三）加强施工现场管理

施工现场是事故易发区域，加强现场管理是预防事故的关键。首先，施工单位应建立健全的安全管理制度，包括安全生产责任制、安全教育培训制度等。其次，要加强对施工现场的巡查和监督，及时发现和处理隐患。同时，要设置合理的警示标识和安全防护设施，确保施工人员的人身安全。

（四）加强材料质量控制

材料质量是施工质量的基础，对材料的选择和控制至关重要。施工单位应严格按照相关标准和要求进行材料采购，并对进场材料进行检验和验收。同时，要加强对材料的储存和保管，防止受潮、变形等问题。只有确保材料质量，才能保证施工质量的稳定和可靠性。

（五）强化施工质量监督

施工质量监督是预防事故的重要手段。相关部门应加大对施工质量的监督力度，及时发现和处理施工中存在的问题。同时，施工单位也应主动配合监督工作，积极整改存在的质量问题。只有形成监督与被监督相互配合的良好局面，才能有效预防施工质量事故的发生。

（六）加强施工质量事故的学习与总结

施工质量事故的学习与总结是防范事故再次发生的重要环节。施工单位应及时组织对事故进行分析和研究，找出事故的原因和教训，制定相应的改进措施。同时，要加强对施工人员的培训和教育，增强其安全意识。只有不断总结经验教训，才能不断提高施工质量和安全水平。

知识点 3 施工质量事故的处理

施工质量事故处理的一般程序如图 4-4-2 所示。

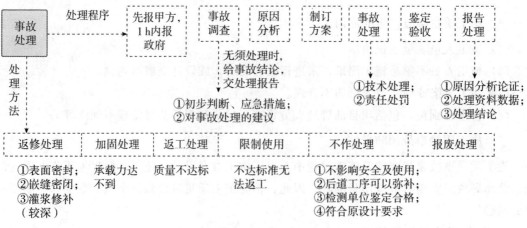

图 4-4-2 施工质量事故处理的一般程序

注：①当构件裂缝宽度≤0.2 mm 时，应做表面密封处理。

②当构件裂缝宽度＞0.3 mm 时，应做嵌缝密闭。

> **重点提示**：（1）掌握施工质量事故处理七大步骤的顺序。

(2) 施工质量事故发生之后，现场有关人员立即向工程建设单位报告。
(3) 区分两个"报告"的内容，即事故调查报告、事故处理报告。
(4) 重点区分六种质量事故处理的基本方法。

实战演练

[2016真题·单选] 工程质量缺陷按返修方案处理后，仍无法保证达到规定的使用和安全要求，而无法返工处理的，其正确的处理方式是（　　）。

A. 不作处理　　　　B. 报废处理　　　　C. 加固处理　　　　D. 限制使用

[解析] 当工程质量缺陷按返修方法处理后无法保证达到规定的使用要求和安全要求，而又无法返工处理的情况下，不得已时可做出诸如结构卸荷或减荷以及限制使用的决定。

[答案] D

[经典例题·单选] 工程施工质量事故的处理包括：①事故调查；②事故的原因分析；③事故处理；④事故处理的鉴定验收；⑤制定事故处理的技术方案。其正确程序为（　　）。

A. ①②③④⑤　　　　　　　　　　　B. ②①③④⑤

C. ②①⑤③④　　　　　　　　　　　D. ①②⑤③④

[解析] 工程施工质量事故的处理程序依次为事故报告、事故调查、事故的原因分析、制订事故处理方案、事故处理、事故处理的鉴定验收和提交处理报告。

[答案] D

[经典例题·多选] 根据《关于做好房屋建筑和市政基础设施工程质量事故报告和调查处理工作的通知》（建质〔2010〕111号）的规定，质量事故处理报告的内容有（　　）。

A. 对事故处理的建议　　　　　　　　B. 事故发生后的应急防护措施

C. 事故原因分析及论证　　　　　　　D. 事故调查的原始资料

E. 检查验收记录

[解析] 事故处理结束后，必须尽快向主管部门和相关单位提交完整的事故处理报告，其内容包括：①事故调查的原始资料、测试的数据；②事故原因分析、论证；③事故处理的依据；④事故处理的方案及技术措施；⑤实施质量处理中有关的数据、记录、资料；⑥检查验收记录；⑦事故处理的结论等。

[名师点拨] 区分"事故调查报告"和"事故处理报告"的内容。

事故调查报告	事故处理报告
➢ 工程项目和参建单位概况 ➢ 事故基本情况 ➢ 事故发生后所采取的应急防护措施 ➢ 事故调查中的有关数据、资料 ➢ 对事故原因和事故性质的初步判断，对事故处理的建议 ➢ 事故涉及人员与主要责任者的情况等	➢ 事故调查的原始资料、测试的数据 ➢ 事故原因分析、论证 ➢ 事故处理的依据 ➢ 事故处理的方案及技术措施 ➢ 实施质量处理中有关的数据、记录、资料 ➢ 检查验收记录 ➢ 事故处理的结论等

[答案] CDE

[经典例题·多选] 施工质量事故处理的程序中，事故处理环节的主要工作有（　　）。

A. 事故调查　　　　　　　　　　　B. 制定事故处理方案
C. 事故的技术处理　　　　　　　　D. 事故处理鉴定验收
E. 事故的责任处罚

[解析] 施工质量事故处理的程序中，事故处理的内容主要包括：①事故的技术处理；②事故的责任处罚。

[答案] CE

[经典例题·多选] 下列工程质量问题中，一般可不作专门处理的情况有（　　）。

A. 混凝土结构出现宽度不大于 0.3 mm 的裂缝
B. 混凝土现浇楼面的平整度偏差达到 8 mm
C. 某一结构构件截面尺寸不足，但进行复核验算后能满足设计要求
D. 混凝土结构表面出现蜂窝、麻面
E. 某基础的混凝土 28 天强度达不到规定强度的 32%

[解析] 选项 A、D 采用返修处理；选项 E 采用返工处理。

[答案] BC

第五章

施工成本管理

■ **本章导学**

本章包括"施工成本影响因素及管理流程""施工定额的作用及编制方法""施工成本计划""施工成本控制""施工成本分析与管理绩效考核"五节内容。本章内容较难，记忆性内容偏多，要求理解并掌握。

第一节 施工成本影响因素及管理流程

知识点 1 施工成本分类及影响因素

一、施工成本分类

施工成本是指在建设工程项目的施工过程中所发生的全部生产费用的总和,包括消耗的原材料、辅助材料、构配件等费用,周转材料的摊销费或租赁费,施工机械的使用费或租赁费,支付给生产工人的工资、奖金、工资性质的津贴等,以及进行施工组织与管理所发生的全部费用支出。

(一)按成本核算要素划分

1. 直接成本

直接成本是指施工过程中耗费的构成工程实体或有助于工程实体形成的各项费用支出,是可以直接计入工程对象的费用,包括人工费、材料费、施工机械使用费和施工措施费等。

2. 间接成本

间接成本是指为施工准备、组织和管理施工生产的全部费用的支出,是非直接用于也无法直接计入工程对象,但为进行工程施工所必需的费用,包括管理人员工资、办公费、差旅交通费等。

(二)按成本控制要素划分

(1)质量成本。
(2)安全成本。
(3)工期成本。
(4)绿色施工成本。

二、施工成本影响因素

施工成本的影响因素主要包括人员技能、材料供应、机械设备状况、施工方案、施工措施(如质量、进度、组织管理等)、政策影响、地质条件影响、环境影响、项目管理水平等。这些因素共同作用,对施工成本产生重要影响。

(1)人员技能。项目部人员的水平、工作效率、团队适应性、沟通能力等都会对施工项目的内外产生影响,其中技术水平是关键因素。

(2)材料供应。材料供应在工程施工中,如果材料供应不及时,就会造成工期拖延,也会因为个别专业材料供应不好,造成交叉作业的专业被迫停工等待,进而影响整个工期。

(3)机械设备状况。机械设备状况主要考虑其设备状况、功率以及设备能否在施工过程中正常运作。

(4)施工方案。具体包括施工方法、施工进度计划、材料机具需求计划、现场布置图、劳动力组织以及安全组织措施等。

(5) 施工质量。对于质量和成本的关系，普遍存在着质量越高，成本越高的情况。当企业追求经济效益最大化而采取措施降低成本时，又会影响质量。因而确定质量成本的最佳水平是企业提高经济效益的关键。在施工过程中，项目部既要按照合同要求抓好施工质量，又要合理控制成本支出，确保施工过程不出现因质量问题导致的翻工、返工等引发成本的恶性增加。

(6) 施工进度。成本与工期有着密切的关系，在某些情况下，缩短工期会使项目总成本增加；而在另外一些情况下，缩短工期会使项目总成本减少，那么一定存在着一个最优工期，它所对应的项目总成本最小，寻找这个最优工期的工作就是项目的成本优化。工程项目的总成本包括直接成本和间接成本，在一定范围内，直接成本随着工期的延长而减少，而间接成本则随着工期的延长而增加。在施工中，要充分考虑进度与成本的关系，使工程在合理的成本范围内，顺利完成施工工期。

(7) 组织管理。项目部人员配置是否与项目规模、进度等相互吻合，都会影响项目部管理费用的变化，从而对项目成本有影响。涉及的方面比较多，施工组织不到位容易产生各种各样的安全问题，稍一疏忽就容易发生事故。尤其在施工中由于很多民工队伍人员文化素质较低，安全观念淡薄，更增加了安全事故隐患。

(8) 政策影响：政策的变化可能会对施工成本产生影响，如税收政策、劳动法等的变化。

(9) 地质条件影响：地质条件的复杂程度会影响施工的难度和成本。

(10) 环境影响：环境因素，如气候条件，也会对施工成本产生影响。

(11) 项目管理水平：项目管理者的成本控制能力、施工组织设计与施工技术水平等，都对施工成本有重要影响。

实战演练

[经典例题·多选] 施工成本按成本控制要素划分为（　　）。

A. 直接成本

B. 工期成本

C. 绿色施工成本

D. 质量成本

E. 安全成本

[解析] 施工成本按成本控制要素划分为：①质量成本；②安全成本；③工期成本；④绿色施工成本。

[答案] BCDE

知识点 2 施工成本管理流程

施工成本管理流程如图 5-1-1 所示。

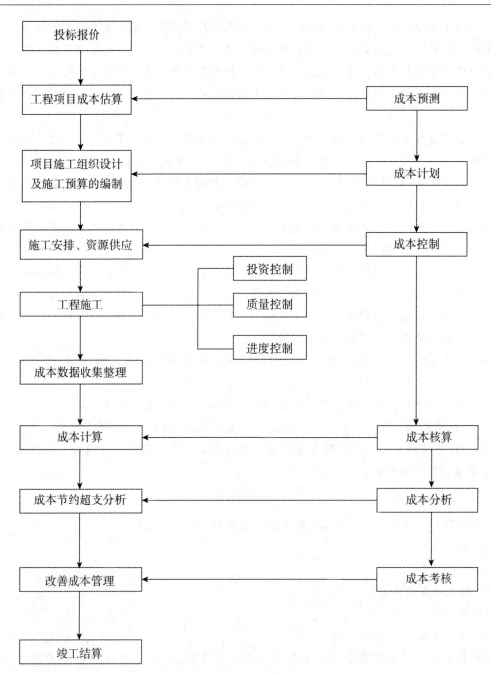

图 5-1-1 施工成本管理流程

第二节 施工定额的作用及编制方法

定额是指在一定的技术和组织条件下,生产质量合格的单位产品所消耗的人力、物力、财力和时间等的数量标准。建设工程定额是工程建设中各类定额的总称。

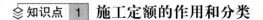

知识点 1 施工定额的作用和分类

施工定额的作用和分类见表 5-2-1。

表 5-2-1 施工定额的作用和分类

类型	研究对象	主要作用	定额性质
施工定额	工序	(1) 属于企业定额； (2) 建设工程定额中分项最细、定额子目最多的一种定额，也是建设工程定额中的基础性定额； (3) 编制预算定额的基础	生产定额
预算定额	建筑物或构筑物各个分部分项工程	(1) 以施工定额为基础综合扩大编制的，同时也是编制概算定额的基础； (2) 编制施工图预算的主要依据； (3) 编制定额基价、确定工程造价、控制建设工程投资的基础和依据	计价定额
概算定额	扩大的分部分项工程	编制扩大初步设计概算、确定建设项目投资额的依据	
概算指标	整个建筑物和构筑物	(1) 在预算定额和概算定额的基础上编制的； (2) 可作为编制估算指标的基础	
投资估算指标	独立的单项工程或完整的工程项目	在项目建议书和可行性研究阶段编制投资估算、计算投资需要量时使用的一种指标，是合理确定建设工程项目投资的基础	

➢ **注意**：五种定额的编制顺序依次是"施工定额→预算定额→概算定额→概算指标→投资估算指标"，后者在前者的基础上进行编制；五种定额根据时间的先后，应用顺序是"投资估算指标→概算指标→概算定额→预算定额→施工定额"。其中，施工定额由人工定额（劳动定额）、材料消耗定额、机械台班使用定额所组成。

➢ **重点提示**：(1) 理解并掌握建设工程定额的不同分类。

(2) 重点掌握施工定额、预算定额、概算定额、概算指标、投资估算指标的编制依据和作用。

实战演练

[2020 真题·单选] 施工定额的研究对象是（　　）。
A. 工序　　　　　　　　　　　　B. 分项工程
C. 分部工程　　　　　　　　　　D. 单位工程

[解析] 施工定额以工序作为研究对象，是建设工程定额中分项最细、定额子目最多的一种定额。

[答案] A

[经典例题·单选] 预算定额是编制概算定额的基础,是以( )为研究对象编制的定额。

A. 同一性质的施工过程 B. 建筑物或构筑物各个分部分项工程
C. 扩大的分部分项工程 D. 整个建筑物和构筑物

[解析] 预算定额是以建筑物或构筑物各个分部分项工程为对象编制的定额。

[答案] B

知识点 2 人工定额的编制

一、人工定额的编制方法

常用的人工定额编制方法见表 5-2-2。

表 5-2-2 常用的人工定额编制方法

编制方法	内容
技术测定法	测出各工序的工时消耗等资料,再对所获得的资料进行科学分析,制定出人工定额的方法（测出）
统计分析法	把过去施工生产中的同类工程或同类产品的工时消耗的统计资料,与当前生产技术和施工组织条件的变化因素结合起来,进行统计分析的方法（对已有资料进行统计分析）
比较类推法	以同类型工序和同类型产品的实耗工时为标准,类推出相似项目定额水平的方法（同类型产品规格多、工序重复、工作量小）
经验估计法	根据实际工作经验,参考有关定额,作为一次性定额使用（相关人员实际工作经验,一次性）

二、人工定额的形式

人工定额的形式分为时间定额和产量定额,具体内容如下。

(一) 时间定额

时间定额,指完成单位合格产品所必需的工作时间。以工日为单位,每一工日按 8 h 计算。

(二) 产量定额

产量定额,指单位工日中所完成的合格产品的数量。

时间定额与产量定额的关系:互为倒数。即:

$$时间定额 = \frac{1}{产量定额}$$

$$产量定额 = \frac{1}{时间定额}$$

➢ 重点提示:(1) 掌握时间定额与产量定额的关系:互为倒数。
(2) 区分四种常用的人工定额编制方法,注意掌握表 5-2-2 中用波浪线标记的关键词。

> **实战演练**
>
> [2024真题·单选] 采用工作日写实法记录施工过程中各工序的工时消耗数据并进行分析，进而编制人工定额的方法属于（　　）。
>   A. 统计分析法　　　　　　　　　　B. 比较类推法
>   C. 技术测定法　　　　　　　　　　D. 经验估计法
>   [解析] 技术测定法：根据生产技术和施工组织条件，对施工过程中各工序采用测时法、写实记录法、工作日写实法，测出各工序的工时消耗等资料，再对所获得的资料进行科学分析，进而编制人工定额。
>   [答案] C
>
> [2019真题·单选] 编制人工定额时，为了提高编制效率，对于同类型产品规格多、工序重复、工作量小的施工过程，宜采用的编制方法是（　　）。
>   A. 技术测定法　　　　　　　　　　B. 统计分析法
>   C. 比较类推法　　　　　　　　　　D. 试验测定法
>   [解析] 比较类推法是指以同类型工序和同类型产品的实耗工时为标准，类推出相似项目定额水平的方法，可用于同类型产品规格多、工序重复、工作量小的施工过程。
>   [答案] C

知识点 3　材料消耗定额的编制

编制材料消耗定额，主要包括确定直接使用在工程上的材料净用量和在施工现场内运输及操作过程中不可避免的废料和损耗。

一、材料净用量的确定

材料净用量的确定方法见表 5-2-3。

表 5-2-3　材料净用量的确定方法

方法	适用条件
理论计算法	标准砖、砂浆用量的计算
测定法	根据试验情况和现场测定的资料数据确定
图纸计算法	根据选定的图纸计算
经验法	根据同类项目的经验进行估算

二、材料损耗量的确定

材料的损耗一般以损耗率表示。材料损耗率可以通过观察法或统计法计算确定。材料消耗量的计算公式如下：

$$损耗率 = \frac{损耗量}{净用量} \times 100\%$$

总消耗量 ＝ 净用量 ＋ 损耗量 ＝ 净用量 ×（1 ＋ 损耗率）

> ➤ **注意**：损耗率等于损耗量除以净用量，而不是除以总消耗量。

三、周转性材料消耗定额的编制

周转性材料消耗一般与以下四个因素有关：

(1) 第一次制造时的材料消耗（一次使用量）。

(2) 每周转使用一次材料的损耗（第二次使用时需要补充）。

(3) 周转使用次数。

(4) 周转材料的最终回收及其回收折价。

定额中周转性材料消耗量，应当用一次使用量和摊销量两个指标表示。一次使用量是指周转材料在不重复使用时的一次使用量，供施工企业组织施工使用；摊销量是指周转材料退出使用时应分摊到每一计量单位的结构构件的周转材料消耗量，供施工企业成本核算或投标报价使用。

> **重点提示**：(1) 掌握编制材料的消耗定额，主要包括材料净用量和不可避免的废料及损耗。

(2) 区分材料净用量的四种确定方法。

(3) 理解损耗率的计算公式。

(4) 掌握影响周转性材料消耗的四个因素。

(5) 掌握周转性材料消耗量指标：一次使用量和摊销量。

实战演练

[2019真题·单选] 施工企业投标报价时，周转性材料消耗量应按（　　）计算。

A. 一次性使用量　　　　　　　　B. 摊销量

C. 每次的补给量　　　　　　　　D. 损耗量

[解析] 定额中周转性材料消耗量，应当用一次使用量和摊销量两个指标表示。一次使用量是指周转材料在不重复使用时的一次使用量，供施工企业组织施工使用；摊销量是指周转材料退出使用时应分摊到每一计量单位的结构构件的周转材料消耗量，供施工企业成本核算或投标报价使用。

[答案] B

[经典例题·单选] 关于周转性材料消耗定额编制的说法，正确的是（　　）。

A. 周转性材料的消耗量是指材料使用量

B. 周转性材料的消耗量应当用材料的一次使用量和摊销量两个指标表示

C. 周转性材料的摊销量供施工企业组织施工使用

D. 周转性材料消耗与周转使用次数无关

[解析] 选项A、D错误，周转性材料消耗一般与以下四个因素有关：①第一次制造时的材料消耗（一次使用量）；②每周转使用一次材料的损耗（第二次使用时需要补充）；③周转使用次数；④周转材料的最终回收及其回收折价。选项C错误，一次使用量是指周转材料在不重复使用时的一次使用量，供施工企业组织施工使用；摊销量是指周转材料退出使用时，应分摊到每一计量单位的结构构件的周转材料消耗量，供施工企业成本核算或投标报价使用。

[名师点拨] 本题综合考查了影响周转性材料消耗的因素和周转性材料消耗量指标。对于影响周转性材料消耗的因素中"第一次制造时的材料消耗"和"每周转使用一次材料的损耗","第一次制造时的材料消耗"可以理解为施工企业在组织生产之前,预先需要定制一批模板,而这批模板就是"第一次制造时的材料消耗",当模板使用完一次,可能有些损坏,需要补充新的模板,此时(第二次使用时)补充的模板,就是"每周转使用一次材料的损耗"。

[答案] B

[2024真题·多选] 编制材料定额时,计算周转性材料消耗量通常应考虑的因素有(　　)。

A. 第一次制造时的材料消耗量
B. 每周转使用一次的材料损耗量
C. 周转使用的次数
D. 周转一次的辅助材料消耗量
E. 周转材料的最终回收量及折价

[解析] 周转性材料消耗一般与下列因素有关:①第一次制造时的材料消耗(一次使用量);②每周转使用一次材料的损耗(第二次使用时需要补充);③周转使用次数;④周转材料的最终回收及其回收折价。

[答案] ABCE

知识点 4　施工机械台班使用定额的编制

一、施工机械台班产量定额和时间定额的计算

施工机械台班产量定额＝机械净工作生产率×工作班延续时间×机械利用系数

$$施工机械台班时间定额＝\frac{1}{施工机械台班产量定额}$$

二、工人小组定额时间的拟定

工人小组定额时间＝施工机械时间定额×工人小组人数

➤ **注意**：已知机械净工作生产率、机械利用系数、工人小组人数,求工人小组定额时间。

➤ **重点提示**：(1) 掌握施工机械台班产量定额和时间定额的计算公式。

(2) 掌握根据施工机械时间定额计算工人小组定额时间的公式。

(3) 掌握根据机械利用系数计算施工机械台班定额的方法。

实战演练

[2016真题·单选] 斗容量为 1 m³ 的反铲挖土机,挖三类土,挖土深度在 2 m 以内,小组成员为 2 人,机械台班产量为 4.56(定额单位 100 m³),则用该机械挖土 100 m³ 的人工时间定额为(　　)。

A. 0.22 工日
B. 0.44 工日
C. 0.22 台班
D. 0.44 台班

[解析] 根据公式，单位产品人工时间定额（工日）＝小组成员总人数/台班产量＝2/4.56≈0.44（工日）。

[答案] B

[2020 真题·多选] 下列机械消耗时间中，属于施工机械台班时间定额组成的有（　　）。

A. 不可避免的中断时间　　　　　　B. 机械故障的维修时间
C. 正常负荷下的工作时间　　　　　D. 不可避免的无负荷工作时间
E. 降低负荷下的工作时间

[解析] 施工机械台班时间定额是指在合理劳动组织与合理使用机械条件下，完成单位合格产品所必需的工作时间，包括有效工作时间（正常负荷下的工作时间和有根据地降低负荷下的工作时间）、不可避免的中断时间、不可避免的无负荷工作时间。

[答案] ACD

第三节　施工成本计划

知识点 1　施工责任成本构成

施工责任成本是指在建设工程项目的施工过程中，以具体的责任单位（部门、单位或个人）为对象，以其承担的责任为范围所归集的成本。责任成本强调的是可控成本，即那些在责任中心内能为该责任中心所控制，并为其工作好坏所影响的成本。确定责任成本的关键是可控性，它不受发生区域的影响。责任成本是按照谁负责谁承担的原则，以责任单位为计算对象来归集的，所反映的是责任单位与各种成本费用的关系。

施工责任成本应该具备可预计性、可计量性、可控制性和可考核性，以确保责任中心能够对其加以控制与调节，并对耗费的执行过程及其结果进行评价与考核。

实战演练

[2024 真题·多选] 按照现代企业管理理念，施工责任成本通常具备的条件有（　　）。

A. 可考核性　　　　　　　　　　　B. 可耦合性
C. 可预计性　　　　　　　　　　　D. 可控制性
E. 可计量性

[解析] 通常而言，责任成本具有四个条件：①可考核性，责任中心能够实时考核责任成本的执行过程及结果；②可预计性，责任中心能够知晓责任成本的发生与发展；③可计量性，责任中心能够计量责任成本的大小；④可控制性，责任中心能够有效调节、控制责任成本。

[答案] ACDE

知识点 2 施工成本计划的类型

对于一个施工项目而言，其成本计划的编制是一个不断深化的过程，在这一过程的不同阶段形成深度和作用不同的成本计划。施工成本计划按其作用可分为三类，见表 5-3-1。

表 5-3-1 施工成本计划的类型

类型	竞争性成本计划	指导性成本计划	实施性成本计划
编制阶段	投标及签订合同阶段	选派项目经理阶段	项目施工准备阶段
编制依据	招标文件中合同条件、投标者须知、技术规范、设计图纸、工程量清单等	合同价	施工方案、施工定额
属于何种成本计划	估算成本计划	预算成本计划	预算成本计划

实战演练

[经典例题·单选] 编制实施性成本计划的主要依据是（　　）。
A. 施工图预算　　　　　　　　　B. 投资估算
C. 施工方案和施工定额　　　　　D. 设计概算

[解析] 实施性成本计划是项目施工准备阶段的施工预算成本计划，以项目实施方案、施工定额为依据编制。

[答案] C

[经典例题·单选] 施工企业在工程投标及签订合同阶段编制的估算成本计划，属于（　　）成本计划。
A. 指导性　　　　　　　　　　　B. 实施性
C. 作业性　　　　　　　　　　　D. 竞争性

[解析] 竞争性成本计划是施工项目投标及签订合同阶段的估算成本计划。

[答案] D

知识点 3 施工成本计划的编制方法

施工成本计划的编制方法有以下三种：
(1) 按成本构成编制施工成本计划。
(2) 按项目组成编制施工成本计划。
(3) 按工程实施阶段编制施工成本计划。

一、按成本构成编制施工成本计划的方法

建筑安装工程费按成本构成分解为人工费、材料费、施工机械使用费、企业管理费、利润、规费、税金，而需要编制成本计划的费用为人工费（人）、材料费（材）、施工机械使用费（机）、企业管理费（管）。

二、按项目组成编制施工成本计划的方法

(1) 项目组成范围由大到小的排序为单项工程、单位工程、分部工程、分项工程。

（2）编制成本支出计划时，在总的方面考虑总的预备费，在主要的分项工程中安排不可预见费。

三、按工程实施阶段编制施工成本计划的方法

（1）在时标网络图上按月编制的成本计划，示例如图 5-3-1 所示。

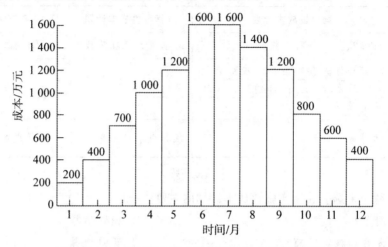

图 5-3-1 在时标网络图上按月编制的成本计划示例

（2）利用时间-成本累积曲线（S 形曲线）表示的成本计划，示例如图 5-3-2 所示。

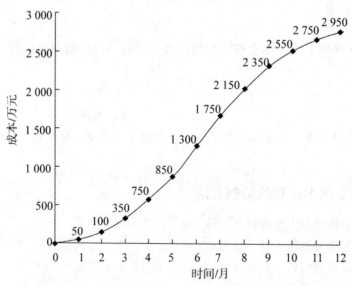

图 5-3-2 时间-成本累积曲线（S 形曲线）表示的成本计划示例

时间-成本累积曲线（S 形曲线）的绘制步骤如下：

①确定工程项目进度计划，编制进度计划的横道图。

②根据每单位时间内完成的实物工程量，计算单位时间的成本。

③计算在规定时间 t 内计划累计支出的成本额。

④按各规定时间的 Q_t 值，绘制 S 形曲线。Q_t 指的是在某时间 t 内计划累计支出的成本额。

(3)"香蕉图"。

每一条S形曲线都对应某一特定的工程进度计划。因为在进度计划的非关键路线中存在许多有时差的工序或工作,因而S形曲线(成本计划值曲线)必然包络在由全部工作都按最早开始时间开始和全部工作都按最迟必须开始时间开始的曲线所组成的"香蕉图"内。项目经理可根据编制的成本支出计划来合理安排资金,同时也可以根据筹措的资金来调整S形曲线,即通过调整非关键路线上的工序项目的最早或最迟开工时间,力争将实际的成本支出控制在计划的范围内。

①所有工作都按最早开始时间开始,对保证项目按期竣工有利,对节约资金贷款利息无利。

②所有工作都按最迟开始时间开始,对节约资金贷款利息有利,对保证项目按期竣工无利。

> **重点提示**:(1)掌握编制成本计划时,成本组成包括人、材、机、管四项费用。

(2)掌握项目组成范围从大到小的排列顺序:单项工程、单位工程、分部工程、分项工程。

(3)掌握编制成本支出计划时,在总的方面考虑总的预备费,在主要的分项工程中安排不可预见费。

(4)所有工作早开始:能保证工期,但利息高。所有工作晚开始:不能保证工期,但利息低。

实战演练

[2019真题·单选] 采用时间-成本累积曲线法编制建设工程项目成本计划时,为了节约资金贷款利息,所有工作的时间值按(　　)确定。

A. 最早开始时间　　　　　　　　B. 最迟完成时间减干扰时差

C. 最早完成时间加自由时差　　　D. 最迟开始时间

[解析] 采用时间-成本累积曲线法编制成本计划时,所有工作都按最早开始时间开始,对保证项目按期竣工有利,对节约资金贷款利息无利;所有工作都按最迟开始时间开始,对节约资金贷款利息有利,对保证项目按期竣工无利。

[答案] D

[经典例题·单选] 编制成本计划时,施工成本可以按成本构成分解为(　　)。

A. 人工费、材料费、施工机具使用费、企业管理费

B. 人工费、材料费、施工机具使用费、规费和企业管理费

C. 人工费、材料费、施工机具使用费、规费和间接费

D. 人工费、材料费、施工机具使用费、间接费、利润和税金

[解析] 施工成本可以按成本构成分解为人工费、材料费、施工机具使用费、企业管理费。

[答案] A

[经典例题·多选] 按施工进度编制施工成本计划时，若所有工作均按照最早开始时间安排，则对项目目标控制的影响有（   ）。

A. 工程按期竣工的保证率较高

B. 工程质量会更好

C. 有利于降低投资

D. 不利于节约资金贷款利息

E. 不能保证工程质量

[解析] 按施工进度编制施工成本计划时，所有工作都按最早开始时间开始，对保证项目按期竣工有利，对节约资金贷款利息无利；所有工作都按最迟开始时间开始，对节约资金贷款利息有利，对保证项目按期竣工无利。

[答案] AD

第四节　施工成本控制

知识点 1　施工成本控制过程

施工成本控制过程是一个涉及多个阶段和措施的复杂过程，旨在确保项目的成本控制在计划范围内，并寻求成本节约。

（1）投标阶段成本控制：在工程投标报价阶段，重点是编制有竞争力的投标报价，这涉及根据工程概况和招标文件进行项目成本预测，并确定合理的投标报价。

（2）施工准备阶段成本控制：中标后，应做好成本计划，作为施工过程控制的依据。此阶段需编制实施性施工组织设计，确定目标责任成本，并编制具体的成本计划。

（3）施工过程中的成本控制：这是项目成本管理的重要组成部分，主要涉及各项费用的控制和成本分析。在此阶段，需要从影响成本的各重要因素着手，制定相应的保障措施。

（4）人工费控制：通过合理安排工作人员，提高工作效率，减少不必要的加班等方式控制人工费。

（5）材料费控制：通过定额控制、指标控制、计量控制、包干控制等方式对材料用量进行控制。同时，对材料价格进行控制，确保采购成本合理。

（6）施工机械使用费控制：优化机械配置，提高机械使用效率，合理安排机械作业，减少机械闲置时间。

（7）施工分包费用控制：合理选择分包商，明确分包工作内容和范围，避免不必要的成本增加。

（8）质量成本控制：通过预防和检验措施减少质量成本，包括内部故障成本和外部故障成本等。

（9）安全成本控制：确保安全投入的合理性，减少安全事故的发生，从而避免额外的安全成本。

（10）临建设施成本控制：根据工程具体情况选择合适的临建设施方案，确保成本最小化。

(11) 工期成本控制：通过合理安排工期，减少工期延误的成本。

(12) 施工阶段的成本控制：采取全面控制原则，开源与节流相结合的原则，目标管理原则以及责、权、利相结合的原则，实施成本控制。

通过上述措施的实施，可以有效控制施工过程中的各项成本，确保项目顺利完成并达到预期的经济效益。

知识点 2 挣值法

挣值法是对工程项目的费用和进度进行的综合分析控制。它通过三个基本参数和四个评价指标来进行分析控制，挣值法的基本参数见表5-4-1，评价指标见表5-4-2。

表5-4-1 挣值法的基本参数

基本参数	计算公式
已完工程预算费用（BCWP）	已完工程预算费用 = $\sum$（已完工程量×预算单价）
拟完工程预算费用（BCWS）	拟完工程预算费用 = $\sum$（计划工程量×预算单价）
已完工程实际费用（ACWP）	已完工程实际费用 = $\sum$（已完工程量×实际单价）

表5-4-2 挣值法的评价指标

评价指标	计算公式	分析
费用偏差（CV）（绝对偏差）	CV=BCWP—ACWP	CV<0时，费用超支；CV>0时，费用节支
进度偏差（SV）（绝对偏差）	SV=BCWP—BCWS	SV<0时，进度延误；SV>0时，进度提前
费用绩效指数（CPI）（相对偏差）	CPI=BCWP/ACWP	CPI<1时，费用超支；CPI>1时，费用节支
进度绩效指数（SPI）（相对偏差）	SPI=BCWP/BCWS	SPI<1时，进度延误；SPI>1时，进度提前

CV、SV属于绝对偏差，仅能用于同一项目的偏差分析；CPI、SPI属于相对偏差，能用于同一项目和不同项目中的偏差分析。

假设A、B两个项目，项目A的总投资额为100万元，项目B的总投资额为100亿元。在某月计算BCWP分别为10万元和100万元，计算ACWP分别为9万元和99万元，则可以得出A、B两个项目的CV都等于1万元，通过CV相等不能得出哪个项目成本节约的程度大，但是通过计算CPI，得出$CPI_A \approx 1.11$，而$CPI_B \approx 1.01$，对比两个项目的CPI，可知项目A成本节约的程度更大。因此，相对偏差能用于同一项目和不同项目中的偏差分析，而绝对偏差不能用于不同项目的偏差分析，仅能适用于同一项目不同周期的偏差分析。

➤ **重点提示**：(1) 掌握挣值法的计算方法。

(2) 简记：四个评价指标中，大于号是好事，小于号是坏事。

(3) 举例说明绝对偏差和相对偏差的作用。

实战演练

[2024 真题·单选] 某分部分项工程的已完工程预算费用为 2 650 万元，拟完工程预算费用为 2 780 万元，用挣值法对其进行成本分析，得到的结论是（　　）。

A. 实际进度提前　　　　　　　　　B. 实际费用超支

C. 实际费用节约　　　　　　　　　D. 实际进度拖后

[解析] 进度偏差（SV）＝已完工程预算费用（BCWP）－拟完工程预算费用（BCWS）＝2 650－2 780＝－130（万元）。当进度偏差 SV 为负值时，表明实际进度拖后；当进度偏差 SV 为正值时，表明实际进度提前；SV＝0 时，表明实际进度正常。

[答案] D

[2023 真题·单选] 某工程施工到 2022 年 12 月底，已完工作预算费用为 470 万元，已完工作实际费用为 540 万元，计划工作预算费用为 530 万元，采用挣值法分析时，关于该工程此时费用偏差和进度偏差的说法，正确的是（　　）。

A. 费用超支 10 万元　　　　　　　B. 费用超支 70 万元

C. 进度提前 60 万元　　　　　　　D. 进度拖后 10 万元

[解析] 进度偏差＝已完工作预算费用－计划工作预算费用＝470－530＝－60（万元），当进度偏差为负值时，表示进度延误。费用偏差＝已完工作预算费用－已完工作实际费用＝470－540＝－70（万元），当费用偏差为负值时，即表示超支。

[答案] B

[经典例题·单选] 某分项工程某月计划工程量为 3 200 m²，计划单价为 15 元/m²；月底核定承包商实际完成工程量为 2 800 m²，实际单价为 20 元/m²，则该工程的已完工作实际费用（ACWP）为（　　）元。

A. 56 000　　　　　　　　　　　　B. 42 000

C. 48 000　　　　　　　　　　　　D. 64 000

[解析] 已完工作实际费用（ACWP）＝已完成工作量×实际单价＝2 800×20＝56 000（元）。

[答案] A

知识点 3　偏差分析的表达方法

偏差分析可以采用不同的表达方法，常用的有横道图法和曲线法。

一、横道图法

横道图法的特点：形象直观，一目了然，能够准确表达费用的绝对偏差，而且能直观地表明偏差的严重性，但反应信息量少，应用于较高管理层。

二、曲线法

曲线法的最理想状态：已完工程实际费用（ACWP）、拟完工程预算费用（BCWS）、已完工程预算费用（BCWP）三条曲线靠得很近、平稳上升，表示项目按预定计划目标进行；三条曲线离散程度越大，说明问题越大。

➢ **重点提示**：重点掌握横道图法的特点。

实战演练

[经典例题·单选] 应用曲线法进行施工成本偏差分析时，已完工程实际费用曲线与已完工程预算费用曲线的竖向距离表示项目进展的（　　）。

A. 进度累计偏差　　　　　　　　　　B. 进度局部偏差

C. 成本累计偏差　　　　　　　　　　D. 成本局部偏差

[解析] 费用偏差（CV）＝已完工程预算费用（BCWP）－已完工程实际费用（ACWP）。由于两项参数均以已完工程为计算基准，所以两项参数之差反映项目进展的费用偏差，并且曲线法反映的又是累计值，故两条曲线的竖向距离表示成本的累计偏差。

[答案] C

知识点 4　施工成本纠偏措施

施工成本纠偏的主要措施包括组织措施、合同措施、经济措施和技术措施。这些措施的实施不仅有助于及时发现和纠正项目成本偏差，还能有效预防未来可能出现的成本偏差，确保项目成本控制在预定范围内。

（1）<u>组织措施</u>：调整项目组织结构、任务分工、管理职能分工、工作流程组织和项目管理班子人员，以适应项目目标实现的需要。明确成本控制贯穿于工程建设的全过程，建立以项目经理为核心的项目成本控制体系，形成分工明确、责任到人的成本管理责任体系。

（2）<u>合同措施</u>：强化合同管理，以提高施工效率和质量，从而降低施工成本。寻找索赔机会，如合同变更、法律法规变化等合同条款引起的索赔。

（3）<u>经济措施</u>：落实加快施工进度所需的资金，通过经济激励措施，如成本节约的奖励，激发管理人员和施工队伍的成本控制积极性。

（4）<u>技术措施</u>：采取技术措施，如采用新材料、新技术、新工艺，节约能耗，提高机械化操作等，以降低工程成本。

实战演练

[2024真题·单选] 建设工程施工成本纠偏时，可采取的组织措施是（　　）。

A. 编制管理工作计划，确定合理的工作流程

B. 结合施工方法，进行建筑材料比选

C. 分析成本管理目标风险，并制定防范对策

D. 分析施工合同条款，寻求索赔机会

[解析] 选项B属于技术措施；选项C属于经济措施；选项D属于合同措施。

[答案] A

第五节　施工成本分析与管理绩效考核

知识点 1　施工成本分析的依据

施工成本分析的依据包括：项目成本计划；项目成本核算资料；项目的会计核算、业务核算和统计核算资料。成本分析的主要依据是会计核算、业务核算和统计核算所提供的资料，见表5-5-1。

表5-5-1　成本分析的主要内容

依据	内容
会计核算	价值核算，为连续系统
业务核算	（1）范围广：可以对已经发生的、尚未发生、正在发生的经济活动进行核算； （2）目的：迅速取得资料
统计核算	（1）尺度宽：可以用货币、实物量、劳动量计量； （2）目的：预测发展趋势

➤ **重点提示**：（1）区分三种不同核算的特点：会计核算是连续系统；业务核算范围广；统计核算尺度宽。

（2）掌握业务核算和统计核算的目的。

实战演练

［经典例题·单选］业务核算是施工成本分析的依据之一，其目的是（　　）。

A. 预测成本变化发展的趋势

B. 迅速取得资料，及时采取措施调整经济活动

C. 计算当前的实际成本水平

D. 记录企业的一切生产经营活动

［解析］业务核算的目的在于迅速取得资料，以便在经济活动中及时采取措施进行调整。

［答案］B

知识点 2　施工成本分析的方法

一、基本分析方法

施工成本的基本分析方法包括比较法、因素分析法、差额计算法、比率法等，如图5-5-1所示。

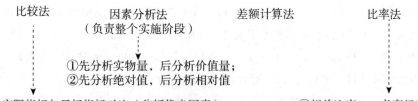

图 5-5-1 施工成本的基本分析法

下面主要介绍因素分析法和差额计算法。

(一) 因素分析法

因素分析法又称连环置换法。这种方法用来分析各种因素对成本的影响程度。在分析之前，首先将各个因素根据分析顺序进行排序，原则是"<u>先实物量，后价值量；先绝对值，后相对值</u>"。因素分析法的分析步骤如下：

在分析过程中，首先计算目标成本，得到式一；然后在式一的基础上，假定只有实物量发生了变化，其他因素都不变，用实际实物量置换目标实物量，计算得出对应实际实物量的成本，得到式二；再在式二的基础上，假定只有价值量发生了变化，其他因素都不变，用实际单价置换目标单价，计算得出对应实际单价的成本，得到式三；再在式三的基础上，假定只有损耗率发生了变化，其他因素都不变，用实际损耗率置换目标损耗率，计算得出对应实际损耗率的成本，得到式四。然后用式二减式一即得到工程量变化对成本造成的影响，用式三减式二即得到单价变化对成本造成的影响，用式四减式三即得到损耗率变化对成本造成的影响。最终将各个因素造成的成本变化值求和，即为实际成本与目标成本的总体差异。

［例题］某商品混凝土目标成本与实际成本对比见表 5-5-2，关于其成本分析的说法，正确的有（　　）。

表 5-5-2　某商品混凝土目标成本与实际成本对比

项目	目标成本	实际成本
产量/m³	600	640
单价/元	715	755
损耗/%	4	3

A. 产量增加使成本增加了 28 600 元
B. 实际成本与目标成本的差额是 51 536 元
C. 单价提高使成本增加了 26 624 元
D. 该商品混凝土目标成本是 497 696 元
E. 损耗率下降使成本减少了 4 832 元

［解析］目标成本＝600×715×1.04＝446 160（元）（式一）；"产量"为第一替代因素：640×715×1.04＝475 904（元）（式二）；"单价"为第二替代因素：640×755×1.04＝502 528（元）（式三）；"损耗率"为第三替代因素：640×755×1.03＝497 696（元）（式四）。"产量"

增加使成本增加了：475 904－446 160＝29 744（元）；"单价"增加使成本增加了：502 528－475 904＝26 624（元）；"损耗率"降低使成本变化了：497 696－502 528＝－4 832（元）。实际成本与目标成本的差额：（600×715×1.04）－（640×755×1.03）＝51 536（元）[或29 744＋26 624－4 832＝51 536（元）]。由上述计算可知答案为选项B、C、E。

➢ **注意**：总成本＝净量的成本＋损耗量的成本，所以总成本＝量×单价×（1＋损耗率）。

（二）差额计算法

差额计算法是因素分析法的一种简化形式，它是在熟练掌握因素分析法的前提之下，利用各个因素的目标值与实际值的差额来计算其对成本的影响程度。

仍以上题为例，产量增加对成本造成的影响为：（640－600）×715×1.04＝29 744（元），增加了29 744元；单价增加对成本造成的影响为：640×（755－715）×1.04＝26 624（元），增加了26 624元；损耗降低对成本造成的影响为：640×755×（1.03－1.04）＝－4 832（元），减少了4 832元。

➢ **重点提示**：（1）在比较法中区分三组不同指标对比的内容。
（2）因素分析法的内容必须掌握，每年必考。
（3）差额计算法是因素分析法的简化形式。
（4）区分比率法中三种不同的比率。

实战演练

[2024真题·单选]下列施工成本分析方法中，可用来分析各种因素对施工成本影响程度的是（　　）。

A. 比重分析法

B. 相关比率法

C. 连环置换法

D. 动态比率法

[解析]因素分析法又称为连环置换法，可用来分析各种因素对成本的影响程度。

[答案] C

[2024真题·单选]施工成本分析的基本方法中，把两个以上对比指标的数值变成相对数，观察其相互之间关系的分析方法是（　　）。

A. 比较法　　　　　　　　　　　B. 因素分析法

C. 比率法　　　　　　　　　　　D. 差额计算法

[解析]比率法的基本特点是：先把对比分析的数值变成相对数，再观察其相互之间的关系。

[答案] C

[经典例题·单选] 某施工项目某月的成本数据见表 5-5-3，应用差额计算法得到预算成本增加对成本的影响是（　　）万元。

表 5-5-3　某施工项目某月的成本数据

项目	计划成本	实际成本
预算成本/万元	600	640
成本降低率/%	4	5

A. 12.0　　　　　　　　　　　　B. 8.0
C. 6.4　　　　　　　　　　　　　D. 1.6

[解析] 利用差额计算法得：(640－600)×4%＝1.6（万元）。

[答案] D

[2023 真题·多选] 施工成本分析可采用的基本方法有（　　）。

A. 专家意见法　　　　　　　　　B. 比较法
C. 比率法　　　　　　　　　　　D. 因素分析法
E. 差额计算法

[解析] 施工成本分析的基本方法包括比较法、因素分析法、差额计算法、比率法等。

[答案] BCDE

二、综合成本的分析方法

综合成本的分析方法如图 5-5-2 所示。

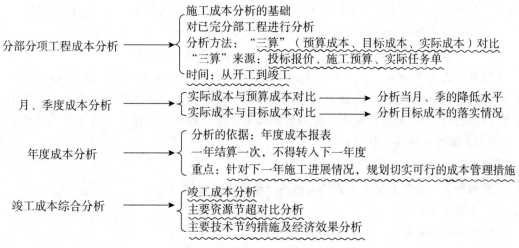

图 5-5-2　综合成本的分析方法

▶ **重点提示**：(1) 掌握分部分项工程成本分析的时间、对象、方法。

(2) 掌握年度成本分析的重点。

(3) 掌握竣工成本综合分析的内容，容易考查多选题。

实战演练

[**经典例题·单选**] 分部分项工程成本分析的"三算"对比分析,是指( )的比较。

A. 概算成本、预算成本、决算成本
B. 预算成本、目标成本、实际成本
C. 月度成本、季度成本、年度成本
D. 预算成本、计划成本、目标成本

[**解析**] 分部分项工程成本分析采用"三算"对比的方法,即将预算成本、目标成本和实际成本进行对比分析。

[**答案**] B

[**经典例题·单选**] 施工项目年度成本分析的重点是( )。

A. 通过实际成本与目标成本的对比,分析目标成本落实情况
B. 针对下一年度施工进展情况,规划切实可行的成本管理措施
C. 通过对技术组织措施执行效果的分析,寻求更加有效的节约途径
D. 通过实际成本与计划成本的对比,分析成本降低水平

[**解析**] 年度成本分析的重点是针对下一年度的施工进展情况,规划切实可行的成本管理措施,以保证施工项目成本目标的实现。

[**答案**] B

[**2024 真题·多选**] 关于分部分项工程成本分析的说法,正确的有( )。

A. 以年度成本报表为依据,分析累计的成本降低水平
B. 进行"三算"对比,计算实际偏差和目标偏差,分析偏差产生原因
C. 分析采用的实际成本来自施工任务单的实际工程量和实耗量
D. 通过主要分部分项工程成本的系统分析,可基本了解项目成本形成全过程
E. 分析采用的预算成本来自施工预算,目标成本来自投标报价

[**解析**] 选项 A 错误,月(季)度成本分析通过累计实际成本与累计预算成本的对比,分析累计的成本降低水平。选项 E 错误,分部分项工程成本分析的资料来源为:预算成本来自投标报价成本,目标成本来自施工预算,实际成本来自施工任务单的实际工程量、实耗人工和限额领料单的实耗材料。

[**答案**] BCD

[**经典例题·多选**] 单位工程竣工成本分析的内容包括( )。

A. 专项成本分析
B. 竣工成本分析
C. 成本总量构成比例分析
D. 主要资源节超对比分析
E. 主要技术节约措施及经济效益分析

[**解析**] 单位工程竣工成本分析应包括以下三方面内容:①竣工成本分析;②主要资源节超对比分析;③主要技术节约措施及经济效益分析。

[**答案**] BDE

三、成本项目分析

成本项目分析包括人工费、材料费、机械使用费、管理费的分析，如图5-5-3所示。

```
人工费分析    材料费分析         机械使用费分析        管理费分析
              ↓                  
              ①主要材料、构配件和    ①按完成产量计算：如土方工程；
              周转材料使用费分析；   ②按使用时间计算：如塔吊、搅拌机等
              ②采购保管费分析；
              ③材料储备金分析
              （根据日平均用量、材料单价、储备天数计算）
```

图5-5-3　成本项目分析

> **重点提示**：重点掌握材料费分析的三方面内容。

实战演练

[经典例题·单选] 下列成本项目的分析中，属于材料费分析的是（　　）。

A. 分析材料节约奖对劳务分包合同的影响
B. 分析材料储备天数对材料储备金的影响
C. 分析施工机械燃料消耗量对施工成本的影响
D. 分析材料检验试验费占企业管理费的比重

[解析] 材料费分析包括主要材料、结构件和周转材料使用费分析，采购保管费分析和材料储备资金分析。其中，影响材料储备金的因素有日平均用量、材料单价和储备天数。

[答案] B

知识点 3　施工成本管理绩效考核

一、施工成本管理绩效考核指标

施工成本管理绩效考核指标主要包括项目成本考核指标和项目管理机构可控责任成本考核指标。

(1) 项目成本考核指标包括项目施工成本降低额和项目施工成本降低率。
具体计算方法为：

项目施工成本降低额＝项目施工合同成本－项目实际施工成本

项目施工成本降低率＝（项目施工成本降低额/项目施工合同成本）×100%

(2) 项目管理机构可控责任成本考核指标则包括目标总成本降低额和目标总成本降低率，反映项目经理责任目标总成本与项目竣工结算总成本之间的差异。

(3) 施工成本管理绩效考核还涉及对项目管理机构可控责任成本的考核，包括项目成本目标和阶段成本目标完成情况，建立以项目经理为核心的成本管理责任制的落实情况，成本计划的编制和落实情况，对各部门、各施工队和班组责任成本的检查和考核情况，以及在成本管理中贯彻责、权、利相结合原则的执行情况。

二、施工成本管理绩效考核方法

施工成本管理的绩效考核方法主要有目标管理法、360°绩效评估法、关键绩效指标法、

PDCA管理循环法、平衡积分卡等。

（一）目标管理法

目标管理法是一种将绩效考核与目标管理相结合的方法。在制定目标的过程中，应该明确员工或部门需要实现的目标，并设定相应的考核指标。通过考核指标的完成情况，可以评估员工或部门的绩效，同时也能够促使员工或部门朝着预期目标努力。

（二）360°绩效评估法

360°绩效评估法是一种全面评估员工绩效的方法。它不仅仅关注直接上级对员工的评价，还包括同事、下属和客户的评价。通过多角度的评估，可以更全面地了解员工的工作表现和影响力，从而更公正地进行绩效考核。

（三）关键绩效指标法（KPIs）

关键绩效指标法是一种以关键绩效指标为核心的绩效考核方法。通过设定关键绩效指标，企业可以衡量员工或部门的工作成果，并将其与设定的目标进行对比。通过这种方法，可以更有针对性地评估员工或部门的绩效，并制定相应的激励措施。

（四）PDCA管理循环法

该方法是通过"PDCA"（计划、实施、检查、处理）循环管理方法，建立从管理对象、管理职责、管理流程、管理标准、管理措施直至管理目标的自动循环、闭环管理的绩效考核机制，适用于企业进行周期性考核。

（五）平衡积分卡（BSC）

平衡积分卡是常见的绩效考核方式之一，平衡积分卡是从财务、客户、内部运营、学习与成长四个角度，将组织的战略落实为可操作的衡量指标和目标值的一种新型绩效管理体系。

平衡积分卡的优点有：①提高考核准确性；②提高管理效率；③促进长期发展；④激发个体积极性。

实战演练

[2024真题·多选] 采用平衡积分卡法考核施工成本管理绩效的优点有（　　）。

A. 能够提高考核准确性　　　　　　　B. 能够实现短期灵活考核

C. 能够提高管理效率　　　　　　　　D. 能够促进长期发展

E. 能够激发个体积极性

[解析] 平衡积分卡的优点如下：①提高考核准确性；②提高管理效率；③促进长期发展；④激发个体积极性。

[答案] ACDE

第六章
施工安全管理

■ **本章导学**

　　本章包括"职业健康安全管理体系""施工生产危险源与安全管理制度""专项施工方案及施工安全技术管理""施工安全事故应急预案和调查处理"四节内容。第一节、第二节理论性较强，重在理解；第三节、第四节为本章重点内容，考试所占分值较高，实操性较强，在学习过程中要注意理论与实际相结合，应重点掌握。

第一节 职业健康安全管理体系

知识点 1 职业健康安全管理体系标准

一、PDCA 循环

根据《职业健康安全管理体系 要求及使用指南》（GB/T 45001—2020），本标准中所采用的职业健康安全管理体系的方法是基于"策划—实施—检查—改进"（PDCA）的概念。PDCA 概念是一个迭代过程，可被组织用于实现持续改进。它可应用于管理体系及其每个单独的要素，具体如下：

（1）策划（P：Plan）：确定和评价职业健康安全风险、职业健康安全机遇以及其他风险和其他机遇，制定职业健康安全目标并建立所需的过程，以实现与组织职业健康安全方针相一致的结果。

（2）实施（D：Do）：实施所策划的过程。

（3）检查（C：Check）：依据职业健康安全方针和目标，对活动和过程进行监视和测量，并报告结果。

（4）改进（A：Act）：采取措施持续改进职业健康安全绩效，以实现预期结果。

本标准将 PDCA 概念融入一个新框架中，如图 6-1-1 所示。

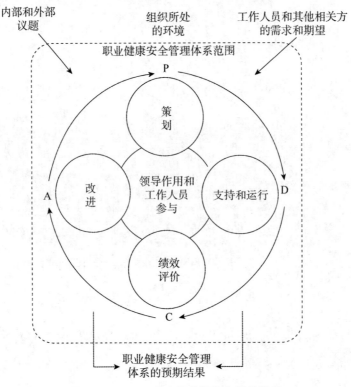

图 6-1-1 PDCA 与本标准框架之间的关系

二、《职业健康安全管理体系 要求及使用指南》(GB/T 45001—2020) 要素

《职业健康安全管理体系 要求及使用指南》(GB/T 45001—2020) 的要素内容如下：

(1) 范围。

(2) 规范性引用文件。

(3) 术语和定义。

(4) 组织所处的环境。

①理解组织及其所处的环境。

②理解工作人员和其他相关方的需求和期望。

③确定职业健康安全管理体系的范围。

④职业健康安全管理体系。

(5) 领导作用和工作人员参与。

①领导作用和承诺。明确了最高管理者证实其在职业健康安全管理体系方面的领导作用和承诺的方式。

②**职业健康安全方针**。最高管理者应建立、实施并保持职业健康安全方针。

③**组织的角色、职责和权限**。最高管理者应确保将职业健康安全管理体系内相关角色的职责和权限分配到组织内各层次并予以沟通，且作为文件化信息予以保持。组织内每一层次的工作人员均应为其所控制部分承担职业健康安全管理体系方面的职责。

④**工作人员的协商和参与**。组织应建立、实施和保持过程，用于在职业健康安全管理体系的开发、策划、实施、绩效评价和改进措施中与所有适用层次和职能的工作人员及其代表（若有）的协商和参与。

(6) 策划。

①应对风险和机遇的措施。在策划职业健康安全管理体系时，组织应考虑所处的环境所提及的议题、相关方所提及的要求和职业健康安全管理体系范围，并确定所需应对的风险和机遇。

②职业健康安全目标及其实现的策划。

(7) 支持。

①资源。

②能力。组织应确定影响或可能影响其职业健康安全绩效的工作人员所必须具备的能力；基于适当的教育、培训或经历，确保工作人员具备胜任工作的能力（包括具备辨识危险源的能力）；在适用时，采取措施以获得和保持所必需的能力，并评价所采取措施的有效性；保留适当的文件化信息作为能力的证据。

③意识。

④沟通。如进行内部沟通、外部沟通。

⑤文件化信息。如文件化信息的创建和更新、文件化信息的控制。

(8) 运行。

①运行策划和控制。包括消除危险源和降低职业健康安全风险、变更管理、采购。

②应急准备和响应。

(9) 绩效评价。

①监视、测量、分析和评价绩效。组织应建立、实施和保持用于监视、测量、分析和评价绩效的过程。组织应建立、实施和保持用于对法律法规要求和其他要求的合规性进行评价的过程。

②内部审核。组织应按策划的时间间隔实施内部审核，组织应明确内部审核方案。

③管理评审。最高管理者应按策划的时间间隔对组织的职业健康安全管理体系进行评审，以确保其持续的适宜性、充分性和有效性。

(10) 改进。

①事件、不符合和纠正措施。组织应建立、实施和保持包括报告、调查和采取措施在内的过程，以确定管理事件和不符合是否发生。当事件或不符合发生时，组织应采取措施。

②持续改进。组织应通过下列方式持续改进职业健康安全管理体系的适宜性、充分性与有效性：提升职业健康安全绩效；促进支持职业健康安全管理体系的文化；促进工作人员参与职业健康安全管理体系持续改进措施的实施；就有关持续改进的结果与工作人员及其代表（若有）进行沟通；保持和保留文件化信息作为持续改进的证据。

知识点 2 职业健康安全管理体系的建立和运行

一、职业健康安全管理体系的建立步骤

(1) 领导决策。

(2) 成立工作组。

(3) 人员培训。

(4) 初始状态评审（为制定方针、目标提供依据）。

(5) 制定方针、目标、指标和管理方案。

(6) 管理体系的策划与设计（筹划目标、管理方案的运行程序）。

(7) 体系文件的编写。

(8) 文件的审查、审批和发布。

其中，体系文件包括管理手册、程序文件、作业文件三个层次。体系文件的编写应遵循"标准要求的要写到、文件写到的要做到、做到的要有有效记录"的原则。

①管理手册是纲领性文件。

②程序文件是支持性文件，可采用"4W+1H 分析法"进行编写：谁做（Who），什么时间做（When），在什么地点做（Where），做什么（What），怎么做（How）。

③作业文件：一般包括作业指导书（操作规程）、管理规定、监测活动准则及程序文件引用的表格。

➢ **注意**：质量管理体系文件、职业健康安全管理体系文件构成的区别，具体见表 6-1-1。

表 6-1-1　质量管理体系文件、职业健康安全管理体系文件构成的区别

体系文件	文件构成
质量管理体系	质量手册、程序文件、质量计划、质量记录
职业健康安全管理体系	管理手册、程序文件、作业文件［作业指导书（操作规程）、管理规定、监测活动准则及程序文件引用的表格］

实战演练

[经典例题·多选] 职业健康安全的作业文件一般包括（　　）。
A. 作业指导书　　　　　　　　　B. 监测活动准则
C. 程序文件引用的表格　　　　　D. 管理规定
E. 绩效报告

[解析] 作业文件一般包括作业指导书（操作规程）、管理规定、监测活动准则及程序文件引用的表格。

[答案] ABCD

二、职业健康安全管理体系的维持手段

（1）内部审核：施工企业对自身的管理体系进行的审核，是管理体系自我保证和自我监督的一种机制。

（2）管理评审：施工企业的最高管理者对管理体系的系统评价。

（3）合规性评价：分为公司级和项目组级。公司级评价每年进行一次；项目组级评价每半年不少于一次。

➤ 重点提示：区分三种管理体系维持手段。

实战演练

[经典例题·单选] 关于职业健康安全管理体系中管理评审的说法，正确的是（　　）。
A. 管理评审是施工企业接受政府监督的一种机制
B. 管理评审是施工企业最高管理者对管理体系的系统评价
C. 管理评审是管理体系自我保证和自我监督的一种机制
D. 管理评审是对管理体系运行中执行相关法律情况进行的评价

[解析] 管理评审是由施工企业的最高管理者对管理体系的系统评价，判断企业的管理体系面对内部情况的变化和外部环境是否充分适应有效，由此决定是否对管理体系做出调整，包括方针、目标、机构和程序等。

[答案] B

知识点 3　施工职业健康安全管理的目的和要求

一、施工职业健康安全管理的目的

防止和减少生产安全事故、保护产品生产者的健康与安全、保障人民群众的生命和财产免受损失；控制影响工作场所内员工、临时工作人员、合同方人员、访问者和其他有关部门

人员健康和安全的条件和因素；考虑和避免因管理不当对员工健康和安全造成的危害。

实战演练

[经典例题·多选] 对于建设工程项目，施工职业健康安全管理的目的有（　　）。

A. 保证建设工程成本和质量目标的实现

B. 防止和减少生产安全事故

C. 直接获得经济效益，提高企业盈利能力

D. 控制影响工作场所内访问者和其他有关部门人员健康和安全的条件和因素

E. 考虑和避免因管理不当对员工健康造成的危害

[解析] 对于建设工程项目，施工职业健康安全管理的目的是防止和减少生产安全事故、保护产品生产者的健康与安全、保障人民群众的生命和财产免受损失；控制影响工作场所内员工、临时工作人员、合同方人员、访问者和其他有关部门人员健康和安全的条件和因素；考虑和避免因管理不当对员工健康和安全造成的危害。

[答案] BDE

二、施工职业健康安全管理的基本要求

（1）坚持安全第一、预防为主、综合治理的方针。

（2）施工企业在其经营生产的活动中必须对本企业的安全生产负全面责任。企业的主要负责人是安全生产的第一负责人，项目经理是施工项目生产的主要负责人。取得安全生产许可证的施工企业应设立安全生产管理机构，配备专职安全员。

（3）在工程设计阶段，按照标准及相关规定进行设计，并对防范生产安全事故提出指导性意见，对保障作业人员安全和预防事故提出措施和建议。

（4）在工程施工阶段，施工企业应根据风险预防要求和项目的特点，制订职业健康安全生产技术措施计划。

（5）建设工程实行总承包的，由总包单位对施工现场的安全生产负总责并自行完成工程主体结构的施工。由于分包不服从管理发生事故的，分包承担主要责任，总包承担连带责任。

（6）施工企业必须为从事危险作业的人员办理意外伤害险。

（7）工程施工职业健康安全管理应遵循下列程序：

①识别并评价危险源及风险。

②确定职业健康安全目标。

③编制并实施项目职业健康安全技术措施计划。

④验证职业健康安全技术措施计划实施结果。

⑤持续改进相关措施和绩效。

➤ **重点提示**：（1）企业的法定代表人是安全生产的第一负责人，项目经理是施工项目生产的主要负责人。

（2）总包对分包承担连带责任。

第六章 施工安全管理

实战演练

[2024真题·单选] 根据《中华人民共和国安全生产法》和相关法律法规，施工单位安全生产第一负责人是（　　）。

A. 施工项目经理

B. 企业技术负责人

C. 企业安全生产总监

D. 企业主要负责人

[解析] 企业主要负责人是本单位安全生产第一责任人，对本单位的安全生产工作全面负责。

[答案] D

[2019真题·单选] 工程施工职业健康安全管理工作包括：①确定职业健康安全目标；②识别并评价危险源及风险；③持续改进相关措施和绩效；④编制技术措施计划；⑤措施计划实施结果验证。正确的程序是（　　）。

A. ①②④⑤③　　　　　　　　　　B. ①②⑤④③

C. ②①④⑤③　　　　　　　　　　D. ②①④③⑤

[解析] 工程施工职业健康安全管理应遵循下列程序：①识别并评价危险源及风险；②确定职业健康安全目标；③编制并实施项目职业健康安全技术措施计划；④验证职业健康安全技术措施计划实施结果；⑤持续改进相关措施和绩效。

[答案] C

[2017真题·多选] 根据《建设工程安全生产管理条例》（国务院令第393号）和《职业健康安全管理体系》（GB/T 28000—2011）标准，建设工程对施工职业健康安全管理的基本要求包括（　　）。

A. 工程设计阶段，设计单位应制订职业健康安全生产技术措施计划

B. 工程施工阶段，施工企业应制订职业健康安全生产技术措施计划

C. 施工企业在其经营生产的活动中必须对本企业的安全生产负全面责任

D. 实行总承包的建设工程，由总承包单位对施工现场的安全生产负总责

E. 实行总承包的建设工程，分包单位应当接受总承包单位的安全生产管理

[解析] 基本要求包括：在工程设计阶段，按照标准及相关规定进行设计，并对防范生产安全事故提出指导性意见，对保障作业人员安全和预防事故提出措施和建议；在工程施工阶段，施工企业应根据风险预防要求和项目的特点，制订职业健康安全生产技术措施计划；建设工程实行总承包的，由总包单位对施工现场的安全生产负总责并自行完成工程主体结构的施工，分包单位应当接受总包单位的安全生产管理，分包合同中应当明确各自的安全生产方面的权利、义务。施工企业在其经营生产的活动中必须对本企业的安全生产负全面责任。

[答案] BCDE

第二节 施工生产危险源与安全管理制度

知识点 1 危险源的分类

危险源一般可分为两类：

一类是能量或有害物质所构成的第一类危险源，行驶车辆具有的动能、高处重物具有的势能以及电能等，都属于第一类危险源，是导致事故的根源。

另一类是包括人的不安全行为或物的不安全状态以及监管缺陷等在内的第二类危险源。第二类危险源是防控屏障上那些影响其作用发挥的缺陷或漏洞，正是这些缺陷或漏洞致使约束能量或有害物质的屏障失效，导致能量或有害物质的失控，从而造成事故发生。

例如，煤气罐中的煤气就是第一类危险源，它的失控可能会导致火灾、爆炸或煤气中毒；煤气的罐体及其附件的缺陷以及使用者的违章操作等则为第二类危险源，因为正是这些问题导致了煤气罐中的煤气泄漏而引发事故。不同类危险源定义及意义见表6-2-1。

表6-2-1 不同类危险源定义及意义

类别	定义	意义	图示
第一类危险源	生产过程中存在的，可能意外释放的能量，包括生产过程中各种能量源、能量载体或危险物质	决定了事故后果的严重程度，所具有的能量越多，发生事故的后果越严重	炸药、原油储罐
第二类危险源	导致能量或危险物质约束或限制措施破坏或失效的各种因素。广义上包括物的故障、人的失误、环境不良以及管理缺陷等因素	决定了事故发生的可能性，它出现越频繁，发生事故的可能性越大	人的失误、物的故障、环境不良

实战演练

[2024真题·多选] 下列危险源中，属于第一类危险源的有（　　）。
A. 直接供给能量的装置和设备
B. 作业过程中拥有能量的物体
C. 可能发生能量蓄积或者突然释放的装置
D. 物的缺陷和物件堆放不当
E. 人的不安全行为

[解析] 第一类危险源是指施工现场或施工生产过程中存在的，可能发生意外释放能量（机械能、电能、势能、化学能、热能等）的根源，包括施工现场或施工生产过程中各种能量源或危险物质。

[答案] ABC

知识点 2 危险源的识别方法

危险源的识别方法常用的有专家调查法和安全检查表法。

(1) 专家调查法。优点是简便、易行，缺点是受专家知识、经验和占有资料的限制，可能出现遗漏。常用的有头脑风暴法和德尔菲法。

(2) 安全检查表（SCL）法。安全检查表是实施安全检查和诊断项目的明细表，可以用"是""否"回答或用"√""×"进行判断。优点：简单易懂、容易掌握，缺点是只能做出定性的评价。

知识点 3 风险控制方法

针对第一类危险源的风险控制方法：消除危险源、限制能量和隔离危险物质、个体防护、应急救援等。

针对第二类危险源的风险控制方法：提高各类设施的可靠性、增加安全系数、设置安全监控系统、改善作业环境等。最重要的是加强员工的安全意识培训和教育，克服不良的操作习惯。

▶ **重点提示**：(1) 第一类危险源——炸药等；第二类危险源——人的不安全行为、物的不安全状态。

(2) 掌握危险源识别的方法。

(3) 理解针对不同危险源的控制方法。

实战演练

[经典例题·单选] 下列危险源识别方法中，属于专家调查法的是( )。

A. 安全检查表法　　　　　　　　　　B. 头脑风暴法和德尔菲法

C. 头脑风暴法和安全检查表法　　　　D. 安全检查表法和德尔菲法

[解析] 危险源的识别方法常用的有专家调查法和安全检查表法。其中，专家调查法是指通过咨询有关方面的专家，来识别、分析和评价危险源，常用的有头脑风暴法和德尔菲法。

[答案] B

知识点 4 安全生产管理制度

一、全员安全生产责任制

(1) 生产经营单位必须遵守《中华人民共和国安全生产法》和其他有关安全生产的法律、法规，加强安全生产管理，建立健全全员安全生产责任制和安全生产规章制度，加大对安全生产资金、物资、技术、人员的投入保障力度，改善安全生产条件，加强安全生产标准化、信息化建设，构建安全风险分级管控和隐患排查治理双重预防机制，健全风险防范化解机制，提高安全生产水平，确保安全生产。

(2) 生产经营单位的全员安全生产责任制应当明确各岗位的责任人员、责任范围和考核标准等内容。生产经营单位应当建立相应的机制，加强对全员安全生产责任制落实情况的监督考核，保证全员安全生产责任制的落实。

二、各级安全生产管理人员的主要职责

（一）施工企业主要负责人的安全生产职责

(1) 建立健全并落实本单位全员安全生产责任制，加强安全生产标准化建设。

(2) 组织制定并实施本单位安全生产规章制度和操作规程。

(3) 组织制定并实施本单位安全生产教育和培训计划。

(4) 保证本单位安全生产投入的有效实施。

(5) 组织建立并落实安全风险分级管控和隐患排查治理双重预防工作机制，督促、检查本单位的安全生产工作，及时消除生产安全事故隐患。

(6) 组织制订并实施本单位的生产安全事故应急救援预案。

(7) 及时、如实报告生产安全事故。

（二）施工企业安全生产管理机构以及安全生产管理人员应履行的职责

(1) 组织或者参与拟订本单位安全生产规章制度、操作规程和生产安全事故应急救援预案。

(2) 组织或者参与本单位安全生产教育和培训，如实记录安全生产教育和培训情况。

(3) 组织开展危险源辨识和评估，督促落实本单位重大危险源的安全管理措施。

(4) 组织或者参与本单位应急救援演练。

(5) 检查本单位的安全生产状况，及时排查生产安全事故隐患，提出改进安全生产管理的建议。

(6) 制止和纠正违章指挥、强令冒险作业、违反操作规程的行为。

(7) 督促落实本单位安全生产整改措施。

生产经营单位可以设置专职安全生产分管负责人，协助本单位主要负责人履行安全生产管理职责。

三、安全生产费用

(1) 生产经营单位应当具备的安全生产条件所必需的资金投入，由生产经营单位的决策机构、主要负责人或者个人经营的投资人予以保证，并对由于安全生产所必需的资金投入不足导致的后果承担责任。

(2) 有关生产经营单位应当按照规定提取和使用安全生产费用，专门用于改善安全生产条件。安全生产费用在成本中据实列支。安全生产费用提取、使用和监督管理的具体办法由国务院财政部门会同国务院应急管理部门征求国务院有关部门意见后制定。

四、安全生产教育和培训

(1) 生产经营单位应当对从业人员进行安全生产教育和培训，保证从业人员具备必要的安全生产知识，熟悉有关的安全生产规章制度和安全操作规程，掌握本岗位的安全操作技能，了解事故应急处理措施，知悉自身在安全生产方面的权利和义务。未经安全生产教育和培训合格的从业人员，不得上岗作业。

（2）生产经营单位使用被派遣劳动者的，应当将被派遣劳动者纳入本单位从业人员统一管理，对被派遣劳动者进行岗位安全操作规程和安全操作技能的教育和培训。劳务派遣单位应当对被派遣劳动者进行必要的安全生产教育和培训。

（3）生产经营单位接收中等职业学校、高等学校学生实习的，应当对实习学生进行相应的安全生产教育和培训，提供必要的劳动防护用品。学校应当协助生产经营单位对实习学生进行安全生产教育和培训。生产经营单位应当建立安全生产教育和培训档案，如实记录安全生产教育和培训的时间、内容、参加人员以及考核结果等情况。

（4）生产经营单位采用新工艺、新技术、新材料或者使用新设备，必须了解、掌握其安全技术特性，采取有效的安全防护措施，并对从业人员进行专门的安全生产教育和培训。

（5）生产经营单位的特种作业人员必须按照国家有关规定经专门的安全作业培训，取得相应资格，方可上岗作业。

知识点 5 施工安全生产管理

一、安全生产责任制度

（1）安全生产责任制是最基本的安全管理制度，是所有安全生产管理制度的核心。

（2）建筑面积在 1 万 m² 以下的，至少配备 1 名专职安全人员；建筑面积在 1 万 m² 以上 5 万 m² 以下的，配备 2~3 名专职安全人员；建筑面积在 5 万 m² 以上的，须按不同专业组成安全管理组进行安全监督检查。

二、安全生产许可证制度

安全生产许可证有效期为 3 年，需要延期的，要在期满 3 个月前办理延期手续。有效期内未发生死亡事故的，经原发证机关同意，不再审查，有效期可延期 3 年。企业不得转让、冒用或伪造安全生产许可证。

> **注意**：安全生产许可证与施工许可证的区别见表 6-2-2。

表 6-2-2　安全生产许可证与施工许可证的区别

类别	办理单位	对象	有效期
安全生产许可证	施工企业	企业	3 年
施工许可证	建设单位	项目	一次性

三、安全生产教育培训制度

（1）安全生产教育培训一般包括对管理人员、特种作业人员和企业员工的安全教育。

（2）特种作业人员应具备的条件：①年满 18 周岁且不超过国家法定退休年龄；②身体健康；③具有初中及以上文化程度；④具备必要的安全技术知识和技能；⑤相应特种作业规定的其他条件（危险化学品特种人员具有高中以上文化程度）。

对特种作业人员的安全教育应注意以下三点：①上岗前教育培训；②取得操作证后准许

独立作业;③特种作业操作证每3年复审一次,但有效期内连续从事本工种10年以上且一切正常者,复审周期可延长至每6年一次。

(3)企业员工的安全教育主要包括上岗前的三级安全教育、改变工艺和变换岗位安全教育、经常性安全教育三种形式。企业新上岗的从业人员,岗前培训的时间不得少于24学时。

①三级安全教育指的是进厂、进车间、进班组三个阶段的教育。具体指企业(公司)、项目(工区、工程处、施工队)、班组三级。

a. 企业级安全教育由企业主管领导负责。

b. 项目级安全教育由项目级负责人组织实施。

c. 班组级安全教育由班组长组织实施。

②改变工艺和变换岗位安全教育。因放长假离岗1年以上重新上岗的情况,企业必须进行相应的安全技术培训和教育。

③经常性安全教育。经常性安全教育中,安全思想、安全态度教育最重要。

经常性安全教育的形式包括:每天的班前、班后会上说明安全注意事项;安全活动日;安全生产会议;事故现场会;张贴安全生产招贴画、宣传标语及标志等。

四、安全措施计划制度

安全措施计划的编制步骤:工作活动分类→危险源识别→风险确定→风险评价→制定安全技术措施计划评价→安全技术措施计划的充分性分析。

五、特种作业人员持证上岗制度

特种作业人员必须经过专门的安全作业培训,并取得特种作业操作资格证书后,方可上岗作业。

离开特种作业岗位达6个月以上的特种作业人员,应当重新进行实际操作考核,经确认合格后方可上岗作业。

六、专项施工方案专家论证制度

达到一定规模的危险性较大的分部分项工程应编制专项施工方案,并附具安全验算结果,经施工单位技术负责人、总监理工程师签字后实施,由专职安全生产管理人员进行现场监督。

涉及深基坑、地下暗挖、高大模板工程的专项施工方案,施工单位还应当组织专家进行论证、审查。

七、施工起重机械使用登记制度

《建设工程安全生产管理条例》(国务院令第393号)第三十五条规定:"施工单位应当自施工起重机械和整体提升脚手架、模板等自升式架设设施验收合格之日起30日内,向建设行政主管部门或者其他有关部门登记。"

八、安全检查制度

(1)安全检查的内容包括查思想、查管理、查隐患、查整改、查伤亡事故处理等。重点是检查"三违"(违章指挥、违规作业和违反劳动纪律)和安全责任制的落实。

（2）安全隐患的处理程序：登记→整改→复查→销案。

九、生产安全事故报告和调查处理制度

发生事故后，事故现场有关人员应当立即报告本单位负责人，本单位负责人立即上报监督管理有关部门。特种设备发生事故时，还应当同时向特种设备安全监督管理部门报告。

十、"三同时"制度

"三同时"是指安全生产设施必须与主体工程同时设计、同时施工、同时投入生产和使用。安全设施投资应当纳入建设项目预算。

十一、工伤和意外伤害保险制度

工伤保险属于法定的强制性保险。

根据《中华人民共和国建筑法》，为从事危险作业的职工投保意外伤害险并非强制性规定，是否投保由建筑施工企业自主决定。

➢ **重点提示**：重点掌握特种作业人员应具备的条件、三级安全教育、专项施工方案专家论证制度、"三同时"制度的内容。

实战演练

[2024真题·单选] 特种作业人员在特种作业操作证有效期内，连续从事本工种10年以上、严格遵守有关安全生产法律法规的，经原考核发证机关或者从业所在地考核发证机关同意，特种作业操作证的复审时间可以延长至（　　）。

A. 每6年1次　　　　　　　　　　B. 每3年1次
C. 每4年1次　　　　　　　　　　D. 每5年1次

[解析] 特种作业人员在特种作业操作证有效期内，连续从事本工种10年以上，严格遵守有关安全生产法律法规的，经原考核发证机关或者从业所在地考核发证机关同意，特种作业操作证的复审时间可以延长至每6年1次。

[答案] A

[2016真题·单选] 根据《建设工程安全生产管理条例》（国务院令第393号），施工单位对达到一定规模的危险性较大的分部分项工程编制专项施工方案，经施工单位技术负责人和（　　）签字后实施。

A. 项目经理
B. 总监理工程师
C. 项目技术负责人
D. 建设单位项目负责人

[解析] 根据《建设工程安全生产管理条例》（国务院令第393号），施工单位应当在施工组织设计中编制安全技术措施和施工现场临时用电方案，对达到一定规模的危险性较大的分部分项工程编制专项施工方案，并附具安全验算结果，经施工单位技术负责人、总监理工程师签字后实施。

[答案] B

[经典例题·单选] 根据《中华人民共和国建筑法》，建筑施工企业可以自主决定是否投保的险种是（ ）。

A. 意外伤害保险　　　　　　　　　　B. 基本医疗保险
C. 工伤保险　　　　　　　　　　　　D. 失业保险

[解析] 根据《中华人民共和国建筑法》，为从事危险作业的职工投保意外伤害险并非强制性规定，是否投保意外伤害险由建筑施工企业自主决定。

[答案] A

[经典例题·单选] 关于施工中一般特种作业人员应具备的条件的说法，正确的是（ ）。

A. 年满16周岁，且不超过国家法定退休年龄　　B. 必须为男性
C. 连续从事本工种10年以上　　　　　　　　　D. 具有初中及以上文化程度

[解析] 特种作业人员应具备的条件有：①年满18周岁且不超过国家法定退休年龄；②经社区或者县级以上医疗机构体检健康合格，并无妨碍从事相应特种作业的器质性心脏病、癫痫病、美尼尔氏症、眩晕症、癔症、震颤麻痹症、精神病、痴呆症以及其他疾病和生理缺陷（即身体健康）；③具有初中及以上文化程度；④具备必要的安全技术知识与技能；⑤相应特种作业规定的其他条件。

[答案] D

[经典例题·单选] 施工企业安全检查制度中，安全检查的重点是检查"三违"和（ ）的落实。

A. 施工起重机械的使用登记制度　　　　B. 安全责任制
C. 现场人员的安全教育制度　　　　　　D. 专项施工方案专家论证制度

[解析] 安全检查的重点是检查"三违"和安全责任制的落实。

[答案] B

[经典例题·多选] 建设工程生产安全检查的主要内容包括（ ）。

A. 查管理　　　B. 查思想　　　C. 查危险源　　　D. 查隐患
E. 查整改

[解析] 安全检查的主要内容包括查思想、查管理、查隐患、查整改、查伤亡事故处理等。

[答案] ABDE

第三节　专项施工方案及施工安全技术管理

知识点 1　专项施工方案编制与报审

一、专项施工方案编制

《建设工程安全生产管理条例》（国务院令第393号）规定，对下列达到一定规模的危险性较大的分部分项工程编制专项施工方案，并附具安全验算结果，经施工单位技术负责人、

总监理工程师签字后实施,由专职安全生产管理人员进行现场监督:基坑支护与降水工程、土方开挖工程、模板工程、起重吊装工程、脚手架工程、拆除、爆破工程,以及国务院建设行政主管部门或者其他有关部门规定的其他危险性较大的工程。

上述工程中涉及深基坑、地下暗挖工程、高大模板工程的专项施工方案,施工单位还应当组织专家进行论证、审查。

二、专项施工方案

根据《危险性较大的分部分项工程安全管理规定》,专项施工方案相关内容如下:

(1) 施工单位应当在危大工程施工前组织工程技术人员编制专项施工方案。

实行施工总承包的,专项施工方案应当由施工总承包单位组织编制。危大工程实行分包的,专项施工方案可以由相关专业分包单位组织编制。

(2) 专项施工方案应当由施工单位技术负责人审核签字、加盖单位公章,并由总监理工程师审查签字、加盖执业印章后方可实施。

危大工程实行分包并由分包单位编制专项施工方案的,专项施工方案应当由总承包单位技术负责人及分包单位技术负责人共同审核签字并加盖单位公章。

(3) 对于超过一定规模的危大工程,施工单位应当组织召开专家论证会对专项施工方案进行论证。实行施工总承包的,由施工总承包单位组织召开专家论证会。专家论证前专项施工方案应当通过施工单位审核和总监理工程师审查。

专家应当从地方人民政府住房城乡建设主管部门建立的专家库中选取,符合专业要求且人数不得少于5名。与本工程有利害关系的人员不得以专家身份参加专家论证会。

(4) 专家论证会后,应当形成论证报告,对专项施工方案提出通过、修改后通过或者不通过的一致意见。专家对论证报告负责并签字确认。

专项施工方案经论证需修改后通过的,施工单位应当根据论证报告修改完善后,重新履行规定的程序。

专项施工方案经论证不通过的,施工单位修改后应当按照本规定的要求重新组织专家论证。

> **实战演练**
>
> [2024真题·单选] 根据《建设工程安全生产管理条例》(国务院令第393号),对达到一定规模的危险性较大的分部分项工程,施工单位应编制专项施工方案的是( )。
> A. 场地平整工程 B. 土方开挖工程
> C. 砌体工程 D. 抹灰工程
> [解析]《建设工程安全生产管理条例》(国务院令第393号)规定,对下列达到一定规模的危险性较大的分部分项工程,施工单位应编制专项施工方案,并附具安全验算结果,经施工单位技术负责人、总监理工程师签字后实施,由专职安全生产管理人员进行现场监督:①基坑支护与降水工程;②土方开挖工程;③模板工程;④起重吊装工程;⑤脚手架工程;⑥拆除、爆破工程;⑦国务院建设行政主管部门或者其他有关部门规定的其他危险性较大的工程。
> [答案] B

知识点 2 施工安全技术措施及安全技术交底

一、防高处坠落施工安全技术措施

防高处坠落施工安全技术措施见表 6-3-1。

表 6-3-1 防高处坠落施工安全技术措施

类型	技术措施
临边作业防坠落	坠落高度基准面 2 m 及以上进行临边作业时,应在临空一侧设置防护栏杆,并应采用密目式安全立网或工具式栏板封闭
洞口作业防坠落	(1) 当竖向洞口短边边长小于 500 mm 时,应采取封堵措施;当垂直洞口短边边长大于等于 500 mm 时,应在临空一侧设置高度不小于 1.2 m 的防护栏杆,并应采用密目式安全立网或工具式栏板封闭,设置挡脚板; (2) 当非竖向洞口短边边长为 25～500 mm 时,应采用承载力满足使用要求的盖板覆盖,盖板四周搁置应均衡,且应防止盖板移位; (3) 当非竖向洞口短边边长为 500～1 500 mm 时,应采用盖板覆盖或防护栏杆等措施,并应固定牢固; (4) 当非竖向洞口短边边长大于等于 1 500 mm 时,应在洞口作业侧设置高度不小于 1.2 m 的防护栏杆,洞口应采用安全平网封闭
攀登作业防坠落	(1) 当采用梯子攀爬时,踏面荷载不应大于 1.1 kN; (2) 同一梯子上不得两人同时作业; (3) 使用单梯时梯面应与水平面成 75°夹角,踏步不得缺失,梯格间距宜为 300 mm,不得垫高使用; (4) 使用固定式直梯攀登作业时,当攀登高度超过 3 m 时,宜加设护笼;当攀登高度超过 8 m 时,应设置梯间平台; (5) 采用斜道时,应加设间距不大于 400 mm 的防滑条等防滑措施;作业人员严禁沿坑壁、支撑或乘运土工具上下
悬空作业防坠落	(1) 悬空作业的立足处的设置应牢固,并应配置登高和防坠落装置和设施; (2) 构件吊装和管道安装时的悬空作业应符合下列规定:钢结构吊装,构件宜在地面组装,安全设施应一并设置;吊装钢筋混凝土屋架、梁、柱等大型构件前,应在构件上预先设置登高通道、操作立足点等安全设施;在高空安装大模板、吊装第一块预制构件或单独的大中型预制构件时,应站在作业平台上操作;钢结构安装施工宜在施工层搭设水平通道,水平通道两侧应设置防护栏杆,当利用钢梁作为水平通道时,应在钢梁一侧设置连续的安全绳,安全绳宜采用钢丝绳;钢结构、管道等安装施工的安全防护设施宜采用标准化、定型化产品; (3) 严禁在未固定、无防护的构件及管道上作业或通行
交叉作业	(1) 交叉作业时,下层作业位置应处于上层作业的坠落半径之外,高空作业坠落半径应按规范要求确定;安全防护棚和警戒隔离区范围的设置应视上层作业高度确定,并应大于坠落半径; (2) 处于起重机臂架回转范围内的通道,应搭设安全防护棚; (3) 不得在安全防护棚棚顶堆放物料

二、安全防护设施、用品技术要求

安全防护设施、用品技术要求见表 6-3-2。

表 6-3-2　安全防护设施、用品技术要求

类型	技术要求
防护栏杆 （临边作业防护栏杆由横杆、立杆及挡脚板组成）	(1) 防护栏杆应为两道横杆，上杆距地面高度应为 1.2 m，下杆应在上杆和挡脚板中间设置； (2) 当防护栏杆高度大于 1.2 m 时，应增设横杆，横杆间距不应大于 600 mm； (3) 防护栏杆立杆间距不应大于 2 m； (4) 挡脚板高度不应小于 180 mm； (5) 防护栏杆立杆底端应固定牢固
操作平台	(1) 架体结构应采用钢管、型钢及其他等效性能材料组装。平台面铺设的钢、木或竹胶合板等材质的脚手板，应符合材质和承载力要求，并应平整满铺及可靠固定； (2) 操作平台临边应设置防护栏杆，单独设置的操作平台应设置供人上下、踏步间距不大于 400 mm 的扶梯； (3) 应在操作平台明显位置设置标明允许负载值的限载牌及标明限定允许的作业人数，物料应及时转运，不得超重、超高堆放； (4) 操作平台使用中应每月进行不少于 1 次的定期检查，应由专人进行日常维护工作，及时消除安全隐患
施工安全网	(1) 施工安全网的选用：密目式安全立网的网目密度应为 10 cm×10 cm，面积大于等于 2 000 目； (2) 施工安全网的搭设：①安全网搭设应绑扎牢固、网间严密；②安全网的支撑架应具有足够的强度和稳定性；密目式安全立网搭设时，支撑架间距不得大于 450 mm；③边绳的断裂张力不得小于 3 kN，系绳应绑在支撑架上，间距不得大于 750 mm
安全带	(1) 安全带冲击作用力峰值应小于等于 6 kN； (2) 安全带应标明伸展长度，且伸展长度应小于等于永久标识中明示的数值； (3) 织带或绳在各调节扣内的最大滑移应小于等于 25 mm
安全帽	(1) 冲击吸收性能：经高温（50 ℃±2 ℃）、低温（−10 ℃±2 ℃）、浸水（水温 20 ℃±2 ℃）、紫外线照射预处理后做冲击测试，传递到头模的力不应大于 4 900 N，帽壳不得有碎片脱落； (2) 耐穿刺性能：预处理后做冲击测试，钢锥不得接触头模表面，帽壳不得有碎片脱落； (3) 侧向刚性：最大变形不应大于 40 mm，残余变形不应大于 15 mm，帽壳不得有碎片脱落； (4) 阻燃性能：续燃时间不应超过 5 s，帽壳不得烧穿

三、施工安全技术交底

根据《建筑施工安全技术统一规范》（GB 50870—2013），企业应实行逐级安全技术交底制度。开工前，技术负责人应将工程概况、施工方法、安全技术措施等向全体职工进行详细交底；施工队长、工长应按工程进度向有关班组进行作业的安全交底；班组长每天应向班组进行施工要求和作业环境的安全交底。

施工安全技术交底是一项非常重要的工作，旨在提醒和教育施工人员在施工过程中应注意的安全事项和操作规范。施工安全技术交底的主要内容有：

（1）施工现场的基本情况。包括施工地点、施工环境、周边设施等。

（2）安全生产责任。包括安全生产的重要性，明确各个岗位的安全责任和义务。

（3）安全防护措施。详细介绍各个施工阶段所需的安全防护措施，如穿戴安全帽、安全鞋、防护手套等。涉及高空作业、危险化学品等特殊场景时，还需进行特别的安全措施交底。

（4）施工设备和工具的安全使用规范。介绍施工过程中常用的设备和工具的正确使用方法和安全操作规范，并强调不得擅自改动或私自使用未经审核的设备和工具。

（5）事故预防和应急处置措施。包括主动预防事故的方法和意识、遵守安全操作规程、不随意接触危险物品，以及施工现场常见的意外事故类型和应急处理措施等。

（6）施工现场的安全交通管理。强调在施工现场应遵守交通规则，如施工道路的指引、车辆和行人的通行顺序等，确保施工现场的交通安全。

实战演练

[2024真题·单选] 关于防高处坠落安全技术措施的说法，正确的是（　　）。

A. 悬空作业（安装拆除模板、吊装等），施工人员必须站在操作平台上作业并系好安全带

B. 在坠落高度基准面 2 m 处进行临边作业时，应在临空一侧设置防护栏杆，但不必用密目式安全立网或工具式栏板封闭

C. 当垂直洞口短边边长大于或等于 800 mm 时，应在临空一侧设置高度不小于 900 mm 的防护栏杆，并采用密目式安全立网或工具式栏板封闭

D. 当非竖向洞口短边边长大于等于 1 000 mm 时，应在洞口作业侧设置高度不小于 900 mm 的防护栏杆，并采用安全平网封闭

[解析] 选项 B 错误，在坠落高度基准面 2 m 及以上进行临边作业时，应在临空一侧设置防护栏杆，并应采用密目式安全立网或工具式栏板封闭。选项 C 错误，当垂直洞口短边边长大于或等于 500 mm 时，应在临空一侧设置高度不小于 1.2 m 的防护栏杆，并应采用密目式安全立网或工具式栏板封闭，设置挡脚板。选项 D 错误，当非竖向洞口短边边长大于或等于 1 500 mm 时，应在洞口作业侧设置高度不小于 1.2 m 的防护栏杆，洞口应采用安全平网封闭。

[答案] A

第四节　施工安全事故应急预案和调查处理

知识点 1　施工安全事故隐患处置

一、总则

根据《安全生产事故隐患排查治理暂行规定》，安全生产事故隐患（以下简称事故隐患），是指生产经营单位违反安全生产法律、法规、规章、标准、规程和安全生产管理制度的规定，或者因其他因素在生产经营活动中存在可能导致事故发生的物的危险状态、人的不安全行为和管理上的缺陷。

（1）事故隐患分为一般事故隐患和重大事故隐患。一般事故隐患，是指危害和整改难度较小，发现后能够立即整改排除的隐患。重大事故隐患，是指危害和整改难度较大，应当全部或者局部停产停业，并经过一定时间整改治理方能排除的隐患，或者因外部因素影响致使生产经营单位自身难以排除的隐患。

（2）生产经营单位应当建立健全事故隐患排查治理制度。生产经营单位主要负责人对本单位事故隐患排查治理工作全面负责。

（3）各级安全监管监察部门按照职责对所辖区域内生产经营单位排查治理事故隐患工作，依法实施综合监督管理；各级人民政府有关部门在各自职责范围内对生产经营单位排查治理事故隐患工作，依法实施监督管理。

（4）任何单位和个人发现事故隐患，均有权向安全监管监察部门和有关部门报告。安全监管监察部门接到事故隐患报告后，应当按照职责分工立即组织核实并予以查处；发现所报告事故隐患应当由其他有关部门处理的，应当立即移送有关部门并记录备查。

二、生产经营单位的职责

（1）生产经营单位应当依照法律、法规、规章、标准和规程的要求从事生产经营活动，严禁非法从事生产经营活动。

（2）生产经营单位是事故隐患排查、治理和防控的责任主体。生产经营单位应当建立健全事故隐患排查治理和建档监控等制度，逐级建立并落实从主要负责人到每个从业人员的隐患排查治理和监控责任制。

（3）生产经营单位应当保证事故隐患排查治理所需的资金，建立资金使用专项制度。

（4）生产经营单位应当定期组织安全生产管理人员、工程技术人员和其他相关人员排查本单位的事故隐患。对排查出的事故隐患，应当按照事故隐患的等级进行登记，建立事故隐患信息档案，并按照职责分工实施监控治理。

（5）生产经营单位应当建立事故隐患报告和举报奖励制度，鼓励、发动职工发现和排除事故隐患，鼓励社会公众举报。对发现、排除和举报事故隐患的有功人员，应当给予物质奖励和表彰。

（6）生产经营单位将生产经营项目、场所、设备发包、出租的，应当与承包、承租单位签订安全生产管理协议，并在协议中明确各方对事故隐患排查、治理和防控的管理职责。生产经营单位对承包、承租单位的事故隐患排查治理负有统一协调和监督管理的职责。

（7）安全监管监察部门和有关部门的监督检查人员依法履行事故隐患监督检查职责时，生产经营单位应当积极配合，不得拒绝和阻挠。

（8）生产经营单位应当每季、每年对本单位事故隐患排查治理情况进行统计分析，并分别于下一季度15日前和下一年1月31日前向安全监管监察部门和有关部门报送书面统计分析表。统计分析表应当由生产经营单位主要负责人签字。

对于重大事故隐患，生产经营单位除依照前款规定报送外，应当及时向安全监管监察部门和有关部门报告。重大事故隐患报告内容应当包括：

①隐患的现状及其产生原因。

②隐患的危害程度和整改难易程度分析。

③隐患的治理方案。

（9）对于一般事故隐患，由生产经营单位（车间、分厂、区队等）负责人或者有关人员立即组织整改。

对于重大事故隐患，由生产经营单位主要负责人组织制定并实施事故隐患治理方案。重大事故隐患治理方案应当包括以下内容：

①治理的目标和任务。

②采取的方法和措施。

③经费和物资的落实。

④负责治理的机构和人员。

⑤治理的时限和要求。

⑥安全措施和应急预案。

（10）生产经营单位在事故隐患治理过程中，应当采取相应的安全防范措施，防止事故发生。事故隐患排除前或者排除过程中无法保证安全的，应当从危险区域内撤出作业人员，并疏散可能危及的其他人员，设置警戒标志，暂时停产停业或者停止使用；对暂时难以停产或者停止使用的相关生产储存装置、设施、设备，应当加强维护和保养，防止事故发生。

三、监督管理

（1）安全监管监察部门应当指导、监督生产经营单位按照有关法律、法规、规章、标准和规程的要求，建立健全事故隐患排查治理等各项制度。

（2）安全监管监察部门应当建立事故隐患排查治理监督检查制度，定期组织对生产经营单位事故隐患排查治理情况开展监督检查；应当加强对重点单位的事故隐患排查治理情况的监督检查。对检查过程中发现的重大事故隐患，应当下达整改指令书，并建立信息管理台账。必要时，报告同级人民政府并对重大事故隐患实行挂牌督办。

安全监管监察部门应当配合有关部门做好对生产经营单位事故隐患排查治理情况开展的监督检查，依法查处事故隐患排查治理的非法和违法行为及其责任者。

安全监管监察部门发现属于其他有关部门职责范围内的重大事故隐患的，应该及时将有关资料移送有管辖权的有关部门，并记录备查。

（3）已经取得安全生产许可证的生产经营单位，在其被挂牌督办的重大事故隐患治理结束前，安全监管监察部门应当加强监督检查。必要时，可以提请原许可证颁发机关依法暂扣其安全生产许可证。

（4）安全监管监察部门应当会同有关部门把重大事故隐患整改纳入重点行业领域的安全专项整治中加以治理，落实相应责任。

（5）对挂牌督办并采取全部或者局部停产停业治理的重大事故隐患，安全监管监察部门收到生产经营单位恢复生产的申请报告后，应当在10日内进行现场审查。审查合格的，对事故隐患进行核销，同意恢复生产经营；审查不合格的，依法责令改正或者下达停产整改指令。对整改无望或者生产经营单位拒不执行整改指令的，依法实施行政处罚；不具备安全生产条件的，依法提请县级以上人民政府按照国务院规定的权限予以关闭。

（6）安全监管监察部门应当每季将本行政区域重大事故隐患的排查治理情况和统计分析表逐级报至省级安全监管监察部门备案。

省级安全监管监察部门应当每半年将本行政区域重大事故隐患的排查治理情况和统计分析表报中华人民共和国应急管理部备案。

实战演练

[经典例题·多选] 重大事故隐患治理方案包括的内容有（　　）。
A. 经费和物资的落实
B. 安全措施和应急预案
C. 治理的时限和要求
D. 负责监督的机构和人员
E. 采取的方法和措施

[解析] 重大事故隐患治理方案应当包括以下内容：①治理的目标和任务；②采取的方法和措施；③经费和物资的落实；④负责治理的机构和人员；⑤治理的时限和要求；⑥安全措施和应急预案。

[答案] ABCE

知识点 2　施工安全事故应急预案

施工安全事故应急预案的内容及管理过程如图 6-4-1 所示。

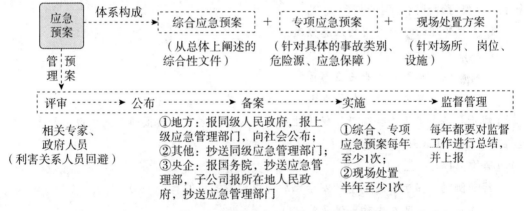

图 6-4-1　施工安全事故应急预案的内容及管理过程

有下列情形之一的，应急预案应当及时修订并归档：
（1）依据的法律、法规、规章、标准及上位预案中的有关规定发生重大变化的。
（2）应急指挥机构及其职责发生调整的。
（3）安全生产面临的风险发生重大变化的。
（4）重要应急资源发生重大变化的。
（5）在应急演练和事故应急救援中发现需要修订预案的重大问题的。
（6）编制单位认为应当修订的其他情况。

施工单位应急预案内容变更的，应当重新备案。

▶ **重点提示**：（1）理解编制应急预案的目的。

（2）应急预案体系包括综合应急预案、专项应急预案和现场处置方案，注意区分三者的特点。一般带具体名称的工程，如基坑开挖、脚手架拆除等，编制的是专项应急预案。

（3）应急预案管理包括：评审（谁可参加，谁不可参加）——公布——备案（不同级别的应急预案备案地点不同）——实施（不同应急预案演练的频率）——监督管理（每年都要进行监督）。

实战演练

[2019真题·单选] 根据应急预案体系的构成，针对深基坑开挖编制的应急预案属于（　　）。

A. 专项应急预案

B. 专项施工方案

C. 现场处置预案

D. 危大工程预案

[解析] 专项应急预案是针对具体的事故类别（如基坑开挖、脚手架拆除等事故）、危险源和应急保障而制定的计划或方案，是综合应急预案的组成部分，应按照综合应急预案的程序和要求组织制定，并作为综合应急预案的附件。

[答案] A

[2016真题·单选] 下列生产安全事故应急预案中，应当报同级人民政府和上一级安全生产监督管理部门备案的是（　　）。

A. 中央管理的企业集团的应急预案

B. 地方建设行政主管部门的应急预案

C. 特级施工总承包企业的应急预案

D. 地方各级安全生产监督管理部门的应急预案

[解析] 地方各级安全生产监督管理部门的应急预案，应当报同级人民政府和上一级安全生产监督管理部门备案。

[答案] D

[经典例题·多选] 编制生产安全事故应急预案的目的有（　　）。

A. 避免紧急情况发生时出现混乱

B. 满足《职业健康安全管理体系》论证的要求

C. 确保按照合理的响应流程采取适当的救援措施

D. 预防和减少可能随之引发的职业健康安全和环境影响

E. 确保建设主管部门尽快开展调查处理

[解析] 编制应急预案的目的，是避免紧急情况发生时出现混乱，确保按照合理的响应流程采取适当的救援措施，预防和减少可能随之引发的职业健康安全和环境影响。

[答案] ACD

知识点 3 施工安全事故等级和事故报告与事故处理

一、施工安全事故等级

(一)按照安全事故伤害程度分类

根据《企业职工伤亡事故分类》(GB 6441—1986)规定,安全事故按照伤害程度分为以下几类:

(1)轻伤,指损失 1~105 个工作日的失能伤害。

(2)重伤,指损失工作日等于和超过 105 日的失能伤害,重伤的损失工作日最多不超过 6 000 日。

(3)死亡,指损失工作日超过 6 000 日的失能伤害。

(二)按照生产安全事故造成的人员伤亡或直接经济损失分类

根据《生产安全事故报告和调查处理条例》(国务院令第 493 号),生产安全事故按照造成的人员伤亡或直接经济损失一般分为四类:一般事故、较大事故、重大事故及特别重大事故。其分类标准及相关内容如图 6-4-2 所示。

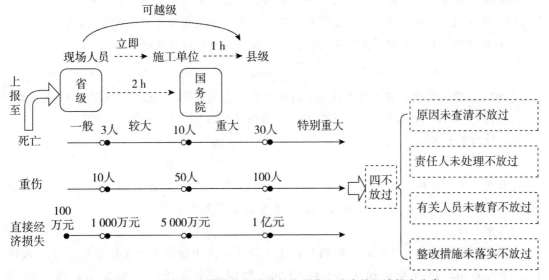

图 6-4-2 生产安全事故按照造成的人员伤亡或直接经济损失分类

注:重伤包括急性工业中毒。

▶ **重点提示:** (1)生产安全事故等级的划分和质量事故等级的划分不同之处在于:生产安全事故的判断标准不仅包括重伤人数,还包括急性工业中毒人数。

(2)"四不放过"的原则:查原因、处理责任人、教育相关人、落实措施。

二、施工安全事故报告和事故调查报告

事故报告和事故调查报告内容见表 6-4-1。

表 6-4-1 事故报告和事故调查报告内容

事故报告的内容	事故调查报告的内容
事故发生单位概况	事故发生单位概况
事故发生的时间、地点，以及事故现场情况	事故发生的原因和事故性质
事故的简要经过	事故发生经过和事故救援情况
事故已经造成或者可能造成的伤亡人数、初步估计的直接经济损失	事故造成的人员伤亡和直接经济损失
事故发生后已经采取的措施	事故防范和整改措施
其他应当报告的情况	事故责任的认定和对事故责任者的处理建议

➢ **重点提示**：(1) 安全事故发生之后先报给施工单位，而质量事故发生之后先报给有关单位。

(2) 现场人员报本单位负责人时限：立即；单位负责人报上级时限：1 h 内；上级报再上级时限：2 h 内。

(3) 建设主管部门事故报告要求：特别重大、重大、较大→国务院；一般→省级。

(4) 事故报告的内容均为初步估计的内容（注意与事故调查报告进行区别）。

(5) 事故调查报告的内容是核实后的具体内容（与事故报告进行区别）。

> **实战演练**
>
> [2024 真题·单选] 某工程项目施工过程中发生安全事故，导致 1 人死亡，11 人重伤，直接经济损失约为 500 万元。该生产安全事故等级属于（　　）。
>
> A. 特别重大事故　　　　　　　　　B. 较大事故
> C. 重大事故　　　　　　　　　　　D. 一般事故
>
> [解析] 较大事故，是指造成 3 人及以上 10 人以下死亡，或者 10 人及以上 50 人以下重伤，或者 1 000 万元及以上 5 000 万元以下直接经济损失的事故。
>
> [答案] B
>
> [经典例题·单选] 某桥梁工程桩基施工过程中，由于操作平台整体倒塌导致 6 人死亡，52 人重伤，直接经济损失为 118 万元。根据安全事故造成的后果，该事故属于（　　）。
>
> A. 一般事故　　　　　　　　　　　B. 重大事故
> C. 较大事故　　　　　　　　　　　D. 特别重大事故
>
> [解析] 重大事故，是指造成 10 人以上 30 人以下死亡，或者 50 人以上 100 人以下重伤，或者 5 000 万元以上 1 亿元以下直接经济损失的事故。
>
> [答案] B
>
> [经典例题·单选] 某分包工程发生生产安全事故，应由（　　）负责上报事故。
>
> A. 分包单位　　　　　　　　　　　B. 总承包单位
> C. 建设单位　　　　　　　　　　　D. 监理单位
>
> [解析] 实行施工总承包的建设工程，由总承包单位负责上报事故。

[答案] B

[2024真题·多选] 重大安全事故报告中包括（　　）。

A. 事故发生单位概况

B. 事故发生的原因和事故性质

C. 事故的简要经过

D. 事故责任的认定以及对事故责任者的处理建议

E. 已经采取的措施

[解析] 事故报告应包括下列内容：①事故发生单位概况；②事故发生的时间、地点以及事故现场情况；③事故的简要经过；④事故已经造成或者可能造成的伤亡人数（包括下落不明的人数）和初步估计的直接经济损失；⑤已经采取的措施；⑥其他应当报告的情况。

[答案] ACE

[经典例题·多选] 关于施工生产安全事故报告的说法，正确的有（　　）。

A. 施工单位负责人在接到事故报告后，2h内向上级报告事故情况

B. 一般事故应上报至省、自治区、直辖市人民政府建设主管部门

C. 重大事故应逐级上报至省、自治区、直辖市人民政府建设主管部门

D. 对于需逐级上报的事故，每级安全生产监督管理部门上报的时间不得超过2h

E. 特别重大事故应逐级上报至国务院建设主管部门

[解析] 施工单位负责人接到报告后，应当在1h内向事故发生地县级以上人民政府建设主管部门和有关部门报告，选项A错误。特别重大事故、重大事故、较大事故逐级上报至国务院建设主管部门，选项C错误、选项E正确。

[答案] BDE

[经典例题·多选] 根据《生产安全事故报告和调查处理条例》（国务院令第493号），事故调查报告的内容主要有（　　）。

A. 事故发生单位概况
B. 事故发生经过和事故救援情况
C. 事故责任者的处理结果
D. 事故造成的人员伤亡和直接经济损失
E. 事故发生的原因和事故性质

[解析] 事故调查报告应当包括：①事故发生单位概况；②事故发生的原因和事故性质；③事故发生经过和事故救援情况；④事故造成的人员伤亡和直接经济损失；⑤事故防范和整改措施；⑥事故责任的认定和对事故责任者的处理建议。

[答案] ABDE

三、施工安全事故处理

根据《生产安全事故罚款处罚规定》，应急管理部门和矿山安全监察机构对生产安全事故发生单位（以下简称事故发生单位）及其主要负责人、其他负责人、安全生产管理人员以及直接负责的主管人员、其他直接责任人员等有关责任人员依照《中华人民共和国安全生产法》和《生产安全事故报告和调查处理条例》实施罚款的行政处罚，适用本规定。

（一）对事故发生单位主要负责人及其他人员的处罚

事故发生单位主要负责人、其他负责人、安全生产管理人员以及直接负责的主管人员、其他直接责任人员的上一年年收入，属于国有生产经营单位的，是指该单位上级主管部门所确定的上一年年收入总额；属于非国有生产经营单位的，是指经财务、税务部门核定的上一年年收入总额。

（1）对事故发生单位及其有关责任人员处以罚款的行政处罚，依照下列规定决定：

①对发生特别重大事故的单位及其有关责任人员罚款的行政处罚，由应急管理部决定。

②对发生重大事故的单位及其有关责任人员罚款的行政处罚，由省级人民政府应急管理部门决定。

③对发生较大事故的单位及其有关责任人员罚款的行政处罚，由设区的市级人民政府应急管理部门决定。

④对发生一般事故的单位及其有关责任人员罚款的行政处罚，由县级人民政府应急管理部门决定。

上级应急管理部门可以指定下一级应急管理部门对事故发生单位及其有关责任人员实施行政处罚。

（2）事故发生单位主要负责人有下列行为之一的，依照下列规定处以罚款：

①事故发生单位主要负责人在事故发生后不立即组织事故抢救，或者在事故调查处理期间擅离职守，或者瞒报、谎报、迟报事故，或者事故发生后逃匿的，处上一年年收入60%～80%的罚款；贻误事故抢救或者造成事故扩大或者影响事故调查或者造成重大社会影响的，处上一年年收入80%～100%的罚款。

②事故发生单位主要负责人漏报事故的，处上一年年收入40%～60%的罚款；贻误事故抢救或者造成事故扩大或者影响事故调查或者造成重大社会影响的，处上一年年收入60%～80%的罚款。

③事故发生单位主要负责人伪造、故意破坏事故现场，或者转移、隐匿资金、财产、销毁有关证据、资料，或者拒绝接受调查，或者拒绝提供有关情况和资料，或者在事故调查中作伪证，或者指使他人作伪证的，处上一年年收入60%～80%的罚款；贻误事故抢救或者造成事故扩大或者影响事故调查或者造成重大社会影响的，处上一年年收入80%～100%的罚款。

（3）事故发生单位直接负责的主管人员和其他直接责任人员有下列行为之一的，处上一年年收入60%～80%的罚款；贻误事故抢救或者造成事故扩大或者影响事故调查或者造成重大社会影响的，处上一年年收入80%～100%的罚款：①谎报或者瞒报事故的；②伪造或者故意破坏事故现场的；③转移、隐匿资金、财产，或者销毁有关证据、资料的；④拒绝接受调查或者拒绝提供有关情况和资料的；⑤在事故调查中作伪证或者指使他人作伪证的；⑥事故发生后逃匿的。

（4）事故发生单位主要负责人未依法履行安全生产管理职责，导致事故发生的，依照下列规定处以罚款：

①发生一般事故的，处上一年年收入40%的罚款。

②发生较大事故的，处上一年年收入60%的罚款。

③发生重大事故的,处上一年年收入80%的罚款。
④发生特别重大事故的,处上一年年收入100%的罚款。

(5) 事故发生单位其他负责人和安全生产管理人员未依法履行安全生产管理职责,导致事故发生的,依照下列规定处以罚款:
①发生一般事故的,处上一年年收入20%至30%的罚款。
②发生较大事故的,处上一年年收入30%至40%的罚款。
③发生重大事故的,处上一年年收入40%至50%的罚款。
④发生特别重大事故的,处上一年年收入50%的罚款。

(6) 个人经营的投资人未依照《中华人民共和国安全生产法》的规定保证安全生产所必需的资金投入,致使生产经营单位不具备安全生产条件,导致发生生产安全事故的,依照下列规定对个人经营的投资人处以罚款:
①发生一般事故的,处2万元以上5万元以下的罚款。
②发生较大事故的,处5万元以上10万元以下的罚款。
③发生重大事故的,处10万元以上15万元以下的罚款。
④发生特别重大事故的,处15万元以上20万元以下的罚款。

(二) 发生事故后对事故发生单位的处罚

(1) 事故发生单位有《生产安全事故报告和调查处理条例》第三十六条第一项至第五项规定的行为之一的:①谎报或者瞒报事故的;②伪造或者故意破坏事故现场的;③转移、隐匿资金、财产,或者销毁有关证据、资料的;④拒绝接受调查或者拒绝提供有关情况和资料的;⑤在事故调查中作伪证或者指使他人作伪证的。依照下列规定处以罚款:
①发生一般事故的,处100万元以上150万元以下的罚款。
②发生较大事故的,处150万元以上200万元以下的罚款。
③发生重大事故的,处200万元以上250万元以下的罚款。
④发生特别重大事故的,处250万元以上300万元以下的罚款。

(2) 事故发生单位有《生产安全事故报告和调查处理条例》第三十六条第一项至第五项规定的行为之一的:①谎报或者瞒报事故的;②伪造或者故意破坏事故现场的;③转移、隐匿资金、财产,或者销毁有关证据、资料的;④拒绝接受调查或者拒绝提供有关情况和资料的;⑤在事故调查中作伪证或者指使他人作伪证的。贻误事故抢救或者造成事故扩大或者影响事故调查或者造成重大社会影响的,依照下列规定处以罚款:
①发生一般事故的,处300万元以上350万元以下的罚款。
②发生较大事故的,处350万元以上400万元以下的罚款。
③发生重大事故的,处400万元以上450万元以下的罚款。
④发生特别重大事故的,处450万元以上500万元以下的罚款。

(3) 事故发生单位对一般事故负有责任的,依照下列规定处以罚款:
①造成3人以下重伤(包括急性工业中毒,下同),或者300万元以下直接经济损失的,处30万元以上50万元以下的罚款。
②造成1人死亡,或者3人以上6人以下重伤,或者300万元以上500万元以下直接经

济损失的，处50万元以上70万元以下的罚款。

③造成2人死亡，或者6人以上10人以下重伤，或者500万元以上1000万元以下直接经济损失的，处70万元以上100万元以下的罚款。

（4）事故发生单位对较大事故发生负有责任的，依照下列规定处以罚款：

①造成3人以上5人以下死亡，或者10人以上20人以下重伤，或者1000万元以上2000万元以下直接经济损失的，处100万元以上120万元以下的罚款。

②造成5人以上7人以下死亡，或者20人以上30人以下重伤，或者2000万元以上3000万元以下直接经济损失的，处120万元以上150万元以下的罚款。

③造成7人以上10人以下死亡，或者30人以上50人以下重伤，或者3000万元以上5000万元以下直接经济损失的，处150万元以上200万元以下的罚款。

（5）事故发生单位对重大事故发生负有责任的，依照下列规定处以罚款：

①造成10人以上13人以下死亡，或者50人以上60人以下重伤，或者5000万元以上6000万元以下直接经济损失的，处200万元以上400万元以下的罚款。

②造成13人以上15人以下死亡，或者60人以上70人以下重伤，或者6000万元以上7000万元以下直接经济损失的，处400万元以上600万元以下的罚款。

③造成15人以上30人以下死亡，或者70人以上100人以下重伤，或者7000万元以上1亿元以下直接经济损失的，处600万元以上1000万元以下的罚款。

（6）事故发生单位对特别重大事故发生负有责任的，依照下列规定处以罚款：

①造成30人以上40人以下死亡，或者100人以上120人以下重伤，或者1亿元以上1.5亿元以下直接经济损失的，处1000万元以上1200万元以下的罚款。

②造成40人以上50人以下死亡，或者120人以上150人以下重伤，或者1.5亿元以上2亿元以下直接经济损失的，处1200万元以上1500万元以下的罚款。

③造成50人以上死亡，或者150人以上重伤，或者2亿元以上直接经济损失的，处1500万元以上2000万元以下的罚款。

（7）发生生产安全事故，有下列情形之一的，属于《中华人民共和国安全生产法》第一百一十四条第二款规定的情节特别严重、影响特别恶劣的情形，可以按照法律规定罚款数额的2倍以上5倍以下对事故发生单位处以罚款：

①关闭、破坏直接关系生产安全的监控、报警、防护、救生设备、设施，或者篡改、隐瞒、销毁其相关数据、信息的。

②因存在重大事故隐患被依法责令停产停业、停止施工、停止使用有关设备、设施、场所或者立即采取排除危险的整改措施，而拒不执行的。

③涉及安全生产的事项未经依法批准或者许可，擅自从事矿山开采、金属冶炼、建筑施工，以及危险物品生产、经营、储存等高度危险的生产作业活动，或者未依法取得有关证照尚在从事生产经营活动的。

④拒绝、阻碍行政执法的。

⑤强令他人违章冒险作业，或者明知存在重大事故隐患而不排除，仍冒险组织作业的。

⑥其他情节特别严重、影响特别恶劣的情形。

第七章
绿色施工及环境管理

■ **本章导学**

本章包括"绿色施工管理""施工现场环境管理"两节内容。其中,绿色施工管理围绕"四节一环保"内容展开说明;施工现场环境管理包括施工现场文明施工的要求和施工现场环境保护的要求,应重点掌握。

第一节 绿色施工管理

知识点 1 绿色施工基本内容

根据《建筑工程绿色施工规范》(GB/T 50905—2014),绿色施工是指在保证质量、安全等基本要求的前提下,通过科学管理和技术进步,最大限度地节约资源,减少对环境负面影响,实现节能、节材、节水、节地和环境保护("四节一环保")的建筑工程施工活动。

"四节一环保"的内容有:

(1) 节材及材料利用,包括制订材料的采购和使用计划、施工现场材料的堆放和储存要求、工程施工材料的选用等。

(2) 节水及水资源利用,包括施工现场管线布置、施工现场采用的节水器具、水资源的收集利用、定额用水控制等。

(3) 节能及能源利用,包括合理安排施工顺序、减少作业区机械设备数量、制定施工能耗指标、合理布置临时用电线路、选用节能器具、施工现场错峰用电等。

(4) 节地及土地资源保护,包括施工临时设施布置、施工现场避让保护场区及周边的古树名木等。

(5) 环境保护,包括施工现场扬尘控制、噪声控制、光污染控制、水污染控制、施工现场垃圾处理等。

知识点 2 各方主体绿色施工职责

根据《建筑工程绿色施工规范》(GB/T 50905—2014),各方主体绿色施工职责如下。

一、建设单位职责

(1) 在编制工程概算和招标文件时,应明确绿色施工的要求,并提供包括场地、环境、工期、资金等方面的条件保障。

(2) 应向施工单位提供建设工程绿色施工的设计文件、产品要求等相关资料,保证资料的真实性和完整性。

(3) 应建立工程项目绿色施工的协调机制。

二、设计单位职责

(1) 应按国家现行有关标准和建设单位的要求进行工程的绿色设计。

(2) 应协助、支持、配合施工单位做好建筑工程绿色施工的有关设计工作。

三、监理单位职责

(1) 应对建筑工程绿色施工承担监理责任。

(2) 应审查绿色施工组织设计、绿色施工方案或绿色施工专项方案,并在实施过程中做好监督检查工作。

四、施工单位职责

(1) 施工单位是建筑工程绿色施工的实施主体,应组织绿色施工的全面实施。

(2) 实行总承包管理的建设工程,总承包单位应对绿色施工负总责。

(3) 总承包单位应对专业承包单位的绿色施工实施管理,专业承包单位应对工程承包范围的绿色施工负责。

(4) 施工单位应建立以项目经理为第一责任人的绿色施工管理体系,制定绿色施工管理制度,负责绿色施工的组织实施,进行绿色施工教育培训,定期开展自检、联检和评价工作。

(5) 绿色施工组织设计、绿色施工方案或绿色施工专项方案编制前,应进行绿色施工影响因素分析,并据此制定实施对策和绿色施工评价方案。

> **实战演练**
>
> [2024真题·单选] 施工单位应建立绿色施工管理体系并明确(　　)是项目绿色施工管理的第一责任人。
>
> A. 施工单位负责人　　　　　　B. 施工单位技术负责人
> C. 项目负责人　　　　　　　　D. 项目技术负责人
>
> [解析] 施工单位通过建立绿色施工管理体系,明确企业各部门绿色施工管理职责,并明确施工项目经理是其所负责项目绿色施工管理的第一责任人,负责绿色施工的组织实施和目标实现。
>
> [答案] C

知识点 3　绿色施工措施

一、施工准备

(1) 施工单位应根据设计文件、场地条件、周边环境和绿色施工总体要求,明确绿色施工的目标、材料、方法和实施内容,并在图纸会审时提出需设计单位配合的建议和意见。

(2) 施工单位应编制包含绿色施工管理和技术要求的工程绿色施工组织设计、绿色施工方案或绿色施工专项方案,并经审批通过后实施。

(3) 绿色施工组织设计、绿色施工方案或绿色施工专项方案编制应符合下列规定:

①应考虑施工现场的自然与人文环境特点。
②应有减少资源浪费和环境污染的措施。
③应明确绿色施工的组织管理体系、技术要求和措施。
④应选用先进的产品、技术、设备、施工工艺和方法,利用规划区域内设施。
⑤应包含改善作业条件、降低劳动强度、节约人力资源等内容。

(4) 在绿色施工评价前,依据工程项目环境影响因素分析情况,应对绿色施工评价要素中一般项和优选项的条目数进行相应调整,并经工程项目建设和监理方确认后,作为绿色施工的相应评价依据。

(5) 在工程开工前,施工单位应完成绿色施工的各项准备工作。

二、绿色施工技术措施

(一) 节材及材料利用

(1) 应根据施工进度、材料使用时点、库存情况等制订材料的采购和使用计划。

(2) 现场材料应堆放有序,并满足材料储存及质量保持的要求。

(3) 工程施工使用的材料宜选用距施工现场 500 km 以内生产的建筑材料。

(二) 节水及水资源利用

(1) 现场应结合给排水点位置进行管线线路和阀门预设位置的设计,并采取管网和用水器具防渗漏的措施。

(2) 施工现场办公区、生活区的生活用水应采用节水器具。

(3) 宜建立雨水、中水或其他可利用水资源的收集利用系统。

(4) 应按生活用水与工程用水的定额指标进行控制。

(5) 施工现场喷洒路面、绿化浇灌不宜使用自来水。

(三) 节能及能源利用

(1) 应合理安排施工顺序及施工区域,减少作业区机械设备数量。

(2) 应选择功率与负荷相匹配的施工机械设备,机械设备不宜低负荷运行,不宜采用自备电源。

(3) 应制定施工能耗指标,明确节能措施。

(4) 应建立施工机械设备档案和管理制度,机械设备应定期保养维修。

(5) 生产、生活、办公区域及主要机械设备宜分别进行耗能、耗水及排污计量,并做好相应记录。

(6) 应合理布置临时用电线路,选用节能器具,采用声控、光控和节能灯具;照明照度宜按最低照度设计。

(7) 宜利用太阳能、地热能、风能等可再生能源。

(8) 施工现场宜错峰用电。

(四) 节地及土地资源保护

(1) 应根据工程规模及施工要求布置施工临时设施。

(2) 施工临时设施不宜占用绿地、耕地以及规划红线以外场地。

(3) 施工现场应避让、保护场区及周边的古树名木。

(五) 环境保护

1. 施工现场扬尘控制

(1) 施工现场宜搭设封闭式垃圾站。

(2) 细散颗粒材料、易扬尘材料应封闭堆放、存储和运输。

(3) 施工现场出口应设冲洗池,施工场地、道路应采取定期洒水抑尘措施。

(4) 土石方作业区内扬尘目测高度应小于 1.5 m,结构施工、安装、装饰装修阶段目测扬尘高度应小于 0.5 m,不得扩散到工作区域外。

(5) 施工现场使用的热水锅炉等宜使用清洁燃料。不得在施工现场融化沥青或焚烧油毡、油漆以及其他产生有毒、有害烟尘和恶臭气体的物质。

2. 噪声控制

（1）施工现场宜对噪声进行实时监测；施工场界环境噪声排放昼间不应超过 70 dB (A)，夜间不应超过 55 dB (A)。

（2）施工过程宜使用低噪声、低振动的施工机械设备，对噪声控制要求较高的区域应采取隔声措施。

（3）施工车辆进出现场，不宜鸣笛。

3. 光污染控制

（1）应根据现场和周边环境采取限时施工、遮光和全封闭等避免或减少施工过程中光污染的措施。

（2）夜间室外照明灯应加设灯罩，光照方向应集中在施工范围内。

（3）在光线作用敏感区域施工时，电焊作业和大型照明灯具应采取防光外泄措施。

4. 水污染控制

（1）使用非传统水源和现场循环水时，宜根据实际情况对水质进行检测。

（2）施工现场存放的油料和化学溶剂等物品应设专门库房，地面应做防渗漏处理。废弃的油料和化学溶剂应集中处理，不得随意倾倒。

（3）易挥发、易污染的液态材料，应使用密闭容器存放。

（4）施工机械设备使用和检修时，应控制油料污染；清洗机具的废水和废油不得直接排放。

（5）食堂、盥洗室、淋浴间的下水管线应设置过滤网，食堂应另设隔油池。

（6）施工现场宜采用移动式厕所，并应定期清理。固定厕所应设化粪池。

（7）隔油池和化粪池应做防渗处理，并应进行定期清运和消毒。

（8）污水排放应符合规定的要求。

5. 施工现场垃圾处理

（1）垃圾应分类存放、按时处置。

（2）应制订建筑垃圾减量计划，建筑垃圾的回收利用应符合规定。

（3）有毒有害废弃物的分类率应达到 100%；对有可能造成二次污染的废弃物应单独储存，并设置醒目标识。

（4）现场清理时，应采用封闭式运输，不得将施工垃圾从窗口、洞口、阳台等处抛撒。

6. 危险品、化学品

施工使用的乙炔、氧气、油漆、防腐剂等危险品、化学品的运输和储存应采取隔离措施。

> **实战演练**
>
> [2024 真题·单选] 在土方作业阶段，应按照施工现场扬尘控制要求，采取洒水、覆盖等措施，达到作业区目测扬尘高度小于（　　）m，不扩散到场区外。
>
> A. 0.5　　　　　　　　　　　　B. 1.0
>
> C. 2.0　　　　　　　　　　　　D. 1.5

[解析] 土方作业阶段,采取洒水、覆盖等措施,达到作业区目测扬尘高度小于1.5 m,不扩散到场区外。
[答案] D

知识点 4 绿色施工评价

绿色施工评价是对工程建设项目绿色施工水平及效果进行评判的活动。

一、实施组织

(1) 总承包单位应对工程项目的绿色施工负总责。
(2) 分包单位应对承包范围内的工程项目绿色施工负责。
(3) 项目部应建立以项目经理为第一责任人的绿色施工管理体系。

二、绿色施工策划

(1) 工程项目开工前项目部应进行绿色施工影响因素分析,明确绿色施工目标。
(2) 项目部应依据绿色施工影响因素的分析结果进行绿色施工策划,并应对绿色施工评价要素中的评价条款进行取舍。
(3) 绿色施工策划应通过绿色施工组织设计、绿色施工方案和绿色施工技术交底等文件的编制实现。
(4) 绿色施工组织设计及其方案应包括技术和管理创新的内容及相应措施。

三、管理要求

(1) 施工单位应对工程项目绿色施工进行检查。
(2) 工程项目绿色施工应符合下列规定:
①建立健全的绿色施工管理体系和制度。
②具有齐全的绿色施工策划文件。
③设立清晰醒目的绿色施工宣传标志。
④建立专业培训和岗位培训相结合的绿色施工培训制度,并有实施记录。
⑤绿色施工批次和阶段评价记录完整,持续改进的资料保存齐全。
⑥采集和保存实施过程中的绿色施工典型图片或影像资料。
⑦推广应用"四新"技术。
⑧分包合同或劳务合同包含绿色施工要求。
(3) 当发生下列情况之一时,不得评为绿色施工合格项目:
①发生安全生产死亡责任事故。
②发生工程质量事故或由质量问题造成不良社会影响。
③发生群体传染病、食物中毒等责任事故。
④施工中因"环境保护与资源节约"问题被政府管理部门处罚。
⑤违反国家有关"环境保护与资源节约"的法律法规,造成社会影响。
⑥施工扰民造成社会影响。
⑦施工现场焚烧废弃物。

(4) 图纸会审应包括绿色施工内容。

(5) 施工单位应进行施工图、绿色施工组织设计和绿色施工方案的优化。

第二节　施工现场环境管理

知识点 1　环境管理体系的建立和运行

根据《环境管理体系　要求及使用指南》(GB/T 24001—2016)，环境管理体系包括10个方面的内容：①范围；②规范性引用文件；③术语和定义；④组织所处的环境；⑤领导作用；⑥策划；⑦支持；⑧运行；⑨绩效评价；⑩改进。

一、范围

本标准适用于任何规模、类型和性质的组织，并适用于组织基于生命周期观点确定的其活动、产品和服务中能够控制或能够施加影响的环境因素。

二、组织所处的环境

(1) 理解组织及其所处的环境。组织应确定与其宗旨相关并影响其实现环境管理体系预期结果的能力的外部和内部问题。这些问题应包括受组织影响的或能够影响组织的环境状况。

(2) 理解相关方的需求和期望。

(3) 确定环境管理体系的范围。

(4) 环境管理体系。

三、领导作用

（一）领导作用与承诺

最高管理者应通过下述方面证实其在环境管理体系方面的领导作用和承诺：

(1) 对环境管理体系的有效性负责。

(2) 确保建立环境方针和环境目标，并确保其与组织的战略方向及所处的环境相一致。

(3) 确保将环境管理体系要求融入组织的业务过程。

(4) 确保可获得环境管理体系所需的资源。

(5) 就有效环境管理的重要性和符合环境管理体系要求的重要性进行沟通。

(6) 确保环境管理体系实现其预期结果。

(7) 指导并支持员工对环境管理体系的有效性做出贡献。

(8) 促进持续改进。

(9) 支持其他相关管理人员在其职责范围内证实其领导作用。

➤ **注意**：本标准所提及的"业务"可从广义上理解为涉及组织存在目的的那些核心活动。

（二）环境方针

最高管理者应在界定的环境管理体系范围内建立、实施并保持环境方针。

(三)组织的角色、职责和权限

最高管理者应确保在组织内部分配并沟通相关角色的职责和权限。

四、策划

策划包括应对风险和机遇的措施、环境目标及其实现的策划两方面内容。

五、支持

支持包括资源、能力、意识、信息交流、文件化信息五方面内容。

六、运行

运行包括运行策划和控制、应急准备和响应两方面内容。

七、绩效评价

绩效评价包括：①监视、测量、分析和评价；②内部审核；③管理评审。

八、改进

改进包括总则、不符合和纠正措施、持续改进三方面内容。

实战演练

[2024真题·多选] 根据《环境管理体系 要求及使用指南》（GB/T 24001—2010），领导作用在环境体系中处于核心地位，这里的领导作用包括（　　）。

A. 领导作用和承诺　　　　　　　　B. 组织所处环境
C. 环境方针　　　　　　　　　　　D. 组织的角色、职责和权限
E. 相关方价值

[解析] 领导作用包括三方面内容：①领导作用和承诺；②环境方针；③组织的角色、职责和权限。

[答案] ACD

知识点 2 施工现场文明施工的要求

一、现场围挡设计

围挡需封闭，工地四周设置连续、密闭的砖墙围挡，与外界隔绝进行封闭施工。市区主要路段和其他涉及市容景观路段的工地设置围挡的高度不低于 2.5 m，其他工地的围挡高度不低于 1.8 m。

二、现场工程标志牌设计

"五牌一图"，即工程概况牌、管理人员名单及监督电话牌、消防保卫牌、安全生产牌、文明施工牌和施工现场总平面图。

三、临设布置

集体宿舍与作业区隔离，人均床铺面积不小于 2 m²。

四、现场场地

主要场地应硬化，并设置相应的安全防护设施和安全标识。施工现场内有完善的排水措

施，不允许有积水存在。

五、现场卫生管理

（1）明确施工现场各区域的卫生责任人。

（2）食堂必须有卫生许可证，禁止使用食用塑料制品作熟食容器，炊事员和茶水工须持有效的健康证明和上岗证。

六、文明施工教育

现场施工人员均佩戴胸卡，按工种统一编号管理。

> **重点提示**：注意区分围挡高度 1.8 m 和 2.5 m 适用情形。

实战演练

[2016 真题·单选] 关于施工现场文明施工和环境保护的说法，正确的是（　　）。

A. 施工现场主要场地应硬化

B. 施工现场要实行半封闭管理

C. 沿工地四周连续设置高度不低于 1.5 m 的围挡

D. 集体宿舍与作业区隔离，人均床铺面积不小于 1.5 m²

[解析] 施工现场应实行封闭管理，应在工地四周设置连续、密闭的砖砌围墙，与外界隔绝进行封闭施工，选项 B 错误。施工现场外围围挡不得低于 1.8 m，以避免或减少污染物向外扩散，选项 C 错误。集体宿舍与作业区隔离，人均床铺面积不小于 2 m²，选项 D 错误。

[答案] A

知识点 3　施工现场环境保护措施

根据《建筑与市政工程绿色施工评价标准》（GB/T 50640—2023），为推进绿色施工，规范建筑与市政工程绿色施工评价方法，对新建、扩建、改建及拆除等建筑工程与道路、桥梁和隧道等市政工程进行绿色施工评价。

一、术语

绿色施工评价分为控制项、一般项和优选项。

（1）控制项：绿色施工过程中必须达到要求的条款。

（2）一般项：绿色施工过程中实施难度和要求适中的条款。

（3）优选项：绿色施工过程中实施难度较大、要求较高的条款。

二、环境保护评价指标

（一）控制项

（1）绿色施工策划文件中应包含环境保护内容，并建立环境保护管理制度。

（2）施工现场应在醒目位置设置环境保护标识。

（3）施工现场的古迹、文物、树木及生态环境等应采取有效保护措施，制订地下文物保护应急预案。

（二）一般项

（1）扬尘控制应包括下列内容：

①现场建立洒水清扫制度,配备洒水设备,并有专人负责。
②对裸露地面、集中堆放的土方采取抑尘措施。
③现场进出口设车胎冲洗设施和吸湿垫,保持进出现场车辆清洁。
④易飞扬和细颗粒建筑材料封闭存放,余料回收。
⑤拆除、爆破、开挖、回填及易产生扬尘的施工作业有抑尘措施。
⑥高空垃圾清运采用封闭式管道或垂直运输机械。
⑦遇有六级及以上大风天气时,停止土方开挖、回填、转运及其他可能产生扬尘污染的施工活动。
⑧现场运送土石方、弃渣及易引起扬尘的材料时,车辆采取封闭或遮盖措施。
⑨弃土场封闭,并进行临时性绿化。
⑩现场搅拌设有密闭和防尘措施。
⑪现场采用清洁燃料。

(2) 废气排放控制应包括下列内容:
①施工车辆及机械设备废气排放符合国家年检要求。
②现场厨房烟气净化后排放。
③在环境敏感区域内的施工现场进行喷漆作业时,设有防挥发物扩散措施。

(3) 建筑垃圾处置应包括下列内容:
①制订建筑垃圾减量化专项方案,明确减量化、资源化具体指标及各项措施。
②装配式建筑施工的垃圾排放量不大于 200 t/万 m^2,非装配式建筑施工的垃圾排放量不大于 300 t/万 m^2。
③建筑垃圾回收利用率达到 30%,建筑材料包装物回收利用率达到 100%。
④现场垃圾分类、封闭、集中堆放。
⑤办理施工渣土、建筑废弃物等排放手续,按指定地点排放。
⑥碎石和土石方类等建筑垃圾用作地基和路基回填材料。
⑦土方回填不采用有毒有害废弃物。
⑧施工现场办公用纸两面使用,废纸回收,废电池、废硒鼓、废墨盒、剩油漆、剩涂料等有毒有害的废弃物封闭分类存放,设置醒目标志,并由符合要求的专业机构消纳处置。
⑨施工选用绿色、环保材料。

(4) 污水排放控制应包括下列内容:
①现场道路和材料堆放场地周边设置排水沟。
②工程污水和试验室养护用水处理合格后,排入市政污水管道,检测频率不少于 1 次/月。
③现场厕所设置化粪池,化粪池定期清理。
④工地厨房设置隔油池,定期清理。
⑤工地生活污水,预制场和搅拌站等施工污水达标排放和利用。
⑥钻孔桩、顶管或盾构法作业采用泥浆循环利用系统,不得外溢漫流。

(5) 光污染控制应包括下列内容:
①施工现场采取限时施工、遮光或封闭等防治光污染措施。

②焊接作业时，采取挡光措施。
③施工场区照明采取防止光线外泄措施。

(6) 噪声控制应包括下列内容：
①针对现场噪声源，采取隔声、吸声、消音等降噪措施。
②采用低噪声施工设备。
③噪声较大的机械设备远离现场办公区、生活区和周边敏感区。
④混凝土输送泵、电锯等机械设备设置吸声降噪屏或其他降噪措施。
⑤施工作业面设置降噪设施。
⑥材料装卸设置降噪垫层，轻拿轻放，控制材料撞击噪声。
⑦施工场界声强限值昼间不大于70 dB（A），夜间不大于55 dB（A）。

（三）优选项

(1) 施工现场宜设置可移动厕所，并定期清运、消毒。
(2) 施工现场宜采用自动喷雾（淋）降尘系统。
(3) 施工场界宜设置扬尘自动监测仪，动态连续定量监测扬尘[总悬浮颗粒物（TSP）颗粒物（粒径小于或等于10 μm，PM_{10}）]。
(4) 施工场界宜设置动态连续噪声监测设施，保存昼夜噪声曲线。
(5) 装配式建筑施工的垃圾排放量不宜大于140 t/万 m^2，非装配式建筑施工的垃圾排放量不宜大于210 t/万 m^2。
(6) 建筑垃圾回收利用率宜达到50%。
(7) 施工现场宜采用地磅或自动监测平台，动态计量建筑废弃物重量。
(8) 施工现场宜采用雨水就地渗透措施。
(9) 施工现场宜采用生态环保泥浆、泥浆净化器反循环快速清孔等环境保护技术。
(10) 施工现场宜采用水封爆破，静态爆破等高效降尘的先进工艺。
(11) 土方施工宜采用水浸法湿润土壤等降尘方法。
(12) 施工现场淤泥质渣土宜经脱水后外运。

> **实战演练**
>
> [2024真题·单选] 根据现行绿色施工评价标准，下列施工现场环境保护评价指标中，属于控制项的是（ ）。
>
> A. 对集中堆放在施工现场的土方应采取抑尘措施
> B. 施工现场厨房烟气应净化后排放
> C. 施工现场应在醒目位置设置环境保护标识
> D. 施工现场垃圾应分类、封闭、集中堆放
>
> [解析] 施工现场环境保护评价指标的控制项包括：①绿色施工策划文件中应包含环境保护内容，并建立环境保护管理制度；②施工现场应在醒目位置设置环境保护标识；③施工现场的古迹、文物、树木及生态环境等应采取有效保护措施，制订地下文物保护应急预案。
>
> [答案] C

第八章
施工文件归档管理及项目管理新发展

本章导学

本章包括"施工文件归档管理""项目管理新发展"两节内容。第一节是需要记忆的内容,第二节是需要理解的内容。本章在考试中所占分值较少,掌握重要知识点即可,不宜花费过多时间。

第八章 施工文件归档管理及项目管理新发展

第一节 施工文件归档管理

知识点 1 施工文件归档范围

根据《建设工程文件归档规范（2019 年版）》（GB/T 50328—2014），归档文件范围如下：

（1）对与工程建设有关的重要活动、记载工程建设主要过程和现状、具有保存价值的各种载体的文件，均应收集齐全、整理立卷后归档。

（2）工程文件的具体归档范围应符合本规范附录 A 和附录 B 的要求。

（3）声像资料的归档范围和质量要求应符合现行行业标准《城建档案业务管理规范》（CJJ/T 158—2011）的要求。

（4）不属于归档范围、没有保存价值的工程文件，文件形成单位可自行组织销毁。

知识点 2 施工文件立卷和归档要求

一、施工文件立卷

（1）立卷应按下列流程进行：
①对属于归档范围的工程文件进行分类，确定归入案卷的文件材料。
②对卷内文件材料进行排列、编目、装订（或装盒）。
③排列所有案卷，形成案卷目录。

（2）立卷应遵循下列原则：
①立卷应遵循工程文件的自然形成规律和工程专业的特点，保持卷内文件的有机联系，便于档案的保管和利用。
②工程文件应按不同的形成、整理单位及建设程序，按工程准备阶段文件、监理文件、施工文件、竣工图、竣工验收文件分别进行立卷，并可根据数量多少组成一卷或多卷。
③一项建设工程由多个单位工程组成时，工程文件应按单位工程立卷。
④不同载体的文件应分别立卷。

（3）立卷应采用下列方法：
①工程准备阶段文件应按建设程序、形成单位等进行立卷。
②监理文件应按单位工程、分部工程或专业、阶段等进行立卷。
③施工文件应按单位工程、分部（分项）工程进行立卷。
④竣工图应按单位工程分专业进行立卷。
⑤竣工验收文件应按单位工程分专业进行立卷。
⑥电子文件立卷时，每个工程（项目）应建立多级文件夹，应与纸质文件在案卷设置上一致，并应建立相应的标识关系。
⑦声像资料应按建设工程各阶段立卷，重大事件及重要活动的声像资料应按专题立卷，

声像档案与纸质档案应建立相应的标识关系。

（4）施工文件的立卷应符合下列要求：

①专业承（分）包施工的分部、子分部（分项）工程应分别单独立卷。

②室外工程应按室外建筑环境和室外安装工程单独立卷。

③当施工文件中部分内容不能按一个单位工程分类立卷时，可按建设工程立卷。

（5）不同幅面的工程图纸，应统一折叠成 A4 幅面（297 mm×210 mm）。应图面朝内，首先沿标题栏的短边方向以 W 形折叠，然后再沿标题栏的长边方向以 W 形折叠，并使标题栏露在外面。

（6）案卷不宜过厚，文字材料卷厚度不宜超过 20 mm，图纸卷厚度不宜超过 50 mm。

（7）案卷内不应有重份文件。印刷成册的工程文件宜保持原状。

（8）建设工程电子文件的组织和排序可按纸质文件进行。

二、施工归档文件质量要求

（1）归档的纸质工程文件应为原件。

（2）工程文件的内容及其深度应符合国家现行有关工程勘察、设计、施工、监理等标准的规定。

（3）工程文件的内容必须真实、准确，应与工程实际相符合。

（4）工程文件应采用碳素墨水、蓝黑墨水等耐久性强的书写材料，不得使用红色墨水、纯蓝墨水、圆珠笔、复写纸、铅笔等易褪色的书写材料。计算机输出文字和图件应使用激光打印机，不应使用色带式打印机、水性墨打印机和热敏打印机。

（5）工程文件应字迹清楚，图样清晰，图表整洁，签字盖章手续应完备。

（6）工程文件中文字材料幅面尺寸规格宜为 A4 幅面（297 mm×210 mm）。图纸宜采用国家标准图幅。

（7）工程文件的纸张应采用能长期保存的韧力大、耐久性强的纸张。

（8）所有竣工图均应加盖竣工图章，并应符合下列规定：

①竣工图章的基本内容应包括："竣工图"字样、施工单位、编制人、审核人、技术负责人、编制日期、监理单位、现场监理、总监。

②竣工图章尺寸应为：50 mm×80 mm。

③竣工图章应使用不易褪色的印泥，应盖在图标栏上方空白处。

（9）竣工图的绘制与改绘应符合国家现行有关制图标准的规定。

（10）归档的建设工程电子文件应采用开放式文件格式或通用格式进行存储。专用软件产生的非通用格式的电子文件应转换成通用格式。

（11）归档的建设工程电子文件应包含元数据，保证文件的完整性和有效性。

（12）归档的建设工程电子文件应采用电子签名等手段，所载内容应真实和可靠。

（13）归档的建设工程电子文件的内容必须与其纸质档案一致。

▶ **重点提示**：这部分内容能够出题的知识点很多，建议考生在掌握重点内容的基础上练习近年来的真题进行巩固学习，无须花费过多的时间。

第八章　施工文件归档管理及项目管理新发展

实战演练

[2024真题·单选] 关于施工文件立卷和归档的说法，正确的是（　　）。

A. 归档的纸质施工文件可以是原件，也可以是复印件

B. 专业分包施工文件应与总包工程施工文件合并立卷

C. 施工文件可以随工程建设进度同步形成，也可以事后补编

D. 施工文件应按单位工程、分部（分项）工程进行立卷

[解析] 选项A错误，归档的纸质施工文件应为原件。选项B错误，专业分包施工文件应与总包工程施工文件分别立卷。选项C错误，建设工程文件应随工程建设进度同步形成，不得事后补编。

[答案] D

[经典例题·单选] 关于施工文件档案管理的说法，正确的是（　　）。

A. 工程分包企业应将本单位形成的工程文件整理、立卷后及时移交建设单位

B. 由多个单位工程组成的建设项目，工程文件按一个建设工程立卷

C. 施工企业应当在工程竣工验收前，将形成的有关工程档案向建设单位移交

D. 工程文件可采用纯蓝墨水书写

[解析] 分包单位应将本单位形成的工程文件整理、立卷后及时移交总承包单位，选项A错误。一个建设工程由多个单位工程组成时，工程文件按单位工程立卷，选项B错误。工程文件应采用耐久性强的书写材料，如碳素墨水、蓝黑墨水，选项D错误。

[答案] C

[2024真题·多选] 关于竣工图编制要求的说法，正确的有（　　）。

A. 竣工图章尺寸应为 50 mm×80 mm

B. 项目竣工图应由建设单位负责编制

C. 归档的电子竣工图应采用专用格式进行存储

D. 竣工图应真实反映项目竣工验收时的实际情况

E. 竣工图章应盖在图标栏上方空白处

[解析] 选项B错误，项目竣工图应由施工单位负责编制。选项C错误，归档的电子文件应采用开放式文件格式或通用格式进行存储。专用软件产生的非通用格式的电子文件应转换成通用格式。

[答案] ADE

第二节 项目管理新发展

知识点 1 项目管理标准及价值交付

一、项目管理标准

根据《建设工程项目管理规范》(GB/T 50326—2017),项目管理标准内容如下。

(一)基本规定

1. 一般规定

(1)组织应识别项目需求和项目范围,根据自身项目管理能力、相关方约定及项目目标之间的内在联系,确定项目管理目标。

(2)组织应遵循策划、实施、检查、处置的动态管理原理,确定项目管理流程,建立项目管理制度,实施项目系统管理,持续改进管理绩效,提高相关方满意水平,确保实现项目管理目标。

2. 项目范围管理

(1)组织应确定项目范围管理的工作职责和程序。

(2)项目范围管理的过程应包括下列内容:

①范围计划。

②范围界定。

③范围确认。

④范围变更控制。

(3)组织应把项目范围管理贯穿于项目的全过程。

3. 项目管理流程

(1)项目管理机构应按项目管理流程实施项目管理。项目管理流程应包括启动、策划、实施、监控和收尾过程,各个过程之间相对独立,又相互联系。

(2)启动过程应明确项目概念,初步确定项目范围,识别影响项目最终结果的内外部相关方。

(3)策划过程应明确项目范围,协调项目相关方期望,优化项目目标,为实现项目目标进行项目管理规划与项目管理配套策划。

(4)实施过程应按项目管理策划要求组织人员和资源,实施具体措施,完成项目管理策划中确定的工作。

(5)监控过程应对照项目管理策划,监督项目活动,分析项目进展情况,识别必要的变更需求并实施变更。

(6)收尾过程应完成全部过程或阶段的所有活动,正式结束项目或阶段。

4. 项目系统管理

(1)组织应识别影响项目管理目标实现的所有过程,确定其相互关系和相互作用,集成项目寿命期阶段的各项因素。

(2) 组织应确定项目系统管理方法。系统管理方法应包括下列方法：系统分析、系统设计、系统实施、系统综合评价。

(3) 组织在项目管理过程中应用系统管理方法，应符合下列规定：

①在综合分析项目质量、安全、环保、工期和成本之间内在联系的基础上，结合各个目标的优先级，分析和论证项目目标，在项目目标策划过程中兼顾各个目标的内在需求。

②对项目投资决策、招投标、勘察、设计、采购、施工、试运行进行系统整合，在综合平衡项目各过程和专业之间关系的基础上，实施项目系统管理。

③对项目实施的变更风险进行管理，兼顾相关过程需求，平衡各种管理关系，确保项目偏差的系统性控制。

④对项目系统管理过程和结果进行监督和控制，评价项目系统管理绩效。

5. 项目相关方管理

(1) 组织应识别项目的所有相关方，了解其需求和期望，确保项目管理要求与相关方的期望相一致。

(2) 组织的项目管理应使顾客满意，兼顾其他相关方的期望和要求。

(3) 组织应通过实施下列项目管理活动使相关方满意：

①遵守国家有关法律和法规。

②确保履行工程合同要求。

③保障健康和安全，减少或消除项目对环境造成的影响。

④与相关方建立互利共赢的合作关系。

⑤构建良好的组织内部环境。

⑥通过相关方满意度的测评，提升相关方管理水平。

6. 项目管理持续改进

(1) 组织应确保项目管理的持续改进，将外部需求与内部管理相互融合，以满足项目风险预防和组织的发展需求。

(2) 组织应在内部采用下列项目管理持续改进的方法：

①对已经发现的不合格采取措施予以纠正。

②针对不合格的原因采取纠正措施予以消除。

③对潜在的不合格原因采取措施防止不合格的发生。

④针对项目管理的增值需求采取措施予以持续满足。

(3) 组织应在过程实施前评估各项改进措施的风险，以保证改进措施的有效性和适宜性。

(4) 组织应对员工在持续改进意识和方法方面进行培训，使持续改进成为员工的岗位目标。

(5) 组织应对项目管理绩效的持续改进进行跟踪指导和监控。

(二) 项目管理责任制度

1. 一般规定

(1) 项目管理责任制度应作为项目管理的基本制度。

(2)项目管理机构负责人责任制应是项目管理责任制度的核心内容。

(3)建设工程项目各实施主体和参与方应建立项目管理责任制度,明确项目管理组织和人员分工,建立各方相互协调的管理机制。

(4)建设工程项目各实施主体和参与方法定代表人应书面授权委托项目管理机构负责人,并实行项目负责人责任制。

(5)项目管理机构负责人应根据法定代表人的授权范围、期限和内容,履行管理职责。

(6)项目管理机构负责人应取得相应资格,并按规定取得安全生产考核合格证书。

(7)项目管理机构负责人应按相关约定在岗履职,对项目实施全过程及全面管理。

2.项目管理机构

(1)项目管理机构应承担项目实施的管理任务和实现目标的责任。

(2)项目管理机构应由项目管理机构负责人领导,接受组织职能部门的指导、监督、检查、服务和考核,负责对项目资源进行合理使用和动态管理。

(3)项目管理机构应在项目启动前建立,在项目完成后或按合同约定解体。

(4)建立项目管理机构应遵循下列规定:

①结构应符合组织制度和项目实施要求。

②应有明确的管理目标、运行程序和责任制度。

③机构成员应满足项目管理要求及具备相应资格。

④组织分工应相对稳定并可根据项目实施变化进行调整。

⑤应确定机构成员的职责、权限、利益和需承担的风险。

(三)项目管理策划

1.一般规定

(1)项目管理策划应由项目管理规划策划和项目管理配套策划组成。项目管理规划应包括项目管理规划大纲和项目管理实施规划,项目管理配套策划应包括项目管理规划策划以外的所有项目管理策划内容。

(2)组织应建立项目管理策划的管理制度,确定项目管理策划的管理职责、实施程序和控制要求。

(3)项目管理策划应包括下列管理过程:

①分析、确定项目管理的内容与范围。

②协调、研究、形成项目管理策划结果。

③检查、监督、评价项目管理策划过程。

④履行其他确保项目管理策划的规定责任。

(4)项目管理策划应遵循下列程序:

①识别项目管理范围。

②进行项目工作分解。

③确定项目的实施方法。

④规定项目需要的各种资源。

⑤测算项目成本。

⑥对各个项目管理过程进行策划。

2. 项目管理规划大纲

(1) 项目管理规划大纲应是项目管理工作中具有战略性、全局性和宏观性的指导文件。

(2) 编制项目管理规划大纲应遵循下列步骤：

①明确项目需求和项目管理范围。

②确定项目管理目标。

③分析项目实施条件，进行项目工作结构分解。

④确定项目管理组织模式、组织结构和职责分工。

⑤规定项目管理措施。

⑥编制项目资源计划。

⑦报送审批。

(四) 采购与投标管理

1. 一般规定

(1) 组织应建立采购管理制度，确定采购管理流程和实施方式，规定管理与控制的程序和方法。

(2) 采购工作应符合有关合同、设计文件所规定的技术、质量和服务标准，符合进度、安全、环境和成本管理要求。招标采购应确保实施过程符合法律、法规和经营的要求。

2. 采购管理

(1) 组织应根据项目立项报告、工程合同、设计文件、项目管理实施规划和采购管理制度编制采购计划。采购计划应包括下列内容：

①采购工作范围、内容及管理标准。

②采购信息，包括产品或服务的数量、技术标准和质量规范。

③检验方式和标准。

④供方资质审查要求。

⑤采购控制目标及措施。

(2) 采购计划应经过相关部门审核，并经授权人批准后实施。必要时，采购计划应按规定进行变更。

3. 投标管理

(1) 在招标信息收集阶段，组织应分析、评审相关项目风险，确认组织满足投标工程项目需求的能力。

(2) 项目投标前，组织应进行投标策划，确定投标目标，并编制投标计划。

(3) 组织应根据投标项目需求进行分析，确定下列投标计划内容：

①投标目标、范围、要求与准备工作安排。

②投标工作各过程及进度安排。

③投标所需要的文件和资料。

④与代理方以及合作方的协作。

⑤投标风险分析及信息沟通。

⑥投标策略与应急措施。

⑦投标监控要求。

(4) 组织应依据规定程序形成投标计划，经过授权人批准后实施。

(5) 组织应根据招标和竞争需求编制包括下列内容的投标文件：

①响应招标要求的各项商务规定。

②有竞争力的技术措施和管理方案。

③有竞争力的报价。

(6) 组织应保证投标文件符合发包方及相关要求，经过评审后投标，并保存投标文件评审的相关记录。评审应包括下列内容：

①商务标满足招标要求的程度。

②技术标和实施方案的竞争力。

③投标报价的经济合理性。

④投标风险的分析与应对。

(五) 合同管理

1. 一般规定

(1) 组织应建立项目合同管理制度，明确合同管理责任，设立专门机构或人员负责合同管理工作。

(2) 组织应配备符合要求的项目合同管理人员，实施合同的策划和编制活动，规范项目合同管理的实施程序和控制要求，确保合同订立和履行过程的合规性。

(3) 项目合同管理应遵循下列程序：合同评审→合同订立→合同实施计划→合同实施控制→合同管理总结。

(4) 严禁通过违法发包、转包、违法分包、挂靠方式订立和实施建设工程合同。

2. 合同评审

(1) 合同订立前，组织应进行合同评审，完成对合同条件的审查、认定和评估工作。以招标方式订立合同时，组织应对招标文件和投标文件进行审查、认定和评估。

(2) 合同评审应包括下列内容：

①合法性、合规性评审。

②合理性、可行性评审。

③合同严密性、完整性评审。

④与产品或过程有关要求的评审。

⑤合同风险评估。

(六) 设计与技术管理

1. 一般规定

(1) 组织应明确项目设计与技术管理部门，界定管理职责与分工，制定项目设计与技术管理制度，确定项目设计与技术控制流程，配备相应资源。

(2) 项目管理机构应按照项目管理策划结果，进行目标分解，编制项目设计与技术管理计划，经批准后组织落实。

2. 设计管理

(1) 设计管理应根据项目实施过程,划分为下列阶段:

①项目方案设计。

②项目初步设计。

③项目施工图设计。

④项目施工。

⑤项目竣工验收与竣工图。

⑥项目后评价。

(2) 组织应依据项目需求和相关规定组建或管理设计团队,明确设计策划,实施项目设计、验证、评审和确认活动,或组织设计单位编写设计报审文件,并审查设计人提交的设计成果,提出设计评估报告。

3. 技术管理

(1) 项目管理机构应实施项目技术管理策划,确定项目技术管理措施,进行项目技术应用活动。项目技术管理措施应包括下列主要内容:

①技术规格书。

②技术管理规划。

③施工组织设计、施工措施、施工技术方案。

④采购计划。

(2) 项目管理机构应对技术管理过程的资源投入情况、进度情况、质量控制情况进行记录与统计。实施过程完成后,组织应根据统计情况进行实施效果分析,对项目技术管理措施进行改进提升。

(七) 资源管理

(1) 组织应建立项目资源管理制度,确定资源管理职责和管理程序,根据资源管理要求,建立并监督项目生产要素配置过程。

(2) 项目管理机构应根据项目目标管理的要求进行项目资源的计划、配置、控制,并根据授权进行考核和处置。

(3) 项目资源管理应遵循下列程序:

①明确项目的资源需求。

②分析项目整体的资源状态。

③确定资源的各种提供方式。

④编制资源的相关配置计划。

⑤提供并配置各种资源。

⑥控制项目资源的使用过程。

⑦跟踪分析并总结改进。

(八) 信息与知识管理

(1) 组织应建立项目信息与知识管理制度,及时、准确、全面地收集信息与知识,安全、可靠、方便、快捷地存储、传输信息和知识,有效、适宜地使用信息和知识。

(2) 信息管理应包括下列内容：

①信息计划管理。

②信息过程管理。

③信息安全管理。

④文件与档案管理。

⑤信息技术应用管理。

(3) 项目管理机构应根据实际需要设立信息与知识管理岗位，配备熟悉项目管理业务流程，并经过培训的人员担任信息与知识管理人员，开展项目的信息与知识管理工作。

(4) 项目管理机构可应用项目信息化管理技术，采用专业信息系统，实施知识管理。

（九）沟通管理

(1) 项目管理机构应制定沟通程序和管理要求，明确沟通责任、方法和具体要求。

(2) 项目管理机构应在其他方需求识别和评估的基础上，按项目运行的时间节点和不同需求细化沟通内容，界定沟通范围，明确沟通方式和途径，并针对沟通目标准备相应的预案。

(3) 项目沟通管理应包括下列程序：

①项目实施目标分解。

②分析各分解目标自身需求和相关方需求。

③评估各目标的需求差异。

④制订目标沟通计划。

⑤明确沟通责任人、沟通内容和沟通方案。

⑥按既定方案进行沟通。

⑦总结评价沟通效果。

（十）风险管理

(1) 组织应建立风险管理制度，明确各层次管理人员的风险管理责任，管理各种不确定因素对项目的影响。

(2) 项目风险管理应包括下列程序：<u>风险识别→风险评估→风险应对→风险监控</u>。

（十一）收尾管理

(1) 组织应建立项目收尾管理制度，明确项目收尾管理的职责和工作程序。

(2) 项目管理机构应实施下列项目收尾工作：

①编制项目收尾计划。

②提出有关收尾管理要求。

③理顺、终结所涉及的对外关系。

④执行相关标准与规定。

⑤清算合同双方的债权债务。

（十二）管理绩效评价

1. 一般规定

(1) 组织应制定和实施项目管理绩效评价制度，规定相关职责和工作程序，吸收项目相关方的合理评价意见。

（2）项目管理绩效评价可在项目管理相关过程或项目完成后实施，评价过程应公开、公平、公正，评价结果应符合规定要求。

（3）项目管理绩效评价应采用适合工程项目特点的评价方法，过程评价与结果评价相配套，定性评价与定量评价相结合。

（4）项目管理绩效评价结果应与工程项目管理目标责任书相关内容进行对照，根据目标实现情况予以验证。

2. 管理绩效评价范围、内容和指标

（1）项目管理绩效评价应包括下列范围：

①项目实施的基本情况。

②项目管理分析与策划。

③项目管理方法与创新。

④项目管理效果验证。

（2）项目管理绩效评价应包括下列内容：

①项目管理特点。

②项目管理理念、模式。

③主要管理对策、调整和改进。

④合同履行与相关方满意度。

⑤项目管理过程检查、考核、评价。

⑥项目管理实施成果。

（3）项目管理绩效评价应具有下列指标：

①项目质量、安全、环保、工期、成本目标完成情况。

②供方（供应商、分包商）管理的有效程度。

③合同履约率、相关方满意度。

④风险预防和持续改进能力。

⑤项目综合效益。

二、价值交付

根据《项目管理知识体系指南》[第七版，Project Management Institute，Inc.（PMI）出版社]，价值交付系统分为五部分：

（1）创造价值。项目创造价值的方式有以下几种：

①创造新的产品、服务或者成果，来满足客户和用户的需要。

②为社会和环境创造积极的贡献。

③改进效率、产能、效果或者响应度。

④驱动变革，促进组织转型。

⑤维持项目集、项目和业务运营的收益。

可以单独或共同使用多种组件以创造价值。这些组件共同组成了一个符合组织战略的价值交付系统。

(2) 组织治理系统。治理系统提供了一个框架,其中包含指导活动的职能和流程。治理框架可以包括监督、控制、价值评估、各组件之间的整合以及决策能力等要素。治理系统提供了一个整合结构,用于评估与环境和价值交付系统的任何组件相关的变更、问题和风险。这些组件包括项目组合目标、项目集收益和项目生成的可交付物。

(3) 与项目有关的职能。无论如何协调项目,项目团队的共同努力都能交付成果、收益和价值。项目团队可能得到其他职能的支持,具体取决于可交付物、行业、组织和其他变量。与项目有关的职能包括:

①提供监督和协调。

②提出目标和反馈。

③引导和支持。

④提供产品知识技能、经验,开展工作。

⑤运用专业知识。

⑥提供业务方向、项目进展和反馈。

⑦提供资源和方向。

⑧维持治理。

(4) 项目环境。项目在内部和外部环境中存在和运作,这些环境对价值交付有不同程度的影响。

①内部环境。组织的内部因素可能来自组织自身、项目组合、项目集、其他项目或这些来源的组合。它们包括工件、实践或内部知识。知识包括从先前项目吸取的经验教训和已完成的工件。

②外部环境。组织的外部因素可能会增强、限制项目成果或对项目成果产生中性影响。

(5) 产品管理考虑因素。

①项目组合、项目集、项目和产品管理等领域的相互关联性正逐渐加强。虽然项目组合、项目集和产品管理超出了本标准的范围,但了解各个领域及其之间的关系能为项目提供有用的背景。

②产品是指生产出的可以量化的工件,既可以是最终制品,也可以是组件制品。

③产品管理涉及将人员、数据、过程和业务系统整合,以便在整个产品生命周期中创建、维护和开发产品或服务。产品生命周期是指一个产品从引入、成长、成熟到衰退的整个演变过程的一系列阶段。

④产品管理可以在产品生命周期的任何时间点启动项目集或项目,以创建或增强特定组件、职能或功能。

⑤产品管理是项目集管理和项目管理这两个领域中的一个关键整合点。可交付物包含产品的项目集和项目,会使用一种综合方法进行产品管理,这种方法包含所有相关知识体系及其相关实践、方法和工件。

知识点 2 建筑信息模型（BIM）在工程项目管理中的应用

根据《建筑信息模型施工应用标准》（GB/T 51235—2017），建筑信息模型（BIM）相关内容如下。

一、基本规定

（1）施工 BIM 应用宜覆盖包括工程项目深化设计、施工实施、竣工验收等的施工全过程，也可根据工程项目实际需要应用于某些环节或任务。

（2）工程项目相关方应根据 BIM 应用目标和范围选用具有相应功能的 BIM 软件。

（3）工程项目的施工 BIM 应用策划应与其整体计划协调一致。

（4）施工 BIM 应用策划宜明确下列内容：

①BIM 应用目标。
②BIM 应用范围和内容。
③人员组织架构和相应职责。
④BIM 应用流程。
⑤模型创建、使用和管理要求。
⑥信息交换要求。
⑦模型质量控制和信息安全要求。
⑧进度计划和应用成果要求。
⑨软硬件基础条件等。

（5）BIM 应用流程编制宜分为整体和分项两个层次。整体流程应描述不同 BIM 应用之间的逻辑关系、信息交换要求及责任主体等。分项流程应描述 BIM 应用的详细工作顺序、参考资料、信息交换要求及每项任务的责任主体等。

（6）制定施工 BIM 应用策划可按下列步骤进行：

①确定 BIM 应用的范围和内容。
②以 BIM 应用流程图等形式明确 BIM 应用过程。
③规定 BIM 应用过程中的信息交换要求。
④确定 BIM 应用的基础条件，包括沟通途径以及技术和质量保障措施等。

（7）工程项目相关方应明确施工 BIM 应用的工作内容、技术要求、工作进度、岗位职责、人员及设备配置等。

（8）工程项目相关方应建立 BIM 应用协同机制，制订模型质量控制计划，实施 BIM 应用过程管理。

二、施工模型

（1）施工模型可包括深化设计模型、施工过程模型和竣工验收模型。

（2）施工模型应根据 BIM 应用相关专业和任务的需要创建，其模型细度应满足深化设计、施工过程和竣工验收等任务的要求。

（3）模型创建宜采用统一的坐标系、原点和度量单位。当采用自定义坐标系时，应通过坐标转换实现模型集成。

(4) 模型元素信息宜包括下列内容：
①尺寸、定位、空间拓扑关系等几何信息。
②名称、规格型号、材料和材质、生产厂商、功能与性能技术参数，以及系统类型、施工段、施工方式、工程逻辑关系等非几何信息。
(5) 施工模型在满足 BIM 应用需求的前提下，宜采用较低的模型细度。
(6) 施工模型在满足模型细度要求的前提下，可使用文档、图形、图像、视频等扩展信息。
(7) 施工模型元素应具有统一的分类、编码和命名规则。模型元素信息的命名和格式应统一。
(8) 施工模型应满足工程项目相关方协同工作的需要，支持工程项目相关方获取、应用及更新信息。
(9) 对于用不同 BIM 软件创建的施工模型，宜使用开放或兼容的数据格式进行模型数据交换，实现各施工模型的合并或集成。

三、深化设计

(1) 建筑施工中的现浇混凝土结构深化设计、装配式混凝土结构深化设计、钢结构深化设计、机电深化设计等宜应用 BIM。
(2) 深化设计 BIM 软件应具备空间协调、工程量统计、深化设计图和报表生成等功能。
(3) 深化设计图应包括二维图和必要的三维模型视图。

四、施工模拟

(1) 工程项目施工中的施工组织模拟和施工工艺模拟宜应用 BIM。
(2) 施工模拟前应确定 BIM 应用内容、BIM 应用成果分阶段或分期交付计划，并应分析和确定工程项目中需基于 BIM 进行施工模拟的重点和难点。
(3) 当施工难度大或采用新技术、新工艺、新设备、新材料时，宜应用 BIM 进行施工工艺模拟。

五、预制加工

(1) 混凝土预制构件生产、钢结构构件加工和机电产品加工等宜应用 BIM。
(2) 预制加工模型宜从深化设计模型中获取加工依据。预制加工成果信息应附加或关联到模型中。

六、进度管理

(1) 工程项目施工的进度计划编制和进度控制等宜应用 BIM。
(2) 进度控制 BIM 应用过程中，应对实际进度的原始数据进行收集、整理、统计和分析，并将实际进度信息附加或关联到进度管理模型。
(3) 进度计划编制中的工作分解结构创建、计划编制、与进度相对应的工程量计算、资源配置、进度计划优化、进度计划审查、形象进度可视化等宜应用 BIM。
(4) 在进度计划编制 BIM 应用中，可基于项目特点创建工作分解结构，并编制进度计划，可基于深化设计模型创建进度管理模型，基于定额完成工程量估算和资源配置、进度计划优化，并通过进度计划审查。

（5）工程项目施工中的实际进度和计划进度跟踪对比分析、进度预警、进度偏差分析、进度计划调整等宜应用 BIM。

（6）在进度控制 BIM 应用中，应基于进度管理模型和实际进度信息完成进度对比分析，并应基于偏差分析结果更新进度管理模型。

七、预算与成本管理

（1）在成本管理 BIM 应用中，应根据项目特点和成本控制需求，编制不同层次、不同周期及不同项目参与方的成本计划。

（2）在成本管理 BIM 应用中，应对实际成本的原始数据进行收集、整理、统计和分析，并将实际成本信息附加或关联到成本管理模型。

（3）成本管理中的成本计划制订、进度信息集成、合同预算成本计算、三算对比、成本核算、成本分析等宜应用 BIM。

（4）在成本管理 BIM 应用中，宜基于深化设计模型或预制加工模型，以及清单规范和消耗量定额创建成本管理模型，通过计算合同预算成本和集成进度信息，定期进行三算对比、纠偏、成本核算、成本分析工作。

八、质量与安全管理

（1）质量管理与安全管理 BIM 应用过程中，应根据施工现场的实际情况和工作计划，对质量控制点和危险源进行动态管理。

（2）工程项目施工质量管理中的质量验收计划确定、质量验收、质量问题处理、质量问题分析等宜应用 BIM。

（3）在质量管理 BIM 应用中，宜基于深化设计模型或预制加工模型创建质量管理模型，基于质量验收标准和施工资料标准确定质量验收计划，进行质量验收、质量问题处理、质量问题分析工作。

（4）创建质量管理模型时，宜对导入的深化设计模型或预制加工模型进行检查和调整。

（5）安全管理中的技术措施制定、实施方案策划、实施过程监控及动态管理、安全隐患分析及事故处理等宜应用 BIM。

（6）在安全管理 BIM 应用中，宜基于深化设计或预制加工等模型创建安全管理模型，基于安全管理标准确定安全技术措施计划，采取安全技术措施，处理安全隐患和事故，分析安全问题。

九、施工监理

（1）施工监理 BIM 应用中，应遵循工作职责对应一致的原则，按合约规定配合工程项目相关方完成相关工作。

（2）在施工监理控制 BIM 应用中，宜进行模型会审和基于模型的设计交底，并将模型会审记录和设计交底记录附加或关联到相关模型中。

（3）施工监理控制中的质量、造价、进度控制，以及工程变更控制和竣工验收等宜应用

BIM，并将监理控制的过程记录附加或关联到相应的施工过程模型中，将竣工验收监理记录附加或关联到竣工验收模型中。

（4）监理控制BIM应用交付成果宜包括模型会审、设计交底记录，质量、造价、进度等过程记录，监理实测实量记录、变更记录、竣工验收监理记录等。

十、竣工验收

（1）竣工验收阶段的竣工预验收和竣工验收宜应用BIM。

（2）在竣工验收BIM应用中，应将竣工预验收与竣工验收合格后形成的验收信息和资料附加或关联到模型中，形成竣工验收模型。

（3）竣工验收BIM软件宜具有下列专业功能：
①将验收信息和资料附加或关联到模型中。
②基于模型的查询、提取竣工验收所需的资料。
③与工程实测数据对比。

实战演练

［2024真题·单选］根据《建筑信息模型施工应用标准》（GB/T 51235—2017），在施工进度管理应用BIM技术可以进行的工作是（　　）。

A. 基于定额创建工作分解结构

B. 基于定额完成资源配置

C. 基于工程量估算编制进度计划

D. 基于资源分析创建进度管理模型

［解析］在进度计划编制BIM技术应用中，可基于项目特点创建工作分解结构，编制进度计划，基于深化设计模型创建进度管理模型，基于定额完成工程量估算和资源配置、进度计划优化。在进度控制BIM技术应用中，应基于进度管理模型和实际进度信息完成进度对比分析，基于偏差分析结果更新进度管理模型。

［答案］B

参 考 文 献

[1] 骆汉宾. 数字建造项目管理概论［M］. 北京：机械工业出版社，2021.

[2] 蔺石柱，闫文周. 工程项目管理［M］. 2版. 北京：机械工业出版社，2015.

[3] 全国一级建造师执业资格考试用书编写组. 建设工程项目管理：创新教程专家解读［M］. 哈尔滨：哈尔滨工程大学出版社，2019.

[4] 交通运输部职业资格中心. 交通运输工程目标控制：基础知识篇［M］. 北京：人民交通出版社，2021.

[5] 全国一级建造师执业资格考试用书编写组. 建设工程项目管理［M］. 哈尔滨：哈尔滨工程大学出版社，2019.

[6] 王延树. 建筑工程项目管理［M］. 北京：中国建筑工业出版社，2007.

[7] 中国建设监理协会. 建设工程合同管理［M］. 4版. 北京：中国建筑工业出版社，2014.

[8] 陈健，徐明刚. 二级建造师继续教育培训教材［M］. 北京：中国建筑工业出版社，2018.

[9] 中国法制出版社. 中华人民共和国社会保险法：案例应用版［M］. 北京：中国法制出版社，2015.

[10] 中华人民共和国国务院. 中华人民共和国招标投标法实施条例［EB/OL］. （2012-02-01）［2019-03-02］. https：//zfcj. gz. gov. cn/attachment/6/6982/6982240/7827133. pdf.

[11] 中华人民共和国住房和城乡建设部. 建设工程监理规范：GB/T 50319—2013［S］. 北京：中国建筑工业出版社，2013.

[12] 中华人民共和国国家质量监督检验检疫总局，中国国家标准化管理委员会. 质量管理体系 基础和术语：GB/T 19000—2016［S］. 北京：中国标准出版社，2016.

[13] 中华人民共和国住房和城乡建设部，中华人民共和国国家质量监督检验检疫总局. 建筑工程施工质量验收统一标准：GB 50300—2013［S］. 北京：中国建筑工业出版社，2013.

[14] 中华人民共和国住房和城乡建设部，中华人民共和国国家质量监督检验检疫总局. 建设工程项目管理规范：GB/T 50326—2017［S］. 北京：中国建筑工业出版社，2017.

[15] 中华人民共和国住房和城乡建设部，中华人民共和国国家质量监督检验检疫总局. 建设工程工程量清单计价规范：GB 50500—2013［S］. 北京：中国计划出版社，2013.

[16] 中华人民共和国国家市场监督管理总局，中国国家标准化管理委员会. 职业健康安全管理体系 要求及使用指南：GB/T 45001—2020［S］. 北京：中国标准出版社，2020.

[17] 中华人民共和国国家质量监督检验检疫总局，中国国家标准化管理委员会. 环境管理体系 要求及使用指南：GB/T 24001—2016［S］. 北京：中国标准出版社，2016.

[18] 中华人民共和国住房和城乡建设部，中华人民共和国国家质量监督检验检疫总局. 建筑工程绿色施工规范：GB/T 50905—2014［S］. 北京：中国建筑工业出版社，2014.

[19] 中华人民共和国住房和城乡建设部，中华人民共和国国家质量监督检验检疫总局. 建设工程文件归档规范：GB/T 50328—2014［S］. 北京：中国建筑工业出版社，2015.

亲爱的读者：

如果您对本书有任何 感受、建议、纠错，都可以告诉我们。

我们会精益求精，为您提供更好的产品和服务。

祝您顺利通过考试！

扫码参与调查

建造师考试研究院